I'M MAKER i创客

——《无线电》编辑部 编

智能小车机器人制作大全（第2版）

21个精彩案例等着你

人民邮电出版社
北京

图书在版编目（CIP）数据

智能小车机器人制作大全 / 《无线电》编辑部编
. -- 2版. -- 北京 : 人民邮电出版社, 2017.7
（i创客）
ISBN 978-7-115-46071-4

Ⅰ. ①智… Ⅱ. ①无… Ⅲ. ①智能机器人—制作
Ⅳ. ①TP242.6

中国版本图书馆CIP数据核字(2017)第131719号

内 容 提 要

“i 创客”谐音为“爱创客”，也可以解读为“我是创客”。创客的奇思妙想和丰富成果，充分展示了大众创业、万众创新的活力。这种活力和创造，将会成为中国经济未来增长的不熄引擎。本系列图书将为读者介绍创意作品、弘扬创客文化，帮助读者把心中的各种创意转变为现实。

本书汇集了多位创客在智能小车机器人方面的丰硕成果，不仅为刚接触机器人制作的初学者提供了详尽的入门教程，还为有一定基础和经验的制作者提供了从基础到高级，覆盖循迹、避障、跟随、走迷宫、绘图、语音控制、无线遥控、Wi-Fi视频监控、自动跟随、自主导航等全方位功能的丰富实例。通过阅读这本书，你会全面了解智能小车机器人的构成，在设计与制作智能小车机器人方面获得思路和灵感。

◆ 编　　　《无线电》编辑部
责任编辑　周　明
责任印制　周昇亮
◆ 人民邮电出版社出版发行　　北京市丰台区成寿寺路 11 号
邮编　100164　　电子邮件　315@ptpress.com.cn
网址　http://www.ptpress.com.cn
北京虎彩文化传播有限公司印刷
◆ 开本：690×970　1/16
印张：11.75　　　　2017 年 7 月第 2 版
字数：256 千字　　　2024 年 7 月北京第 7 次印刷

定价：59.00 元

读者服务热线：(010)53913866　印装质量热线：(010)81055316
反盗版热线：(010)81055315
广告经营许可证：京东市监广登字 20170147 号

前言 感受智能小车的魅力

◇臧海波

在众多智能化机器人项目中，智能小车可以称得上是一项最早走出实验室的实用发明。智能小车涉及的领域很多，对自动化控制和机器人技术的推广和普及功不可没。从生产制造业的无人搬运车，到特种行业的灾难救援、排爆灭火机器人，再到军事领域的侦察和防御机器人以及航天领域的星球表面探测器，处处可以见到智能小车的身影。

车辆作为一种简单、有效的运载工具，兼顾机动性和灵活性，是制作可移动式机器人的首选。把控制电路和传感器安装到小车上，用电机驱动车轮或履带，它就从一辆普通的小车变成了一个智能小车机器人，简称智能小车。车轮让机器人可以自由移动，底盘可以搭载各种设备。结构简单、造价不高的智能小车是一个学习、实验人工智能技术的理想平台，吸引了大量爱好者参与其中。“小车”两字也几乎成了自动化专业的代名词。

智能小车的迷人之处在于它的“智能”理解起来有很大弹性，这就使玩家有了很大的发挥空间。小到平时玩的无线电遥控车模，大到在电气化铁路上驰骋的动车组，从某种意义上都可以算作“智能小车”，只是控制方式有全人工和半自动的区别。因为小车的结构和驱动方法比较简单，爱好者可以从底层硬件入手，循序渐进研究到高级的程序控制部分。最开始可以先用开关和逻辑电路制作一辆初级的越障小车，然后在这个基础上，让它搭载更多的传感器，实现测速、测距、定位、数据和图像采集等高级功能。最后，利用车载计算机对信息加以分析、汇总，实现预设模式下的自主运行。更高级的智能小车还可以利用无线数据链实现远程监控、遥控作业或多个单位协同工作等功能。

本书收录了多位机器人爱好者、玩家和创客最近几年发表的精彩文章，内容涵盖智能小车从原理到应用的各个方面，是一本不可多得的参考书。希望每一位读者都可以集思广益、博采众长，在书中收获科技带给我们的财富。

CONTENTS

目录

第1章 智能小车机器人制作入门

从车轮开始的智能小车制作之旅

◇温正伟

我国的玉兔月球车成功登陆月球，每个中国人都激动万分，机器人爱好者们对于类似月球车这样的智能机器小车的关注就会更多了，制作一台自己的智能机器人小车容易吗?

从小看着科幻电影长大，电影里各种各样的机器人或机器小车都是我的最爱。比如电影《星球大战》里的 R2- D2（见图 1.1），那台聪明的机器人有可爱的外观、灵活的机动性，深受广大星战迷和机器人爱好者的喜爱。一直以来我都有着一个想法，就是制作一台机器小车，可以让它在家里四处自主游走，可以当作电子宠物玩具，陪家里的小朋友玩耍，同时也可以作为学习机器人技术的一个小平台。

■ 图 1.1 《星球大战》里的 R2- D2

多年前，我做过一些 BEAM 机器人，也做过一台机器小车，但是限于当时的条件和技术水平，做得不是太好，电脑还留存着当时车子半成品的照片（见图 1.2），现在自己的编程水平、电路制作水平已经有了很大的提高，而且购买元件比多年前方便太多了，所以我准备再做一台小车，实现自己从小的梦想。我将与各位读者朋友一起分享制作的过程，共同感受制作的乐趣和快乐。

■ 图 1.2 多年前的小车作品

制作一台小车并不难，只要几个轮子、几个电机组装起来就成了，但是要做成智能机器小车起码要有两件必备之物——微控制器、传感器，这样它才有自己的大脑和感观。所以我对要制作的这台小车有如下构想：4 只电机驱动 4 个轮子，拥有一个 32 位的 ARM 芯片做微处理器，安装光敏、温度、红外或超声波传感器，人机界面使用点阵 LED 或 LCD 显示屏，以后还可以加装无线数传、USB 等接口。而它的智能则体现在软件方面，先实现最初级的自主避障，然后再慢慢加入更多的智能化程序，让其真正具有“智能”。

我们就从小车自下到上的第一个部件——车轮来开始小车制作之旅吧。

1.1 车轮和履带

任何一种车，无不例外地都有轮子或履带。所以制作一台小车时，最先应该考虑它要选用什么样的轮子。选择车轮要考虑的问题很多，比如小车的尺寸、重量、电机的功率、所要求的速度，甚至所制作的机器人是运行在什么地形都需要考虑。笔者所用到的是车轮，限于篇幅，履带的选择就不详细介绍了。

在选择一个车轮的时候，最直观的就是它的大小，它的大小反映在直径上，车轮的直径大小直接影响到机器人的速度和作用到接触面的力矩大小。在电机转速相同的情况下，车轮的直径越大，速度就越大，但是所得到的转矩就会越小，这样会使负载能力变小。这种情况就像生活中骑自行车一样，你用同样的速度去踩脚踏，轮子大的自行车会跑得比轮子小的自行车快，但是你会感觉需要更大的力量去踩。转矩就是在距离转轴中心的某个给定位置上测得的电机（驱动装置）的切向牵引力，这个力的大小会和距离成反比关系。具体的公式我们会在电机部分再进一步探讨。

对于计算圆周的公式，我们都不会陌生，$D=\pi d$，D 是圆周长，d 是直径，π 是圆周率。得知轮子的直径后，我们就可以用以上的公式求得它转一圈所走的距离，直径 d 越大，距离 D 就越大，成正比关系。所以在同样的转速情况下，直径大的轮子走的距离多，也就是速度快。求得 D 后，我们可以再把它乘以转速（单位为 r/min），就可以得到这个轮子的速度。对于履带速度则是计算它的驱动链轮的速度。

图 1.3 演示了轮胎在受力作用下发生形变，与地面接触面积增大，与地面的摩擦力也增大。可以试想一下，如果骑在一辆充气不足的自行车上，会比充足气时难行得多。一般来说，机器小车的总重量越大，车轮所受的重力就越大，形变也越大。车轮的材料和形状各种各样，机器人越重，越需要选用更牢固的车轮或履带。

■ 图 1.3 轮胎受力后，与地面的摩擦力会发生变化

小型的智能小车重量一般在 1kg 左右，可以选用塑料泡沫车轮，如果重量增加到 2 ~ 5kg，就要使用中空的轮胎，重量再大的可以选用实心橡胶轮胎或是充气的轮胎。同样材质的轮子，不一样的尺寸，承重量也是不一样的。履带其实也算一种特殊的轮胎，所以可以用以上的原则去选购不同的履带。

机器小车运行在不同的环境中，选用的轮子也要相应地做出不同的选择。室内一般都是平整、光滑的地板，可以选用平滑的轮胎，以增大轮子和地板之间的接触面积。但是如果在平坦的路面上有小颗粒的杂物，如在室外的平坦路面时，选用平滑的轮胎则会影响其性能，甚至打滑，同样如果光滑的地板有水也会如此，所以在这样的环境下要选择一些有花纹或凹槽的轮胎，以增加其对地面的摩擦力，同时也可以起到排水、排屑的作用。轮子的宽度越大，接触面积也越大，所能提供的牵引力也相对会大。在沙石地运行时，则要使用宽大的轮子或履带，这样才不会像使用窄小轮子那样陷到沙石里。

要让小车行驶，只有前后转动是不行的，还必须要有转向。转向的方法有很多种。通常使用以下几种方式：(1) 如图 1.4 所示，双轮驱动加一个万向轮， 转向是靠两个驱动电机正向、反向运行的，万向轮不在固定的状态。这种方法比较简单，只需要在两个主动轮的基础上加一个万向轮，不过这种方式只适合于平坦路面，要是路面凹凸不平，万向轮起不到很好的作用，而且其转向也不太精准，仅适用于小型室内机器人。(2) 如图 1.5 所示，四轮直接驱动，需要 4 个电机同时正转、反转，此方法会使用更多的电机，动力会更强劲，转向也会更灵活、准确，同时也会需要更多的驱动电路和电能。(3) 图 1.6 所示则是使用类似汽车的转向机构，结构相对比较复杂，稍大一点的机体还需要有减速箱，在业余条件下可以使用成品的遥控汽车车体改装。履带的转向方式和前两种相似。

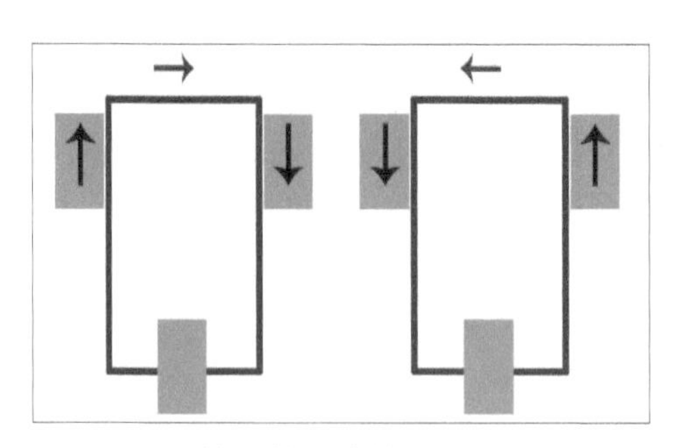

■ 图 1.4　双轮驱动加万向轮

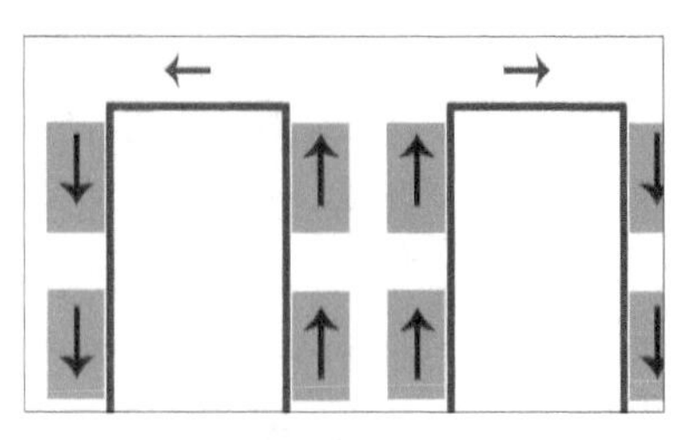

■ 图 1.5　四轮直接驱动

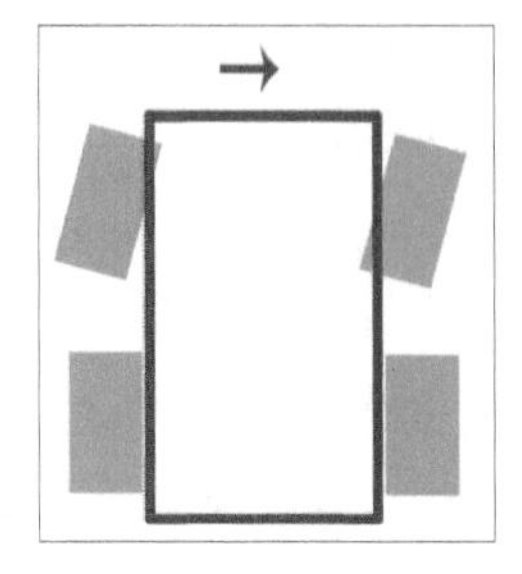

■ 图 1.6　类似汽车的转向机构

1.2　车轮的种类及选购

图 1.7 所示是几种大小不一的遥控车轮，轮胎面有光滑的，也有带凹槽纹路的。市面上的 RC 遥控车模用的轮子直径一般为 2 ~ 16cm，各种材质和纹路的都有，价格不等，几元到几十元都有。要根据自己想要做的小车大小选择合适的轮框和轮胎，轮框的材质一般有塑料和合金的，轮胎的材质一般有塑料或橡胶的。

■ 图 1.7　几种大小不一的遥控车轮

图 1.8 所示是玩具飞机的轮子，尺寸规格也有很多种，轮框同样也会有合金的和塑料的可供选择，而轮胎则多为有一定刚度的软质材料，塑料泡沫的或橡胶的都有。但它的轴孔相对较小，用在车子上通常是需要改装的。

■ 图 1.8 玩具飞机的轮子

图 1.9 所示的轮子通常是用来制作小推车的车轮，轮胎材料通常是实心的橡胶或塑料，可以承受很大的重量，只适合平坦路面。图 1.10 所示是充气轮胎，直径一般都在 10cm 以上，这种轮子有很高的承重性，也能应付各种不一样的路面环境，所以各种用途的车都会用到，用于小推车、小型机动车、汽车、自行车等的各种型号规格的轮子都可以在市面上购买到，在制作体积和重量很大的机器小车时需要使用到。图 1.11 和图 1.12 中的轮子是两个全方位车轮，它们可以在前、后、左、右各个方向转动，但是价格昂贵，驱动时需要 4 个轮子，才能有作用。图 1.13 所示的是普通万向轮，规格繁多、价格便宜，在市面上很容易购买到，而且安装方法也极为简单，通常是制作三轮智能机器小车的首选。球形万向轮多为金属材质的，只适用于平坦路面，有很小的尺寸，制作微型机器人时可以使用。

■ 图 1.9 常用来制作小推车的轮子

■ 图 1.10 充气轮胎

■ 图 1.11 一种全方位车轮

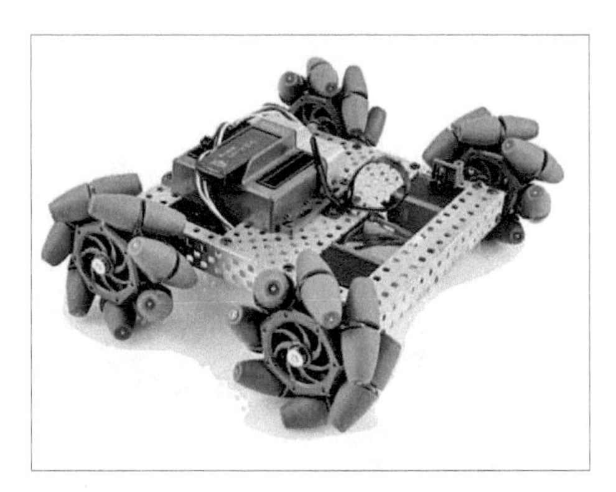

■ 图 1.12 全方位车轮驱动时需要 4 个轮子

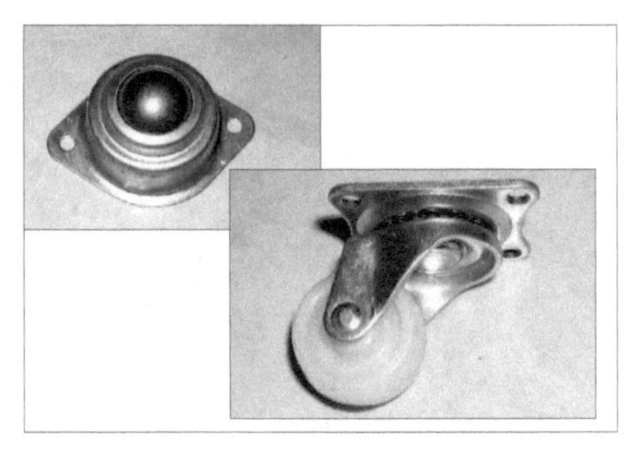

■ 图 1.13 球形万向轮（左）与普通万向轮（右）

我将要制作的智能机器小车大约长 20cm、宽 15cm，按这个比例选择了直径为 6.5cm 的模型车用的塑料轮子，如图 1.14 所示，轮胎为中空式的，有凹槽纹路，可以适应室内或平坦路面。下一节将探讨电机和轮子的连接方式以及电机的选用技巧。

■ 图 1.14 我选择的轮子

02 为小车选择合适的电机

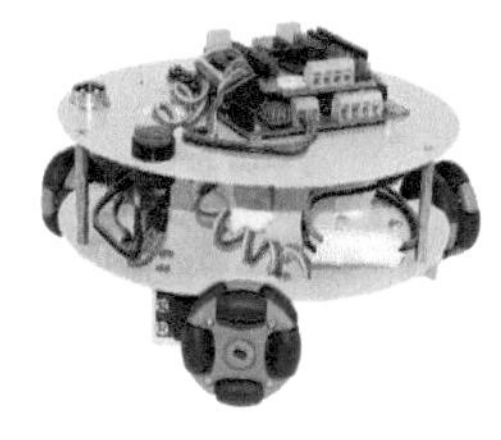

◇温正伟

在选择好轮子之后，就需要选择与之相匹配的电机。制作一个智能小车最为基本的问题就是选择什么样的电机来做动力源，选择一个合适的电机会让制作更为顺利，机器人性能更好，这就会涉及功率、尺寸、转速、连接方式等因素。例如，在选择电机时功率选小了，可能会造成整个机器人安装好后，电机无法负载其重量，最后不得不重新制作电机驱动部分。如果转速选小了，则会让小车运行起来太慢。

能用于机器人制作的电机种类很多，而制作智能小车通常会选用直流电机、减速电机、舵机以及步进电机。因为本制作主要使用的是直流电机，限于篇幅只介绍直流电机。

2.1 直流电机的结构与参数

直流电机可以说是最便宜、最常见的电机种类，它的尺寸种类繁多，有小到能装到手机里的，也有大到能驱动大客车的。在业余条件下，制作智能小车一般选用有刷直流电机，无刷直流电机虽然效率高、性能好，但是价格贵，控制器制作复杂，一般不会选用。

有刷直流电机的基本结构如图 2.1 所示，由定子、转子以及电刷组成，工作原理也很简单。小型有刷直流电机的定子一般是由两块 U 形或一块环形永磁体组成，固定在外壳，并提供磁场，中心是转子，转子上有奇数对的线圈绕组，每一绕组与转子轴上的金属换向器相连，而金属换向器又与外壳上的一对电刷相接触，如图 2.2 所示。在电机运转的某一时刻，只有两组绕组 A、C 会通过电刷得电，绕组通电后产生磁场，而这时它会和一块永磁体排斥，而与另一块永磁体吸引，绕组便会带动整个转子转动，转到下一位置，这时换向器让其中一组绕组失电，而 B 组这时会得电，也就是说电刷会轮流让每组绕组得电，使得电机内的磁场力得不到平衡，不停地旋转。

■ 图 2.1 拆开的有刷直流电机

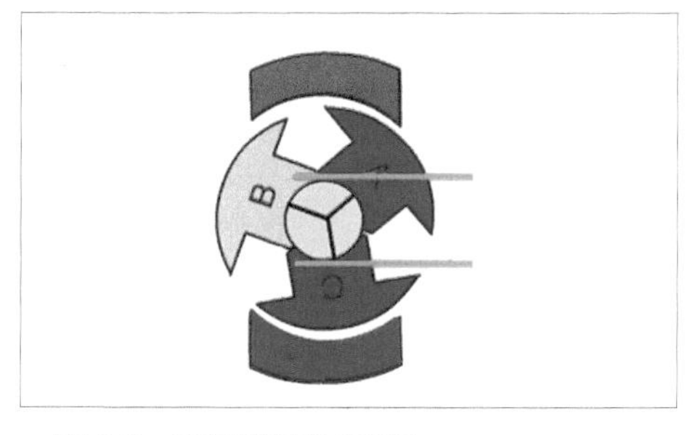

■ 图 2.2 换向器连接示意图

有刷直流电机的工作电压范围比较宽，通常小型的有刷直流电机，额定工作电压一般有3V、6V、9V、12V、24V等，工作电压越大，电机的体积也会越大，也会有同样体积的电机而有不同工作电压的型号选择。电机工作电压的选定一般会依据所使用的电源电压去选择，制作小型的智能小车时，电源使用的只能是电池组，电压一般在3～12V，主控板使用的电压通常是5V（也有3.3V），这需要电池组稳压后得到，所以电池组一般会选择使用9V或12V，那么选择电机时最好也选用这些电压，这样不需要为电机提供额外的工作电压。还有更好的办法，就是单独为电机提供一组专用的电池作为工作电源，这也是一种避免控制电路受电机影响的常用方法，不过多一组电池也会增加小车的重量，加重电机的负载。

在一定范围内，直流电机输入电压低于或高于额定的工作电压也是可以正常运转的，只是输出转矩和速度都会有所下降，也就是机械输出功率和输入电压会成正比例关系。一般来说，直流电机的输入电压不要低于额定工作电压的一半，不要高于额定工作电压的1.2倍。要输出同样的功率，12V的电机所需要的电流是24V电机的2倍，这在选择时也是需要注意的。

在选定直流电机的工作电压后，还需要选择电流，电机的供应商一般会给出一个电机的空载电流，这是指电机没有带负载空转工作时的电流，而电机实际工作中还会遇到一个堵转电流，也就是说电机在遇到障碍不能转动时产生的电流。这个堵转电流，电机供应商一般不会给出，如果需要测量，可以在电机空转时用工具夹住输出轴，使其堵转，这时测得的电流就是堵转电流，要注意堵转的时间不应过长，以免电机发热损坏。直流电机带载工作时的需求电流和连续工作时间，是确定电池容量大小的关键，一般会用直流电机堵转电流的20%～50%来作为工作需求电流计算。

要衡量一只直流电机是否“强劲”，通常可以看它的转矩参数。转矩就是距轴心一定半径距离上所输出的切向力。转矩的单位为牛顿·米（N·m）。如果一个电机的输出转矩为1N·m，也就相当于在轴心上安装一个半径1m的大圆盘，而电机带着圆盘的边缘挂着0.1kg重物顺利旋转。小型直流电机在没有加装减速装置时转矩都比较小，负载力低，除了要制作要求速度的格斗、竞速机器小车外，一般不会直接使用没有减速装置的直流电机。

国内供应商一般会为了方便爱好者把转矩单位牛顿·米（N·m）转化成千克力·厘米（kgf·cm）。9.8N·m=1kgf·m，知道这个公式就可以自由转化所需要的单位。转矩是和距离成反比的，距离轴心越远得到的转矩就越小，所以这在选取电机或轮子大小时都需要考虑，轮子越大，所得到的切向力越小，负载能力也就越小。

转速带来的速度可能是智能小车给人最直观的印象，它也是直流电机选择的一项关键指标。供应商通常会给出一个以r/min为单位的数据，也就是“转/每分钟”，小型直流电机在没有安装减速装置时的最高转速一般会在5000～20000r/min，使用公式$V_r=V_m D\pi/60$，就可以计算出电机带动轮子时的速度。V_r为机器人的速度，V_m是电机的转速，D为轮子直径，D乘上圆周率则是轮子的周长。我们来计算一下，一个10000转的直流电机带动一只直径4cm

的轮子，所能产生的速度是多少——10000 ×0.04× 3.14/60 = 20.9m/s，也就是说，这时机器人的速度会达到 20.9m/s。

这个速度对于一个运行在室内的智能机器小车来说太快了，一般运行在室内的机器小车速度在 0.1 ~ 0.5m/s，所以在选择电机和轮子时也可以此为参考。使用降低电压的方法或使用 PWM 方式调速都可以让电机在不附加机械装置的情况下得以减速，但这些方式都会导致输出转矩下降，甚至会让电机无法带载。那么，要想在不减少转矩的情况进行减速，就要使用到机械式的减速装置，可以使用齿轮、蜗轮、蜗杆、皮带等组成减速器。一般最常用的是齿轮组减速器。

2.2 电机的减速机构

市场上最容易购买到的减速直流电机是带有齿轮减速器的减速直流电机，一般装配有行星齿轮组或直齿齿轮组。行星齿轮组结构紧凑，占用空间小，输出力矩大，但是噪声相对直齿齿轮组要大，而且市场上直齿直流减速电机的种类也较多，各种输出比率的都有，所以选择直齿减速电机会方便一些。

典型的行星齿轮组结构如图 2.3 所示，其实它是十分容易分辨的，它的最外圈有一个环形的内齿。齿轮组的材质一般会有金属和塑料两种，金属齿轮组输出力矩可以做到很大，负载性能好，而且寿命比塑料的会长很多，当然价格也高很多。

如果你的机器小车将会重于 1kg，最好选用金属齿的减速电机，小型的迷宫小车或循线小车本身重量轻，可以使用塑料齿的减速电机，能大大减少制作成本。减速电机齿轮组如果经常使用，需要定期加润滑机油，使它不至于过快磨损，同时也可以减少噪声，提高电机效率。图 2.4 所示是一种多级金属直齿直流减速电机的拆解图，图 2.5 所示则是塑料直齿减速电机和大小不一的金属直齿减速电机。

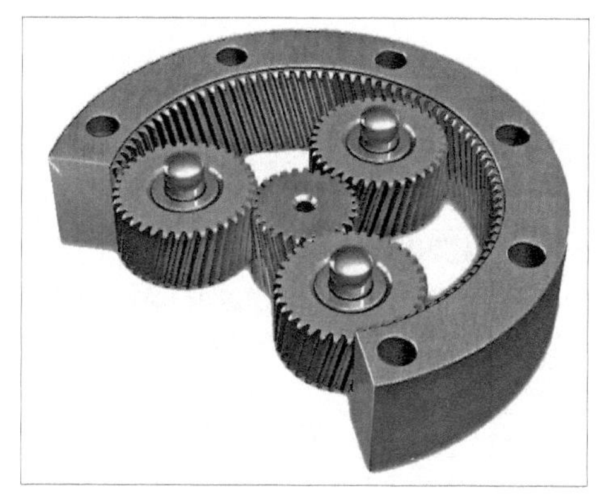

■ 图 2.3 典型的行星齿轮组结构

■ 图 2.4 多级金属直齿直流减速电机的拆解图

■ 图 2.5 塑料直齿减速电机和大小不一的金属直齿减速电机

2.3 电机轴

电机的力矩是通过电机轴输出的，直流电机通过减速装置后，一般可以有同心轴输出或偏心轴输出。在智能小车上使用偏心轴输出有一个好处，就是轮子安装在偏心轴上后，小车的底盘会比用同尺寸的同心轴输出时离地高出许多。

图 2.6 是同心轴和偏心轴的比较图。直流电机除了单轴输出，还有一种是双轴输出，电机轴从两头贯穿整个电机，使用这种电机的好处就是可以在电机尾部的输出轴上加装编码盘，通过编码盘能检测到机器小车电机的实时运转速度，检测电机实时速度是实现电机 PID 功能的关键，当然检测的方式也不局限于使用输出轴安装编码盘。图 2.7 所示是一个双出轴的直流减速电机。

■ 图 2.6 同心轴和偏心轴

根据电机大小不一样，电机轴也会有不一样的直径，智能小车使用的直流电机输出轴直径会有 3mm、4mm、5mm、6mm 等多种规格。制作小型智能小车时，通常是直接把轮子通过联轴器安装在电机轴上的，这样整个小车的重量将会作用到电机输出轴上，电机轴除了输出轴向力也要承受一个向下的径向力。越重的机器人小车在选择电机时，应该选择输出轴直径越大的电机，过于细小的输出轴可能会发生变形。同时还要注意的就是，输出轴越长，轴的远端所受的径向力也越大，也就是说轴越长，越容易弯曲变形。

■ 图 2.7 双出轴的直流减速电机

联轴器通常会使用刚性的，制作简单，安装方便，而且便宜。弹性的联轴器通常用于重型的机器人，可以在一定程度上减轻电机所承受的径向力，它还有一个作用就是不需要所联接的两个轴严格对中。也有便宜的弹性联轴器，比如使用胶管来制作联轴器，虽然便宜，但是制作安装相对复杂许多，所以制作普通的智能小车还是推荐使用简单的刚性联轴器。

图 2.8 所示是市面上最常见的用于制作智能小车的金属联轴器，在选购时要注意安装孔的规格和安装柱面形状是否对应所选的输出轴直径和轮子的安装位。安装方法也很简单，只要把轴插入联轴器内，用一两枚螺丝锁紧就可以了，如图 2.9 所示。

■ 图 2.8 金属联轴器

■ 图 2.9 安装方法

安装、固定电机的方法有很多种，有些直流减速电机已在外壳上留有安装孔，可以很方便地装上，有些则有另外的专用固定座，而大多数电机都是不配套专用的固定安装支架的，这时可以自行制作或购买能安装该电机的支架。笔者使用的安装支架是使用 L 形铝型材制作的，如图 2.10 所示。

网上有些机器人配件商店有可以安装不同电机的支架，图 2.11 所示则是 42 步进电机和它的成品安装支架，但是网上出售的也不一定会适合你手上的电机安装孔位，如果有足够的工具是可以自制的，因为它的结构一点都不复杂。图 2.12 所示是安装上直流减速电机和轮子的固定支架，机器小车最基本的电机驱动部分的制作工作就可以告一段落了。表 2.1、表 2.2 分别是笔者所选用的电机和轮子的一些参数和计算，供读者参考。

■ 图 2.10 L 形铝型材

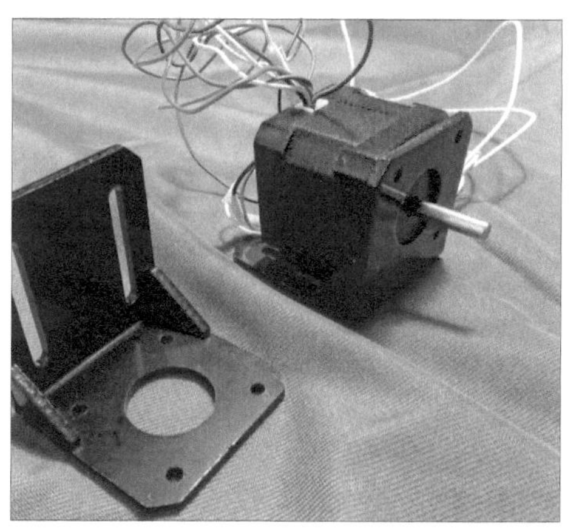

■ 图 2.11 42 步进电机和它的成品安装支架

■ 图 2.12 安装上直流减速电机和轮子的固定支架

表 2.1 所选电机参数

额定电压	12V
额定电流	150mA，堵转时最大 450mA
轴	双出轴，主输出轴为偏心轴
轴径	6mm
电机直径	37mm
转速	100r/min
转矩	3.5kgf/cm

表 2.2 轮子

直径	65mm
宽	25mm
材质	塑料轮框，橡胶轮胎，内芯为软材泡沫填充
速度	100×0.065×3.14 / 60 = 0.34m/s
单只轮子着地的切向力输出	3.5/6.5=0.5kgf

03 电机驱动电路

◇温正伟

如果把轮子和电机比作机器小车的四肢，那么就可以把电机驱动电路看作四肢上的肌肉，有粗大的四肢也得配上发达的肌肉才能算得上强壮。如果一款功率强大的电机没有一块能与之相匹配的驱动电路板，这个电机的性能会得不到很好的发挥，甚至完全不能转动起来。怎么才能让机器小车配上强壮有力的“肌肉”，也是制作智能小车的一个重要环节。本节以介绍直流电机的驱动电路为主，而对步进电机、舵机的驱动电路只作简单介绍。

3.1 舵机与驱动电路

舵机可以看成是一个封装了电机、控制及反馈系统的动力总成，它使用简单、动力强劲，能按照信号的要求精确地控制电机轴的位移角度，通常也被人们用于制作小型机器人、玩具及用于设备动作的动力源等。但是一般的舵机只能旋转一定的角度，而不能连续进行 360° 的旋转，应用于机器小车的舵机需要选择能 360° 连续旋转的型号或把它改装成能连续旋转的。当然，不是所有型号都可以改动。

直接支持 360° 连续旋转的舵机有 GWS S35、SM- S3317S、DOMAN S0300R 等，型号很多。能改动的舵机有 TowerPro MG995 金属齿舵机、Futaba F3003 塑料齿舵机、Hitec HS303 塑料齿舵机、HS225MG 迷你舵机等。舵机内部已封装了控制电路和电机，所以使用它时不再需要考虑它的驱动电路，只需要把控制信号输入即可，但是舵机在功率、速度、体积以及安装方式上有一定的限制，不像直流电机那样可以自由选择组合，所以一般只用在迷你智能小车上，如迷宫、相扑、循线小车等。图 3.1 所示是国外著名的机器人厂商 Parallax 公司生产的 SumoBot 相扑机器人小车，动力源就是两只舵机。

■ 图 3.1 SumoBot 相扑机器人小车

3.2 步进电机与驱动电路

步进电机是一种将电脉冲信号转换成相应的角位移或线位移的控制电机，它无法像有刷直流电机那样只要接通电源就能正常工作，它是一种感应电机，需要驱动电路将直流电变成分时供电的多相时序控制电流，按一定时序向各个绕组供电。简单来说，步进电机的最小驱动系统必须有脉冲信号发生器、功率驱动电路，才可以使它正常工作。在非超载的情况下，步进电机的转速、停止的位置只取决于脉冲信号的频率和脉冲数，而不受负载变化的影响。在步进驱动电路的控制下，每一个脉冲信号只会让电机按步距角转过一个固定的角度，它的旋转是以固定的角度一步一步运行的，只需要控制脉冲个数就可以控制其电机轴的角位移量，同时可以通过控制脉冲频率来控制电机转动的速度和加速度，从而达到精确定位和调速的目的。如果使用在智能小车上，它的好处就是使用开环的控制系统也可以做到很精确的定位、准确的速度控制以及较大的输出转矩，当然这需要在电机没有超载的状况下才能实现。但是步进电机相对较重，所需要的电流也比较大，这就意味着电池的续航能力可能会减少，因此它较少使用在智能小车上。

正如前面所说的，驱动步进电机需要把工作时序放大才行，工作时序是比较复杂的，不同类型的步进电机驱动时序也不一样。要用分立元器件来制作步进电机驱动电路是比较麻烦的事情，一般都是使用现成的集成电路去驱动。下面我们介绍一些比较常见的步进电机驱动芯片，也是流行于雕刻机爱好者与机器人爱好者中间的步进电机驱动芯片。

图 3.2 所示是 L293 用于驱动两相步进电机典型电路，驱动电压是 4.5 ~ 36V 的宽电压，电流为 1A 左右，L293 以及 L298 虽然可以控制步进电机，但是对于机器人爱好者来说，更多地使用它们来驱动两只直流电机。

图 3.3 所示是东芝 TA8435 两相步进电机驱动芯片的典型应用电路，这是一款比较老的两相步进电机芯片，在电子爱好者中也广为使用，具有最高 8 细分、最高 2.5A 输出电流，安装和使用都比较方便，但是效率和体积都不太合适于用于智能小车的步进驱动。

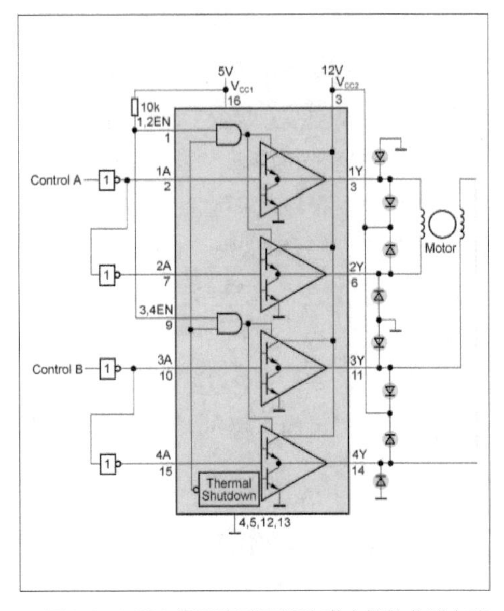

■ 图 3.2　L293 用于驱动两相步进电机的典型电路

如果小型智能小车要使用步进电机作为动力源，那么它的驱动电路应该体积小、效率高，这样才会使电池的续航能力有所提高，可以选择类型 A3977、A3987 之类的步进驱动芯片。A3987 芯片最高电压 50V，最大输出电流 1.5A，最高 16 细分，贴片封装，内部 H 桥是使用 DMOS 管组成，效率很高，发热小。因是贴片封装，并利用 PCB 散热，在业余爱好中用它来自制驱动的话会有一些难度，需要单独制作 PCB。图 3.4 所示是 A3987 的典型应用图，图 3.5 所示则是笔者制作过的 A3987 驱动电路，在很小的 PCB 上放了 3 个 A3987，可以驱动 3 个小功率的两相步进电机。

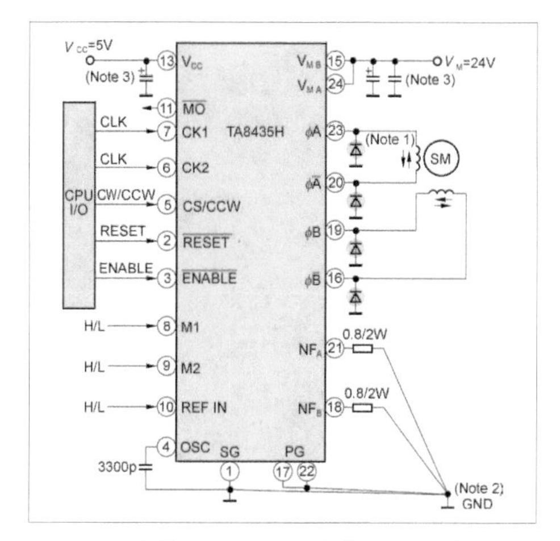

■ 图 3.3 东芝 TA8435 两相步进电机驱动芯片典型应用电路

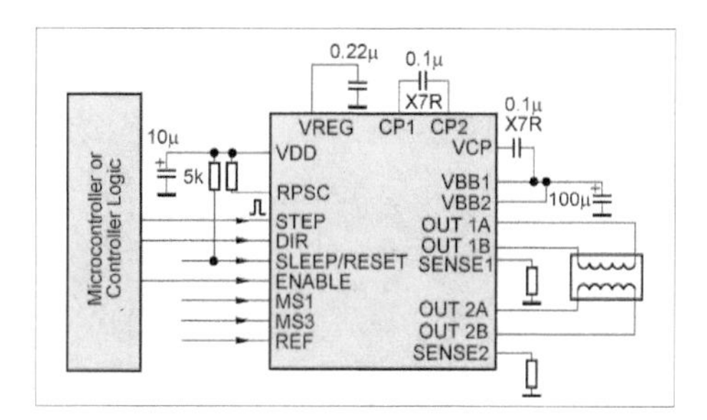

■ 图 3.4 A3987 的典型应用图

■ 图 3.5 笔者制作过的 A3987 驱动电路

3.3 直流电机与驱动电路

了解了以上两种电机驱动电路，还是回到直流电机上来。在智能小车中应用直流电机主要进行三方面的控制：启停、转向和速度。从有刷直流电机的工作原理可知，要想有刷直流电机运转只需要给其两个电极通上电源，如果需要转向则把流向两电极的电流方向反转。

这种电源极性切换的方法一般有几种，第一种是采用双刀双掷开关作为切换开关，如图 3.6 所示，虽然这样的电路可以实现启停和正反转控制，但显然这是个不实际的方法，因为需要手动去切换。因此，可以把电路改进到如图 3.7 所示，使用三极管控制继电器进行切换，实现 I/O 控制电机启停、正反转。使用继电器进行控制，虽然电路简单，可以实现很高电压和电流的控制，但这在小型的智能小车里是不实用的。继电器一直处于吸合状态，必然会消耗过多的电能，让电池的续航时间大大减少，而且继电器是机械结构的，寿命比较有限，体积也大。

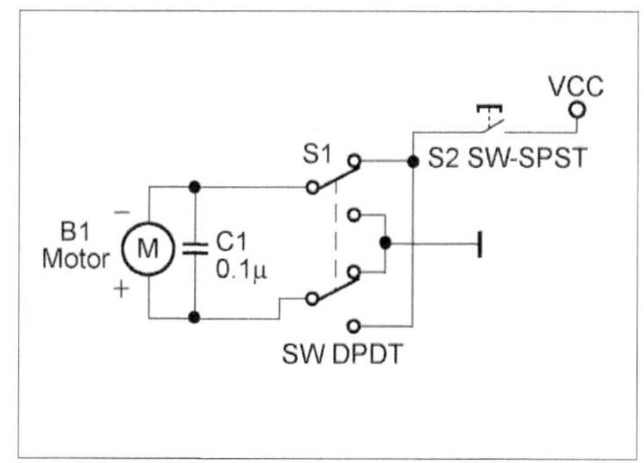

■ 图 3.6 采用双刀双掷开关作为切换开关

第二种方法如图 3.8 所示，这种电路需要双电源，这用在智能小车上时可能会出现一组电池比另一组先消耗完的状况，因为正转的时间通常会比反转的时间多很多，采用这种方法的电路极为简单，但也极少会被采用到智能小车的制作中。

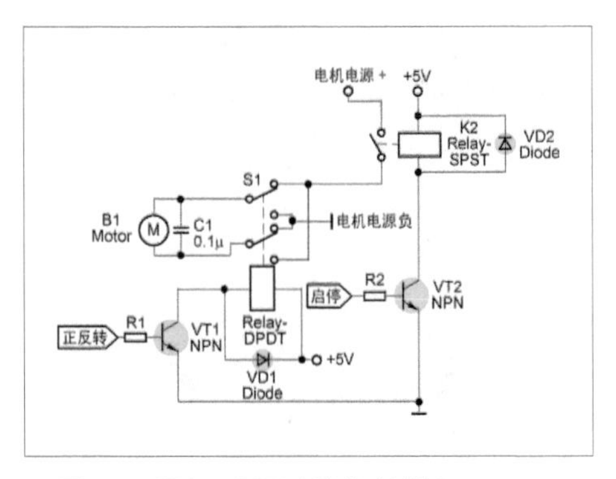

■ 图 3.7 图 3.6 所示电路的改进版

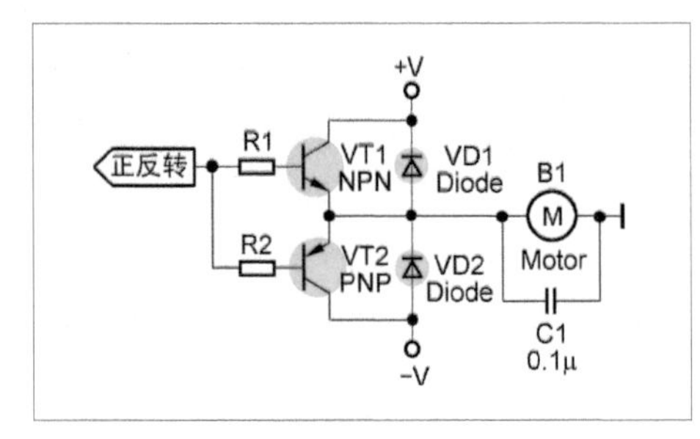

■ 图 3.8 双电源电路

上面所说两种方法中所用到的晶体三极管可以根据所需要的功率要求来选择，如小功率的可以选用常用的 8050、8550，中功率的可以使用 TIP31、TIP32、2N3055、2N2955 或者是达林顿管 TIP120 之类的。

最后一种常用的方法就是 H 桥电路。图 3.9 中的电路单元是由 4 个三极管构成的最基本的 H 桥电路，4 个管子连接成 H 形，H 桥也因此而得名。当需要顺时针正转时，使三极管 VT1 及 VT2 导通，而 VT3 和 VT4 关断，电流从电源负极流经 VT2、电机负极、电机正极、VT1，最后到电源正极，这样在电机的两个电极产生了正向的电压差，使得电机正转。同理，逆时针反转时，要使三极管 VT3 及 VT4 导通，VT1 和 VT2 关断。

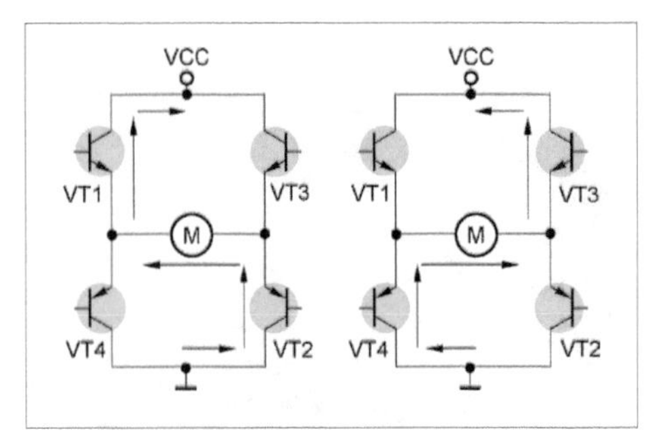

■ 图 3.9 最基本的 H 桥电路

在使用分立元器件制作和使用 H 桥电路时，有一个比较重要的注意事项，就是控制信号一定不能同时让 H 桥的两个臂处于导通状态，这样会造成电路元器件的损坏。图 3.10 所示是一个完整的小功率晶体管 H 桥电路，可以应用在小型的智能小车上，控制有刷直流电机正反转和启停。控制只需要用到两个 I/O 端口，接入到图中的 RA 和 RB 端， P3、P4 则用于连接电机正负极，其控制逻辑表见表 3.1。所要注意的是，控制 I/O 不得两端同时为高电平，因为这样会造成整个桥同时导通，损坏元件，所以在使用任何分立元器件制作 H 桥电路接入到 MCU 控制时，程序编写一定要避免这样的情况发生，最好是可以加入逻辑运算电路，让这种逻辑关系不发生。而图 3.11 所示则是笔者以前用这个电路制作的用于小型智能小车的两路 H 桥驱动电路的实物，这个电路可以驱动 100mA 以下的小电机，如果需要制作更大功率的，则需要把元器件换成有更大功率型号的元器件。细心的读者会注意到，图 3.9 和图 3.10 中 PNP 管和 NPN 管的位置是相反的，通常来说 NPN 管在上边（见图 3.9）时电路效率会更高，电路也更简便，实际的电路在这里就不一一列举了，有兴趣的读者可以自己试试看看。

表 3.1 逻辑控制表

RA	RB	状态
0	0	停止
0	1	反转
1	0	正转
1	1	不允许的状态，会损害电路

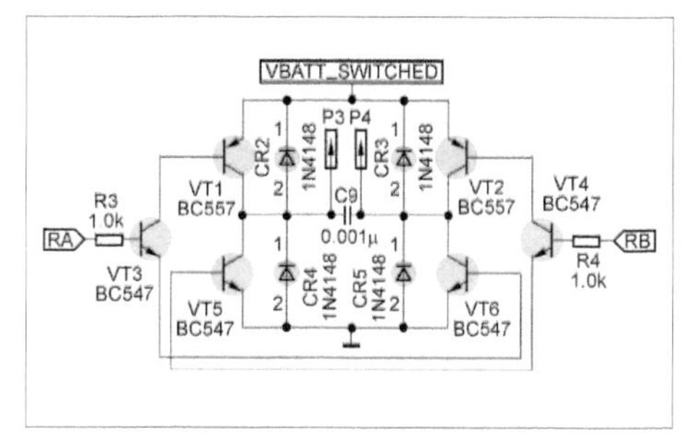

图 3.10 一个完整的小功率晶体管 H 桥电路

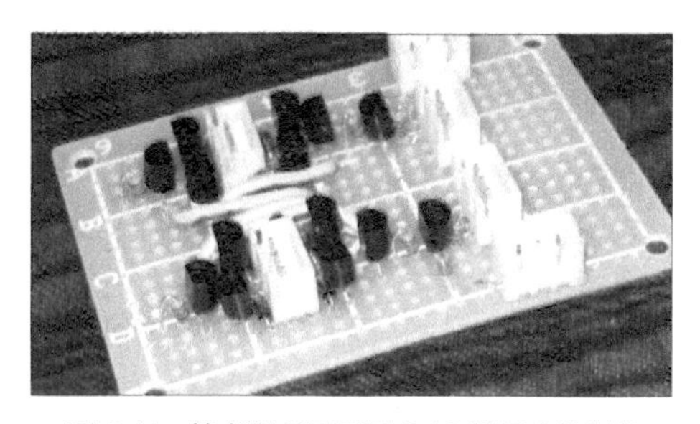

图 3.11 笔者以前采用图 3.10 所示电路制作的两路 H 桥驱动电路实物

电机的绕组线圈其实就是一个大电感，在电路上就是一个感性负载，具有阻碍电流变化的特性，线圈中的电流变化越快，阻碍能力越大，在线圈断电的瞬间，电感阻碍电流变化，在其两端产生反向电动势，电压幅值可能是原输入电压值的数倍。因产生的反向电压过高，容易造成连接电机的其他元器件被反向击穿。通常为了保护电机驱动电路，会在电机两端并联一个反接的二极管，当有反向电压产生时，对于这二极管来说正好是正向导通，电流会经二极管流回线圈，消耗掉，形成续流作用，这时二极管两端的电压是其压降值，从而保护其后的驱动电路，这个二极管称为续流二极管。图 3.10 中的二极管就是起到续流作用的续流二极管，可以选用的整流管，如果条件许可，续流二极管最好选用快速恢复二极管或者肖特基二极管。

为了使 H 桥的效率更高，桥路上的三极管可以更换成场效应管。图 3.12 所示是 A3987 中的 H 桥电路，使用是 4 个 N 沟道的 MOS 管组成。有些 MOS 管内极成了二极管，使用这样的管子制作 H 桥电路时可以不安装续流二极管，大大简化了电路。H 桥可以由单个型号的管子组成，也可以用互补的两种管子组成。使用 MOS 管时，还要考虑 G 极驱动电压的问题。为了简化电路，可以选用专门的 MOS 驱动芯片，如 IR2113、IR4426 等。图 3.13 所示是笔者用 4 个 N 沟道制作的场效应管 H 桥测试电路。

用分立元器件制作 H 桥是个复杂的工作，这次要制作的机器人小车有 4 个电机，无论用哪种手工制作 PCB 的方法，这都是耗费时间的活儿。所以这次笔者选用了成品的双 L298 芯片电机驱动模块作为智能小车的电机驱动，L298 芯片和 L293 一样都是双 H 桥驱动芯片，可以驱动 2 个电机或 1 个步进电机，每路最高输出电流达 2A，足够驱动笔者所选用的直流减速电机了，不足的地方就是效率不如场效应电路高。

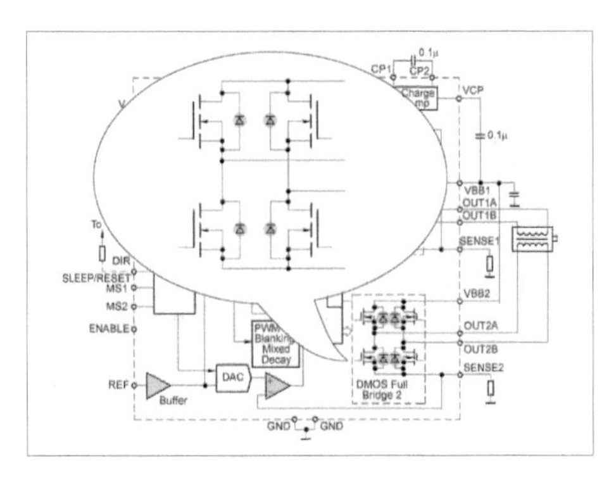

■ 图 3.12　A3987 中的 H 桥电路

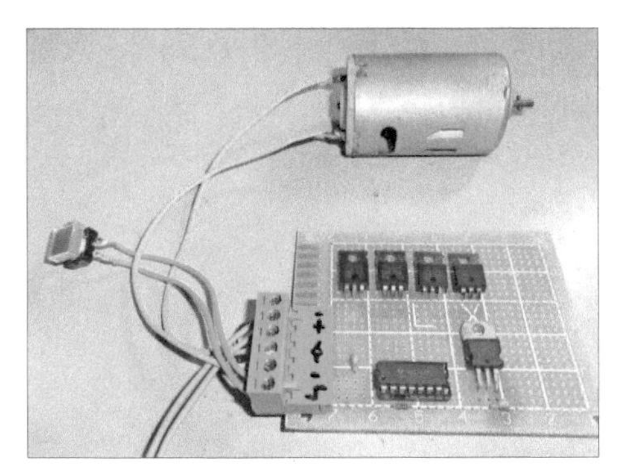

■ 图 3.13　用 4 个 N 沟道制作的场效应管 H 桥测试电路

下面来看看国内外机器人爱好者常用的直流有刷驱动模块。其中图 3.14 ~ 图 3.18 所示模块在国内市场很容易购买到。

■ 图 3.14　双 L298 的驱动模块，可以控制 4 个直流电机，还带用 5V 转换电路，适合用于使用 4 个电机的小型智能小车

■ 图 3.15　单 L298 的驱动模块，可以控制两个电机，适合各种小型智能小车

■ 图 3.16　使用双 L9110 芯片的驱动模块，可以驱动两个 800mA 的电机，电压适应范围为 2.5 ~ 12V，适用于迷你智能小车

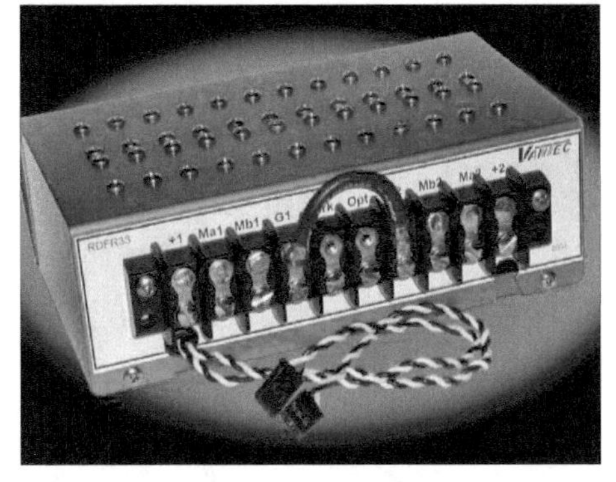

■ 图 3.17　Vantec 出品的大功率电机控制器，输出电流可以高达 75A，价格高昂，适合用于重型的智能小车

看了这么多，你对将要制作的智能小车的驱动电路有了心仪的目标吗？可能你还会问它们是怎么控制速度的。关于速度的控制方法，将会在以后的文章再作说明。

■ 图 3.18 Solutions 生产的一款电机控制模块，最高可以有 4A 电流输出，适合中小型智能小车，而且还能设置各种工作模式以及使用串口和 MCU 通信

04 供电系统——电池

◇温正伟

上一节，我们简单探讨了几种电机的驱动电路，然而要驱动这些电路和电机，那就必须要有电源。电影里头的机器人似乎都是拥有无限电能的，就如电影《终结者 3》中，未来的终结者机器人从损坏的机体中取出一块小小的燃料电池，丢到远处就能引发一场巨大的爆炸，但是现实世界的电池所能储存的电能还是不够的，而且它的容量大多与体积成正比。虽然电子技术在这几十年中得到飞跃性的发展，但是电池技术在尺寸、重量、充电时间等方面都没有太多实质的变革。

对于一辆智能机器小车而言，电池就是它的生命，没有人会愿意自己做的智能机器小车是拖着电源线跑的，就算你愿意它拖着电线运行，那它转起圈来，那些长长的电缆线必定让你头大。如果安装太阳能电池呢？同样也不是个明智的选择，使用太阳能就必须要有强烈的光线，在室内运行的智能小车是完全不能用的。再者目前的太阳能电池板的能效不高，要达到实时运行电机的电流，必须有很大的面积，所以通常太阳能电池板只是用于给主电池充电，例如，我国的玉兔号月球车的太阳能电池板就主要用于给主电池充电。

我们不妨先来了解几种最常见的电池种类，再为我们制作的这台智能小车选出合适的电池。

4.1 碳锌电池

锌电池也就是人们俗称的干电池（见图4.1），最为常见的就是碳锌电池，其主要构成是锌片、碳棒和电解质等， 而作为正极的碳棒主要是由粉末状的二氧化锰和碳组成，所以也称锌锰电池。这种电池产量大，最为廉价。

■ 图 4.1 各种锌电池和碱性电池

按电解质的不同，它通常有两种类型，一种是传统的以氯化铵为电解质，这种电池容量较小，另一种是采用氯化锌作为电解质，容量相对前者要大。有些廉价的锌电池外壳不是金属包装的，要是使用久了更容易发生电解质泄漏，损坏电池盒中的金属极片，甚至电路板或元器件。这种电池是一次性的，一旦电量放光了，是不可能再次充电使用的，所以它不适合用在智能小车上。生活中这类电池常见的尺寸型号就是 1 号到 7 号电池，它的标称电压是 1.5V。

4.2 碱性电池

市面上常见的一次性碱性电池是碱性锌锰电池，正负极的材料与碳锌电池的是差不多的，只是电解质是碱性的，一般为氢氧化钾。它的正负极结构和碳锌电池的不一样，这使得它具有更高的容量、放电电流和放电时间，容量一般是碳锌电池的 3~5 倍。同样，它也存在使用久了出现漏液的问题。这两种电池的 1~7 号标称电压都是在 1.5V，而且外形相似，所以一般碱性电池会标上“Alkaline”或“碱性”字样。

市面上能购买到的碱性电池是不允许充电的，虽然也有一种新型碱性电池是可以进行充电，但是极少见，需要特殊的充电器，而且充电次数不多，所以这类电池也不适合用于智能小车的长时间运行。通常 AA（5 号）碱性电池的容量可达 2100mAh，标称电压是 1.5V。

4.3 镍镉电池

镍镉电池一种市面上最容易购买到的充电电池（见图 4.2），它是以氢氧化镍及金属镉作为产生电能的化学品，可以充电几百次，其内阻小，放电时电压变化不大。这类电池一般容量不大，比不上以上两种，但它具有低价和充电次数多的特点，比较适合用于迷你型的智能小车上。虽然它有数百次的充电寿命，但也有一个要命的缺点就是具有“记忆效应”，通常的表现就是经过一段时间后，充电时充电器很快就显示已充满，但使用时带动大一些的负载时却电力不足。使用一个具有完善保护功能的镍镉电池充电器，可以尽量减少因过充电、过放电引起的电压下降问题，还有就是金属镉会对环境制成严重的污染。AA 型镍镉电池容量可达 1100mAh，它的标称电压是 1.2V，标号是 NiCd。

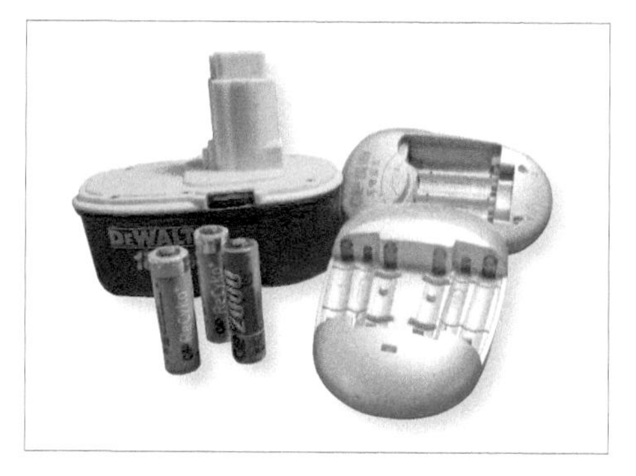

图 4.2 各种镍镉、镍氢电池以及充电器

4.4 镍氢电池

镍氢电池算是镍镉电池的改良版本，把镉用能吸收氢的金属来取代，从而得到更高的容量，也没有很明显的“记忆效应”，可以充电三四百次，价格和镍镉电池也相差不多，还有就是镍氢电池更容易回收，对环境的污染也相对较小。镍氢电池内阻很小，能输出较大的电流。镍氢电池有自放电效应，充了电的镍氢电池在存放时会自己消耗所存储的电能，自放电率和电量有一定的关系，长时间不使用时可以把镍氢电池充到一半的电量。使用镍氢电池时不应把它过度放电，一般最低放电电压是 1V，如果过度放电，很可能会损害电池，造成容量减少，甚至无

法再充电。

镍氢电池需要用专用的充电器为其充电，以保证能达到最好的寿命。镍氢电池的电池标号是 NiMH，市面上售卖的 AA 型镍氢电池容量一般在 1800 ~ 2200mAh，最大可以到 2900mAh，是镍镉电池容量的两三倍，标称电压也是 1.2V。因为镍氢电池的放电电流及容量比碱性电池的大，而且可以循环充电，环保性以及安全性相对其他电池更好，这使得它得到了极为广泛的应用。综合以上的这些不难看出，把镍氢电池使用在小型智能小车上是极明智的选择，而且它容易买到，外形也多是标准的 AA 型，可以方便地安装在电池盒中使用。

4.5　锂电池和锂离子电池

通常人们会很难在名称上区分这两种电池。锂电池是一次性电池，它的负极是用锂或其合金制成，不可以充电，具有极低的自放电，经常用作设备的后备电池，标称电压一般在 3V 或以上。常用的型号也有 AA、AAA 型或方形的，最常见的锂电池还是纽扣锂电池，一般型号以 CR 为开头，如 CR2032（见图 4.3），正负极材料为二氧化锰和锂，也称为锂锰电池，寿命极长。比如电脑主板上使用的 CR2032 电池，以小电流工作，用于保存 BIOS 的参数，能正常工作几年。如果智能小车需要保存一些参数或时间，将这种电池作为备用电池是最佳的选择了，有了后备电池参数就不会在主电源耗尽后丢失。锂电池的英文标号是 Lithium。

■ 图 4.3　CR2032 锂电池及电池座

锂离子电池（见图 4.4）是可充电的，英文标号为 Li- ion，其工作原理主要是依靠锂离子在正负极之间移动。它具有能量密度高、电压高、输出功率大、低自放电、充电速度快和没有记忆效应等优点，但是它也有一些缺点，不可以过充、过放，有一定的时间寿命，当过载、过热或使用不当时，不但会减少使用寿命，甚至会发生爆炸，所以一般需要内置或外加保护电路来防止这些状况发生。常见的锂电池一般用在需要大功率反复充电的设备（如笔记本电脑、手机、电动模型、数码相机等）上。通常，数码设备上使用的锂离子电池的外形都是定制的，不适用于智能小车，如果需要使用，可以选择电动模型用的锂离子电池或是一些强光手电上使用的带保护板的 18650 锂离子电池。

18650 是指电池的尺寸为直径 18mm、长度 65mm，比普通的 AA 型号要大一些（5 号电池尺寸相当于 14500）。单节标称电压为 3.7V，在选购时要选择内置保护电路的，这样使用起来更安全、方便。单节容量可达 3400mAh。现在还有一种铁锂电池可以选择，全称为磷酸铁锂电池，AA 型的单节电压为 3.2V，容量比锂离子电池要小，常见的是在 600 ~ 1200mAh，相对锂离子电池要安全，也需要专用的充电器，可以用于取代镍氢电池。它的电压高，容量值也不错，价格相对于锂离子电池也较低，使用在小型智能小车上是很好的选择。

■ 图 4.4 各种锂离子电池和充电器

4.6 铅酸电池

铅酸电池（见图 4.5）又称铅蓄电池，俗称为电瓶，电极主要是铅制成的，内有硫酸电解液，工作原理是通过将化学能和直流电能相互转化，在放电后再经充电化学状态复原，从而达到重复使用的效果。铅蓄电池内阻小，可以大电流放电，广泛用于交通工具、应急灯具、不间断电源中。铅蓄电池有开口型电池及阀控型电池两种。前者需要定期注酸维护，后者为免维护型蓄电池。一般选择使用免维护型的。

铅蓄电池容量越大，重量也越重，要使用在智能小车上时则要考虑这个问题，选择合适的容量，以免重量过大，让电机无法负载。一个摩托车上使用的 12V/6.5Ah 的铅蓄电池就有 2kg。铅蓄电池的电压是 2 的倍数，一般为 6V、12V、24V、48V 等。对于 12V 的电池而言，放电电压不得低于 9.6V，放电时最好能控制它不要低于 10.8V，两极不可以短接，使用后要及时充电，保持充足的电量，最好有过充、过放保护电路，这样会大大提高使用寿命。

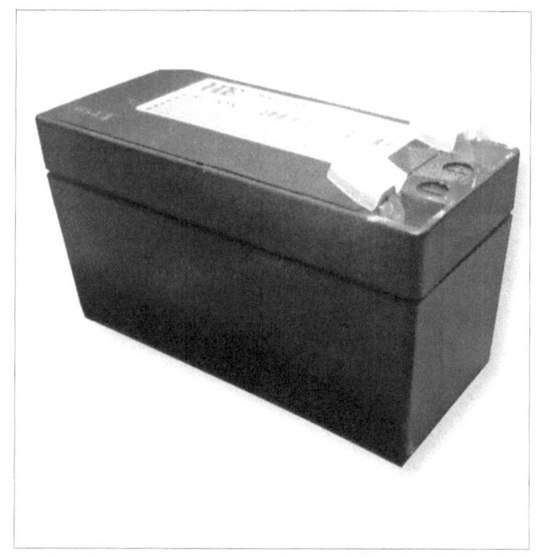

■ 图 4.5 笔者选用的 12V/1.3Ah 的铅蓄电池

常见的电池基本上就这几种，最后，笔者选择了一只 12V/1.3Ah 的铅酸电池作为电机的主驱动电源，它的重量约为 0.5kg，这个重量不会超过电机的负载。1.3Ah 的容量可以让我所选择的 4 个 150mA 电机连续工作 1 ~ 1.5h，对于运行于室内的智能小车，这个时间基本满足需求了。对于主控板电源，我打算使用 4 个 3.2V 的铁锂电池，两个串联后再并联形成一个 6.4V 电池组，时钟可以用一个小的纽扣锂电池来供电。

mAh 或 Ah 通常用于表示电池的容量，

比如100mAh表示此电池在100mA的恒流输出时可以工作1h，把2节3V/1000mAh的电池串联成6V使用，其容量和单节3V/2000mAh是一样的。

常用电池的电压我们在上面已介绍了，提高电压可以使用多节电池进行串联，提高输出电流可以用多节电池并联，这样电压或输出电流就是单节的N倍，但是要注意的一点是，不同类型或容量的电池不应进行串联、并联使用，以免损坏电池。通常，为了使用安装方便，可以选用和电池型号相对应的电池盒（见图4.6）。

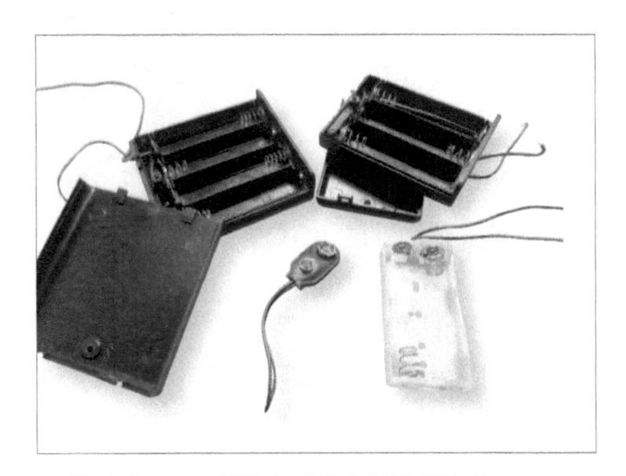

图4.6　AA电池盒和9V方形电池扣

05 车架与主控制器

◇温正伟

前面，我们介绍了车轮、电机、电机驱动以及电池的原理、选购、注意事项等基本知识，把这些基本的元素组装到一起时，一台机器小车的基本形态就算完成了，要把这些东西组装到一起需要有一个车架。车架的作用主要是提供零配件的安装空间，使各部件能牢固地在各自的工作岗位中完成任务。一个好的车架不但要有坚固性，还要有美观性。对于爱好者来说，制作一个美观的车架不一定容易，制作一个简洁、便于安装的车架会更实际一些。

5.1 车架

通常制作车架所使用的材质也是多种多样的，塑料板、铝合金板、木板，甚至是 PCB、铁皮盒子等，都可以成为制作车架的好材料（见图 5.1 ~ 图 5.3）。各种电动玩具车、遥控模型车的底盘也可以用作车架，而且相对板材而言，更方便一些，它甚至已包含了电机、轮子等重要的组成部分。如今，我们很容易购买到塑料或铝合金的车架或是板材，各种大小和形状的都有（见图 5.4）。基于之前选用的电机和电池的大小、重量等因素，我选用铝合金板来制作车架，制作起来十分方便。购买已切割好合适尺寸的铝合金板，然后使用钻孔设备打出各个部件的安装孔（见图 5.5），这样做不但能得到合适而坚固的车架平台，而且价格也十分低廉。选用铝合金材料制作车架，不但质地坚硬、好加工，而且有板材和各种各样的形状可供选择，所以铝合金材料在机器人爱好者中很受欢迎。

■ 图 5.1 用铁皮板做的车架

■ 图 5.2 用碳纤维板做的车架

■ 图 5.3 用 PCB 做的车架

■ 图 5.4 用模型车底盘做的车架

■ 图 5.5 笔者的铝合金板材和钻孔工具

把各个配件组装到车架上，一台机器小车的形态就出现了，题图所示就是笔者的机器小车组装后的基本样子，看起来还不错吧？这台机器小车现在已具有能量源和动力源，但它还是一个初生的婴儿，还不会行走，更别说智能了。为此，我们还需要给它安装一个“大脑”。没有安装“大脑”的机器小车也是可以运行的，不过只能做盲目的、毫无目的的运行，连避障都不会，更无从说起“智能”了。

5.2 主控制器

当然，使用分立元件做成简单信号控制电路，也可以让机器小车的电机对障碍物做出反应，图 5.6 所示是一个红外避障的简单电路，但是这样的电路很难实现逻辑运算，要实现简单的逻辑运算就要搭建更多、更复杂的电路，更别说要实现数值运算功能了。

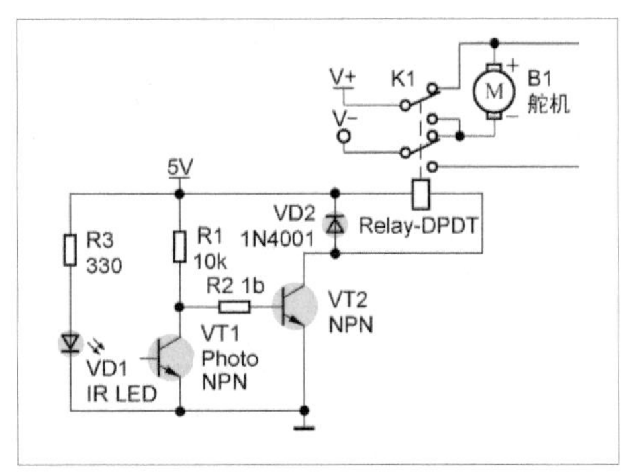

■ 图 5.6 可实现红外避障功能的简单电路

通常人们所指的机器人或智能机器小车的“大脑”就是指 MCU 或 CPU 及其组成的软、硬件系统，能够处理各种传感器传送过来的外界信号，并作出合适反应，使其对周遭的环境有一定的感知能力。

常用于做智能机器小车“大脑”的主控板一般分为两类，一类是使用单片机组成的各种嵌入式系统，另一类是使用电脑主板或单板计算机。使用单片机作为机器小车的主控制器有这样的好处：体积小、能耗低、编程方便、价格低廉。市面上有各种各样的单片机开发板，也有一些专门设计用于机器人或机器小车的单片机应用板。

比较常用的单片机有 51 内核的单片机，这也是应用面最为广泛的芯片之一，芯片资源丰富，具有定时器、串行口、PWM、ADC 等功能，可以按自己的需求来进行芯片的选型。AVR、ARM、PIC 这些类型的单片机更是有 16 位、32 位的芯片可以选择，片上的资源及功能更多、更强大。

需要使用哪种芯片，最好是以自己比较熟悉的芯片为主，这样可以更加快捷地构建自己的机器小车主控系统。另外，就是选择合适的、具有所需功能的芯片，没有必要一味追求高性能。如果你想选用资源配置高的芯片作为小车“大脑”，它们的集成度会很高，引脚数量很多，通常无法在业余条件下搭建实验电路，所以选用高配置的芯片时，必须要购买相关开发板或 PCB，最重要的是，必须具备更多的相关知识才可以玩转。

现在，也有许多开源的硬件系统可供选择，像 Arduino 、Raspberry Pi、Intel Galileo/Edison 等，这些开源硬件板也非常适合机器人系统，而且它们所派生出来的各种各样的模块能让你更容易地实现丰富的功能。这些芯片或嵌入式系统板所使用的开发语言也有很多种，比如汇编、C、BASIC、Java 等，最好选你所熟悉的，要不你就得从头开始学习一门新的知识了。

图 5.7 所示是笔者使用过的各种芯片的开发应用模块。

■ 图 5.7 可作为智能小车主控板的各种电路板

除了使用单片机或嵌入式系统外，制作机器小车还可以用电脑主板或工业用的单片主板，除此之外现在还可以用运行安卓、iOS 等操作系统的平板电脑作为小车的主控制器。使用电脑主板作为主控板时，因功率较大，需要更多额外的电池来为其供电，而且占用的体积也相对较大，但是它的运算能力是以上所说的这些板卡中最强大的，而且软件能实现的界面和功能也是最强大的。如果你的机器小车足够大、电池足够多，不妨也可以考虑用电脑的主板作为主控板，不过最好是选择低功耗迷你型的 PC 主板，如基于 Intel Atom 平台的主板。

笔者制作的这台机器小车将使用 51 芯片作为主控芯片，具体型号选用 STC89C52RC，它具有 32 个 I/O 口，工作频率最高为 40MHz，程序空间有 8KB，还有 EEPROM 可以用于掉电保存参数，具有串行口烧写功能，可很方便地把程序烧写到芯片上进行调试运行。我的这个主控板将从最简单的最小系统开始，然后慢慢地增加要实现的功能模块，程序使用 C 语言，方便移植到别的芯片或平台上。在后面的文章中，我会介绍各个功能模块的制作和程序编写。对于初学的读者朋友来说，自己动手搭建一个实验板平台可以从中学习到更多的软硬件知识，积累更多的电路调试经验。图 5.8 所示是 STC89C52 的最小系统电路图，图 5.9 所示则是按此电路图制作的最小系统主控板。

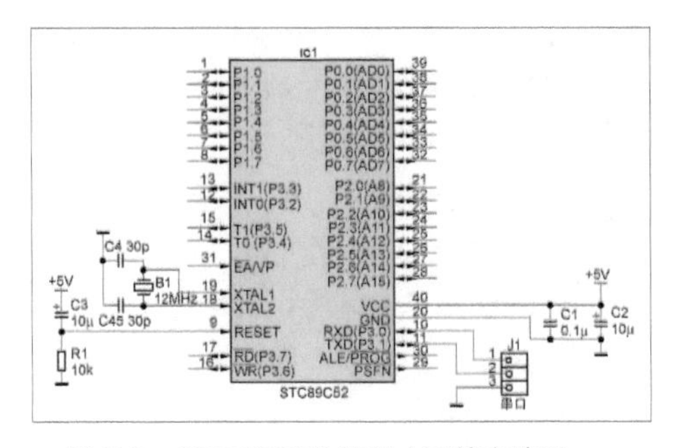

■ 图 5.8 STC89C52 的最小系统电路图

■ 图 5.9 按图 5.8 所示电路制作的最小系统主控板

让机器小车运动起来

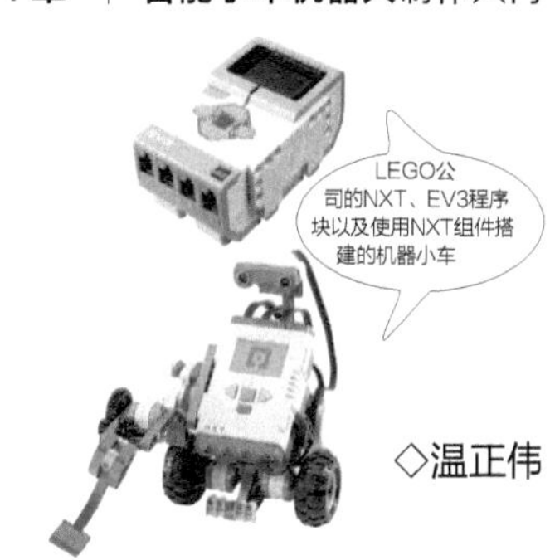

◇温正伟

经过前面的努力，机器小车的基本硬件已搭建完成。它的“大脑”使用了 51 内核的 STC89C52RC 芯片，新的单片机是没有程序的，不具有任何功能，就如初生的婴儿，需要学习才能懂得行走、说话。现代的机器人还不可能有学习能力，就算有也只是很简单的，它们所能实现的功能或所能完成的任务通常都需要开发人员编写相关的程序代码。爱好者自行 DIY 的智能小车也必须要面对这个问题，如果不懂得编程，那么只得使用他人开发好的代码，要是想添加自己想要的功能，就会比较困难。

有些机器人技术公司也会推出一些机器人开发系统，软件系统会集成 PWM 发生器、串行通信端口、定时器函数等，用户只需要调用 API 函数就可以实现一些功能，甚至这些系统会有友好的图形编辑界面，方便用户操作，但它们也是有缺点的，比如软硬件价格昂贵、不兼容 DIY 的硬件等。题图所示是世界知名的 LEGO 公司的 NXT、EV3 程序块，以及使用 NXT 组件搭建的机器人小车，图 6.1 所示则是 NXT 程序块的图形化编程界面。如此便捷的硬件结构及友好、简单的软件操作界面，深受各国爱好者及青少年的喜爱。

对于更多的机器人爱好者来说，他们更喜欢自己动手利用现有或廉价的元器件组装性能更高或个性更强的机器人小车，正因为出于对机器人的狂热，很多人都会从零开始学习一些编程的知识。无论使用哪一种编程工具，只要用得顺手就是好工具。而笔者的小车用的是 51 内核芯片，所以笔者选用了自己用得顺手的 KEIL UV4 作为编程用的 IDE 工具，这个软件在其官方网站上有学习评估版可以免费下载使用，虽然有一些功能上的限制，但是对于编译简单的机器小车代码是足够的了。

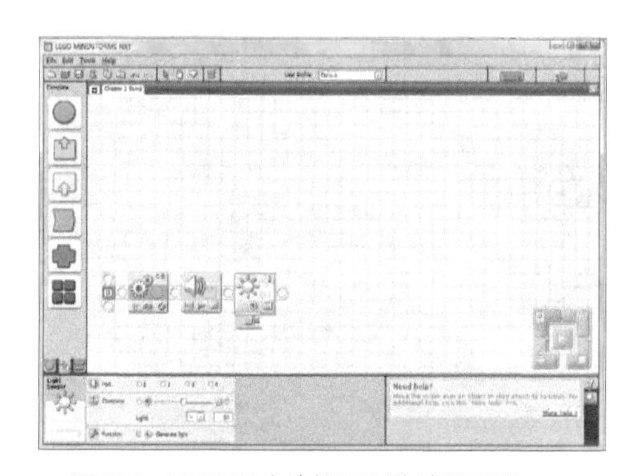

■ 图 6.1　NXT 程序块的图形化编程界面

编写好的代码如何烧录到刚做好的最小系统上呢？使用传统的 51 芯片，烧录会比较麻烦，需要有专用的编程器，而使用 STC 的 51 芯片最方便的就是具有串行的烧录功能，只需要把最小系统连接到电脑串口上就可以用专用的上位机程序进行烧录了，十分方便，程序要做调试也可以马上烧录到板上及时看到运行的效果。现在的主板很多是没有 9 针串口的，所以笔者使用了 USB 口转串口的模块，使用 TTL 方式直接连接单片机的 RXD 和 TXD 端口，这使得程序的烧录更加方便了。图 6.2 所示便是使用 USB 口转串口模块进行下载的情形。

机器小车最基本的功能肯定是行驶，所以小车的代码也需要从最基本的电机驱动函数开始。要想驱动电机，首先要把电机、驱动模块、主控制器相互连接起来。笔者使用的是双 L298N 的 4 直流电机驱动模块，首先得把 4 个电机接入到对应的电机接口，如图 6.3 所示。如果使用自己搭建的电机驱动模块，电机回路上别忘记设置快速恢复二极管，这可以防止电机的感应电损坏控制电路，同时可以在直流电机的接线口两端并联接入小的瓷片或钽电容，以滤除电机运行时产生的高频成分的干扰。电机驱动模块和主控板的连接主要是驱动控制逻辑信号端口和主控板 I/O 端口的连接。

■ 图 6.2　使用 USB 口转串口模块进行下载

因为各种电机驱动模块的控制端口定义不尽相同，如果驱动模块和主控不是集成在一块 PCB 上的，通常都需要外接很多连线，如果是自己 DIY 的主控板，可以根据驱动模块的端口定义来规划 I/O 端口的连接，如笔者就是根据驱动模块的端口定义来规划主控板的连接端口，只用一根 16 针的连接线来完成驱动逻辑端口和主控板的电源连接（见图 6.4）。

■ 图 6.3　把 4 个电机接入到对应的电机接口

■ 图 6.4　用一根 16 针的线来完成驱动逻辑端口和主控板的电源连接

连接线简洁，方便机器小车的调试，同时减少连线错误情况的发生。表 6.1 所示是双 L298N 电机驱动模块各控制逻辑端口的定义，第一栏的 ENx 是各电机的使能端，第二、第三栏的 1x、2x 则是各电机的状态控制端，根据这个表，在最小系统上增加控制连接端口，同时也增加了运行指示灯，可以用于程序运行指示，增加 TTL 串口的连接端，方便烧录代码到主控板。修改后的电路图如图 6.5 所示。

表 6.1 双 L298N 电机驱动模块各控制逻辑端口的定义

ENA/ENB/ENC/END	A1/B1/C1/D1	A2/B2/C2/D2	电机状态
0	X	X	停止
1	0	1	反转
1	1	0	正转

在编写程序时，可以先按端口的名称定义 I/O 口，这样比较好识别，方便后面的程序编写工作，比如 L297 模块中的 ENA 使能脚连接到 STC89C52 中 P1 口的第 6 脚时，可以用 #define L298_ENA P1_6 来定义，这样后面的程序用“L298_ENA = 1”这样的语句时，就可以让 ENA 端口处于高电平状态，如此一来，可以大大增强程序的可读性。根据表 6.1 的逻辑值，我们可以得知要让 A 号电机正转，必须要让 ENA 为高电平、A1 为高电平、A2 为低电平。

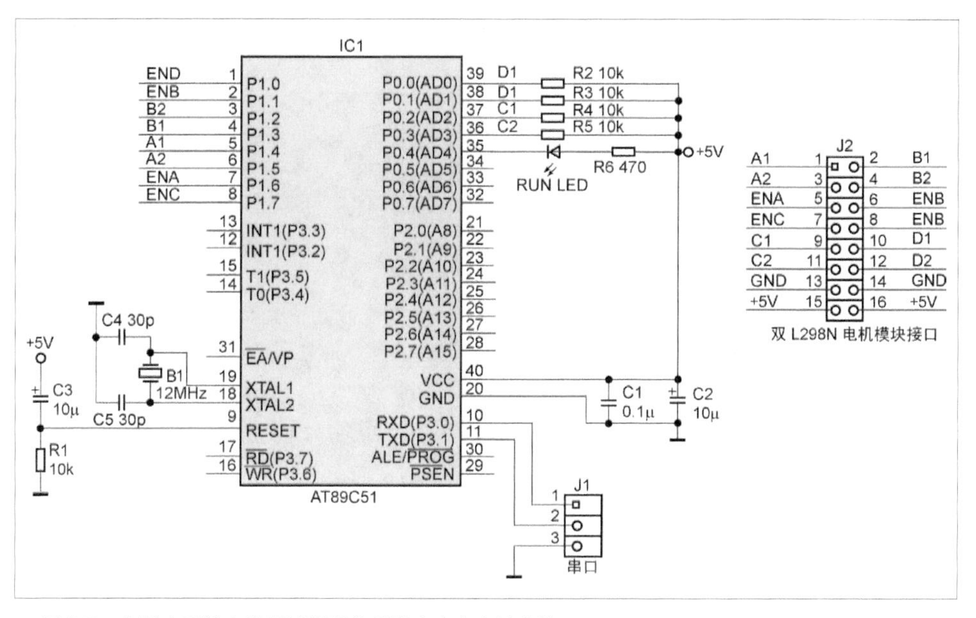

■ 图 6.5 在最小系统上进行扩展后的机器人小车主控电路

使用一个函数可以把单个电机的 3 种状态都封装起来，调用此函数时，只需要把电机号和状态值传入函数内，就可以让电机运行在该状态。

由于笔者的机器小车使用了 4 个直流电机，所以除了单个电机状态，还必须要有多个电机的组合动作。多个电机同时动作可以让小车前进、后退、左右转向等，这些动作也可以用函数进行封装。要注意的是，左边和右边的电机转向正好是相反的。

使用直流电机时，还需要注意的是快速换向时，由于驱动性能的差异，可能会导致电流瞬间变大，使得稳压电路无法正常工作，同时也会造成主控芯片重启或程序跑飞，解决的办法就是，在换向时先让电机做短暂的停止，再执行换向。

现在小车的基本行驶功能已经准备好了，笔者的机器小车前进、后退和转向功能的测试视频可以观看 http://v.youku.com/v_show/id_XNzAwNDM5OTIw.html，测试程序源码可以从《无线电》杂志网站 www.radio.com.cn 下载。这个程序还不具有 PWM 调速功能，也不具有 PID 功能，这些更高级的电机控制功能，将在以后的章节中介绍。

给小车一双“眼睛”

◇温正伟

经过一些日子，笔者的机器人小车终于可以四处乱跑了。装上电池、打开开关，它就开始跑起来。我希望它来个什么表演，但可悲的是，它很快就撞上墙壁了。因为这辆机器小车虽然安装了主控电路板，具有了动力系统的控制功能，能向各方向行驶，但它无法“看见”前方的路。为了能让机器小车避开障碍物，必须要给它装上一双能“看”清前方的“眼睛”。

在安装之前，我们先要搞清楚小车要避开障碍物、需要怎么样的过程。所有的动物与生俱来都拥有各种感觉器官，比如大部分昆虫有触须，触须能在触碰到障碍物后让昆虫有所感知；蝙蝠能发出超声波，耳朵能听到超声波遇到障碍物后弹回来的回波；蛇类能感知其他生物所发出的红外热能；而鹰具有视力超群的眼睛……这些自然界的例子数不胜数。人类更是把感知器官传来的感觉信号用自然界中的“最强大脑”处理到极致，并运用到生活的各个方面。现代机器人所使用的各种传感器，无非就是生物界功能的翻版，例如触碰开关、超声传感器、红外传感器、温度传感器等。现代传感器技术更是发展迅猛，重力加速度传感器、GPS 全球定位、电子罗盘、视感传感器等，这些都会被使用在高端机器人上。谷歌最新的无人驾驶汽车也是搭载了 GPS、雷达等各种高新的传感器（见图 7.1）。

在机器人避障设计中，笔者认为可以把处理避障问题化分为探测和处理两个部分，首先要探测感知到障碍物，然后由主控程序做出决策，处理这些信号。

■ 图 7.1 谷歌正在研发的无人驾驶汽车概念图

7.1 避障原理分析

7.1.1 探测

探测是由传感器以及它所需要的传感器代码来完成。传感器负责把环境中的信息采集起来，转化成相应的信号，它只是对信息作采集、整理，把信息通过硬件接口传入到主控制器负责外理传感器信息的代码模块中，并不对信息做出决策。传感器经过代码模块处理的结果再交由生物逻辑代码对其做出决策，从而让机器人对环境变化做出相应的反应，大部分传感器只能针对一种信息做出感知。

探测又可以被分为主动探测或被动探测。主动探测方式是指机器人主动对环境进行信息收集，在这个过程中机器人先让探测器动作，探测器搜寻可探测范围，得到信号后，生物逻辑代码再对其作出决策；而被动探测方式则是环境信息改变而触发传感器，生物逻辑对此作出决策。

避障是机器人和机器小车设计中对环境做出反应的最基本需求，它的定义可以是："避免机器人在运动轨迹中碰撞到其他物体。"根据其他物体的距离不定，可以分成近距离探测和远距离探测，对于一般的机器小车而言，主要是对近距离物体的探测，一般在 1m 之内，而远距离探测所需要的探测传感器十分昂贵，且体积较大，不适宜使用在机器小车上。

为了避障目的所使用的探测传感器，一般得到的信息量会有两种方式。

方式一：接近度，也就是指物体是否进入传感器可探测的范围。当物体处于探测范围时，探测传感器内部电路触发得到信号；当物体处于探测范围外时，传感器不触发。

方式二：距离，与上一种方式不一样的是，当物体时进入传感器可探测范围时，传感器输出的是物体与传感器的确切距离。用于避障的传感器除了有距离范围，通常还会有一个宽度范围，比如用于探测生物体的被动红外线探测器就有一定的视野范围，改变所配置的菲涅尔透镜就可以改变它的视野范围。图 7.2 所示是被动红外线探测器、菲涅尔透镜和超声波探测器。

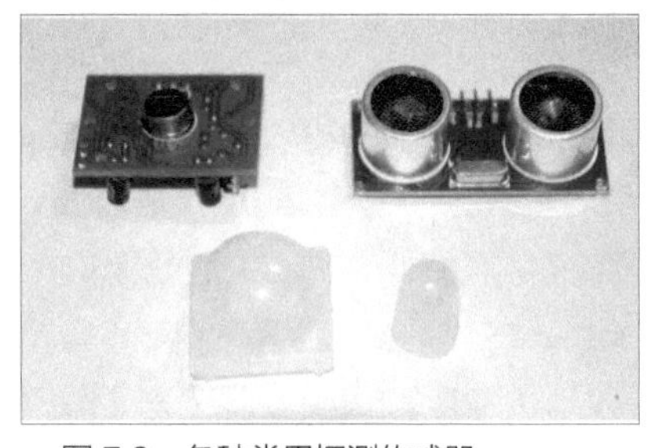

■ 图 7.2　各种常用探测传感器

7.1.2　处理

处理是指对探测所得的结果做出决策。在一些国外的机器人设计资料中，会把机器人的设计工作分为 3 个阶段，分别是：电气逻辑（elelogic）、机器逻辑（mechalogic）、生物逻辑（biologic）。如果用人类来比喻，生物逻辑程序就是人的大脑，电气逻辑、机器逻辑程序则是神经传输和肌肉控制。电气逻辑程序主要是负责传感器等硬件和系统的输入 / 输出接口，在时间上需要极快，一般至少 1ms 以下。机器逻辑程序则负责电机等机械硬件的速度控制、位置控制等，时间在 100μs ~ 100ms。生物逻辑程序则是对以上两种程序信号进行决策处理，为整个机器人系统提供"人工智能"，它的响应时间一般是 20ms 或更大。避障功能主要是指对障碍物做出的反应，在设计机器人时可能会要求对不同的障碍物做出不一样的反应，比如探测到墙体就要对它保持一定的距离，避免碰撞，探测到人类则需要迎上去打招呼，但在小型机器小车的设计中，通常只要求避免碰撞，这无论对传感器还是生物逻辑程序的设计要求都降得很低。

7.2　选择与自制简易避障传感器

市面上有各种各样的避障传感器模块可供选择，如红外传感器、超声波传感器、微动开关等。不想自己动手制作的可以购买现成的模块使用。传感器是根据自己的偏好和想要达到的效果进行选择。比如，想要识别障碍物的具体距离，就可以选择能输出距离数值的超声波传感器；若想能探测到人类的活动，就要加装一个被动式红外探测器。传感器使用数量也是没有限定的，但是在使用数量上产生过多的冗余，不但会增加制作成本，还会增加主控制板的资源开销，甚至让系统无法正常工作。如果要自己制作，也可以参考下面介绍的两种简单的避障传感器—触须开关和红外距离传感器，它们取材方便、制作简单，可以根据自己的小车电路进行改进。

7.2.1 触须开关

触须开关其实就相当于一个微动开关，可以用微动开关来改装，也可以用弹性金属线进行制作。图 7.3 所示就是一种触须开关的结构，由弹性金属丝做成弹簧触须，并在上面接上电源，当触须碰撞到障碍物时，触须会因为形变而与信号引线接触，从而得到信号输出。图 7.4 所示则是另一种更为简单的触须开关的实物图，使用弹性钢丝做触须，信号端则是接在一个金属环上，触须在金属环中通过。当触须碰触到障碍物时，触须也会和金属环接触，形成信号输出。

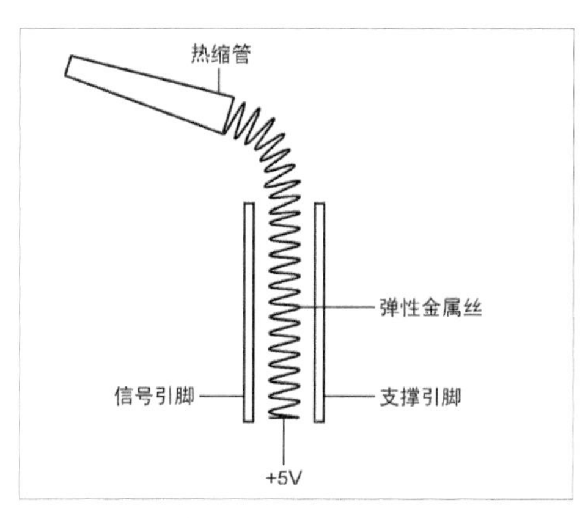

■ 图 7.3 一种触须开关的结构

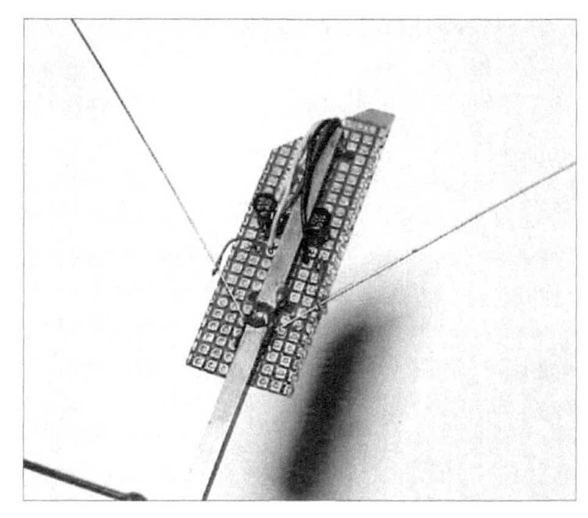

■ 图 7.4 触须开关实物

和其他开关一样，触须开关同样会在触发时产生信号的抖动，我们可以用示波器观察到，在触须开关安装到机器小车后，小车的触须开关碰撞到物体时，可能会产生频繁的开关动作，这种抖动会更加明显，在短时间内传入到生物逻辑程序的信号量会变得很大，生物逻辑程序如果对这些信号都一一处理的话，情形会变得更复杂。因此，通常我们应该在开关检测代码中加去开抖动程序，以滤除这种短时的抖动。最简单的方法就是在开关第一次触发后延时 20ms，然后再次检测开关是否还在触发。在 C 程序上可以用如下最简单的形式编写：

```
if  (SW) // 判断开关是否触发
{
    DelayMs(20); // 延时 20ms
    if  (SW)
    {
        // 开关还在触发时插入所需要的处
理的代码
    }
}
```

当然，实际上很多代码中并不会使用这种耗时的方法，而会结合中断程序去处理，这里就不作具体讨论了。

7.2.2 简易红外避障传感器

本文要介绍的红外避障传感器也是很简单的，每个由 2 个电阻、1 个红外发光二极管和 1 个红外接收管组成。笔者制作了两个，安装在机器小车的前方。在上一节的电路图的基础上，加上两个传感器的电路图如图 7.5 所示。电路原理很简单，红外二极管发射出红外光，红外光在碰到前方的物体后会被反射回来，然后红外接收管接收后会开启，拉低输出电平。这是最原始的光电传感开关原理图，它输出的是模拟量，根据物体的距离不一样会有不一样的电压值，当物体足够近时，接收管会部分导通或完全导通，信号输出端输出足够低的电平，这样主控电路就能判断有信号输入，这也是我们所需要的。这个电路可以通过修改红外发光二极管的限流电阻，得到不一样的导通距离，这里笔者选用了 270Ω，实验后得出它的有效是在 5cm 之内。

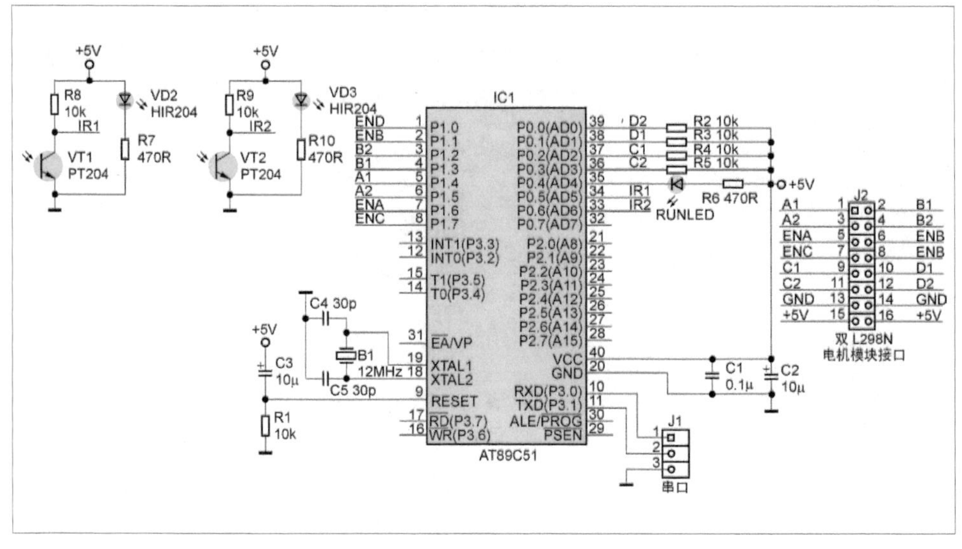

■ 图 7.5　电路原理图

制作方法很简单，所用元器件也不多，如图 7.6 所示。要注意的是，两个管子要相互隔开，避免红外光在没障碍物时也起作用，笔者的做法是把它们放在电路板的两面，如图 7.7 所示，也可以选用有分隔装置的收发管。由于这种简单的红外光收发电路有效距离很短，所以只能用于探测很近的物体，如果想能探测更远的物件可以把红外光用 38kHz 晶体调制后发射，接收后解调输出，就是类似于电机机遥控的原理了。使用超声波传感器也可以有较长的探测距离。另外，本文介绍的这种红外传感器还有一个特性，也可以说是缺点吧，就是对深色物体不灵敏，特别是对黑色物体几乎是无效的，但是这种特性也可以使它改装成循线小车用的循黑线探测器。

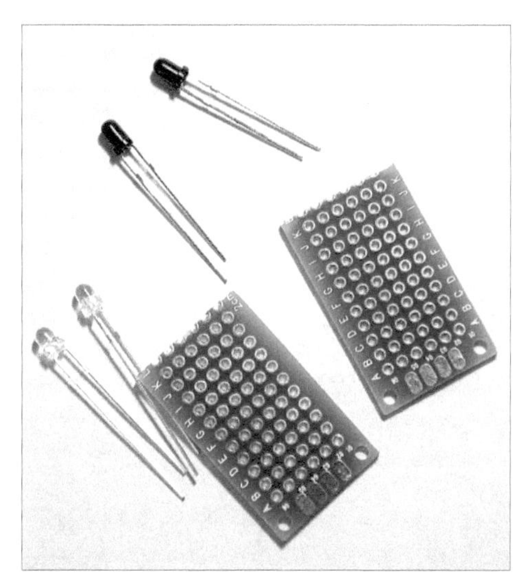

■ 图 7.6 制作所用红外管和洞洞板

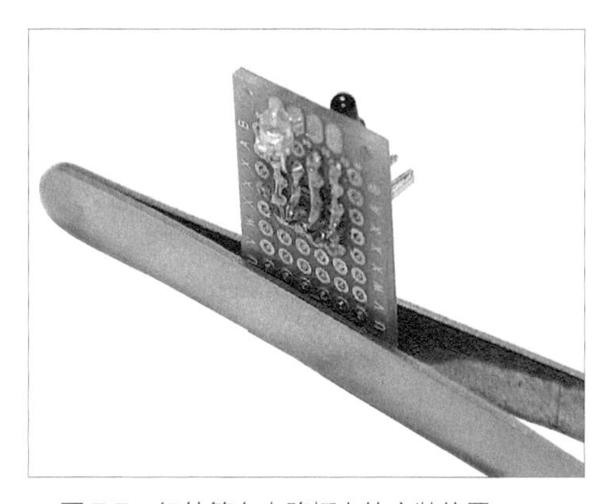

■ 图 7.7 红外管在电路板上的安装位置

本制作的生物逻辑程序主要用于判断这两个传感器的信号状态，以做出电机的转向控制，逻辑见表 7.1。演示程序只要在上一节程序的基础上略加修改，调用电机转向函数即可。

要想做到能自主漫游的机器小车，程序上还需要加入更多的人工智能代码，硬件上也需要安装更多的传感器。本着简易入门的原则，本文就不作过多复杂应用的介绍了。

表 7.1 逻辑表

左方传感器	右方传感器	小车运动方向
L	H	向右转
H	L	向左转
L	L	向后并向左转
H	H	向前或依程序设定方向

图 7.8 所示是安装红外传感器后的实物小车。本文例程可以在《无线电》杂志网站 www.radio.com.cn 下载，演示测试的视频见 http://www.cdle.net/thread- 52157-1-1.html。

■ 图 7.8 安装好红外传感器的小车，简易的红外探测器装在小车车体的左 / 右前方

智能小车的速度控制

◇温正伟

机器小车能跑起来了，还能躲避障碍物，要是你也跟着做了一辆，是不是感觉很棒呢？在上一节的配文视频中，我们可以看到智能小车运行笔者提供的代码。在正常行进时，小车速度较缓慢，在遇到障碍物时，则会以一个转快的速度进行转向，避开障碍物。它是如何实现速度转换的呢？能不能更灵活地控制速度呢？在前面的文章里，笔者介绍过机器小车上使用的小型直流电机驱动芯片 L298，这是一种常用的双 H 桥驱动芯片，从原理上可知，它可以实现电机的正反转控制和启停，但是它不能通过调节电压或电流的方式来实现对小型直流电机的速度调节，那么笔者的程序又是通过怎么样的方法来做到速度控制的呢？

8.1 最简单的调速方法

首先我们先来看看小型直流电机最简单的调速方法。在之前的文章中我们了解过小型直流电机的原理，知道改变电机的输入电压也会改变它的转速，所以调节电机的输入电压就是最简单的调速方法。比如，将一个合适大小的电位器串联在电机和电源之间，调节电位器的大小，也就改变了电机的输入电压，从而达到了调节速度的目的。在小型自动化控制电路中，常会用晶体三极管电路来实现电机电压的连续可调，但是无论使用电阻还是晶体三极管降压，这种通过线性电压调节实现直流电机调速的方法，都要在调节电路中消耗额外的能量。一般来说，速度调得越低，在调节电路中消耗的能量就越多，电路产生的热量就越大，所消耗的能量和全速运行是相当的。还有一点就是，这种模拟电路无法直接连接到 MCU 上进行控制，使用时还需要一些转换电路来辅助。

虽然这种方法有这么多缺点，但它有一个最大的优点就是可以轻松实现零到最高速的线性可调。机器小车是使用电池做能源的，如果在慢速运行时也消耗全速相当的能量，那么这种调速方式就没有意义了。

8.2 PWM 调速

在上一节的程序中，可以看到如下的语句：

```
MotorDrive(MOTOR_ALL, MOTOR_
FORWARD); // 前进
Delay(10);
MotorDrive(MOTOR_ALL, MOTOR_
STOP); // 所有电机关停
Delay(40);
```

不难看出，以上程序的意思——小车全速前进 10 个单位时间，然后停止 40 个单位时间，如此循环。如果这个单位时间足够小，小车的运行过程看起来就相当于以全速的 20% 速度在前进。其实这个程序就是利用了 PWM 调速的基本原理。

PWM（Pulse Width Modulation） 中文全称脉冲宽度调制，简称脉宽调制，是可以用于电机调速且最为有效的方法。原理就相当于在电机中安装了一个开关，想象一下，在规定的时间里，接通电机的时间为 30% 和接通电机的时间为 20%，前者所消耗的电能要大于后者，那么在全段时间内接通电机的话，电机的能耗就是 100%，而不接通电机则不消耗电能， 在通过轮子转换成距离时，这些百分比就是速度比了。比较常用的一种 PWM 信号是以固定频率产生脉冲，然后根据需要改变其占空比。高电平持续时间越长，其占空比越大。

可以参看图 8.1 来理解，高电平持续看成是电机导通，占空比越大，导通时间就越长，能耗就越大，输出转速也就越大。另一种产生 PWM 的方法是把脉冲的占空比固定，改变其频率，但这种方法需要产生不同的频率，实现不方便，而且在多种频率间切换时，可能会让电机产生共振或加大噪声，一般不使用这种方式生成 PWM 信号。为了减少电机运行时产生的噪声，PWM 信号的频率一般要在 20kHz 以上，避开人类听得到的频率。在 L298 上使用 PWM 调速也是比较简单的，只要在 L298 模块的使能端加上 PWM 信号，通过失能和使能来完成。

当然 PWM 不会凭空产生出来，主控制器如何产生 PWM 信号呢？上面举例的程序，虽然也是一种 PWM 调速的实现方法，但它是编写于 main 函数中，会一直不停地被循环运行，会占用着 MCU 资源，但是为什么它在实际运行时又是可行的呢？那是因为在上期的演示代码中，只有两种功能——电机控制和红外避障，如果有更多的功能代码时，这种编程方式就会让速度变得不可靠，小车的运行会变得不可控，所以要有更加有效的编程方法才可以。

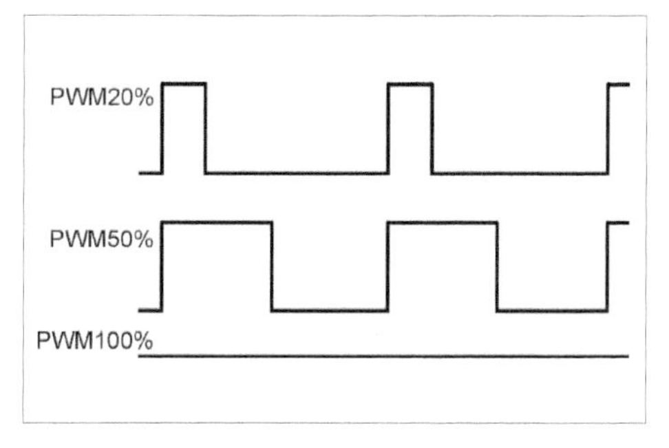

■ 图 8.1 PWM 信号

实现 PWM 调速的最好方法就是使用芯片内部的 PWM 功能块，只要操作相关的寄存器，硬件就可以在相应的端口中输出所要求的 PWM 信号。但是并不是每种芯片都有这样的硬件 PWM 功能，就算有一般也只是有 1 路或 2 路，如果需要更多路的 PWM 信号，还是需要用软件产生，当然也可以选择增加额外的 PWM 发生器芯片。在需要用软件产生 PWM 信号时，可以使用定时中断。定时中断是硬件定时，在定时值到了之后才去执行中断子程序，占用 MCU 的资源相对会少很多。当要产生一路 PWM 时，可以这样做：先改变定时器的值，让它先完成设定的高电平脉宽，再次进入定时中断时，完成后面低电平，如此反复。比如定时器的值为 0.5ms 中断一次，在单数次进入中断时，产生高电平，在偶数次进入中断时，产生低电平，那么就会产生 1kHz 的 50% 占空比的 PWM 信号。只要相应改变定时值就可以实现所需要的占空比或频率。

笔者所制作的机器小车是4个电机驱动的，所以需要能独立控制每个电机的速度，使用上面介绍的方法要产生4路独立的PWM信号，似乎会很麻烦，需要用到4个独立的定时器。这时需要改变一下思路，先把速度按需要分挡，比如分成10挡，PWM频率为1kHz,那么每一挡的高电平为0.1ms,这要把定时器中断的定时值设成0.1ms，然后用10个字节或位来表示当前设定挡位的电平状态。如用位来存储，每一路PWM只需要用2个字节，比如占空比10%用10位二进制表示，信号波形是000000001，转换成十六进制为0x01。在每个定时中断触发时，读取相对应的位值并反映到端口上，每10个中断循环一次。这个方法可能不是很好理解，读者朋友可以结合图8.2和演示程序来看。这种方法能快速处理多路的PWM信号，但是缺点也是有的，定时频率是PWM信号频率和挡位的乘积，如果例子中的1kHz的PWM信号分10挡，就需要用到10kHz的定时器。所以要用这种方法在51芯片上产生20kHz的PWM信号是不现实的，10挡的速度就需要200kHz的定时频率，过高的定时频率让51芯片处理定时子程序都忙不过来，更别说要处理别的代码了。

在业余条件下，制作机器人小车可以根据硬件的实际情况选择使用调速的方法。使用硬件PWM是首选的方法，使用软件PWM时，就要按实际情况修改代码、选择合适的频率。需要更高的速度调控性能指标时，主控、驱动、电机等都需要考虑升级到更高的级别。

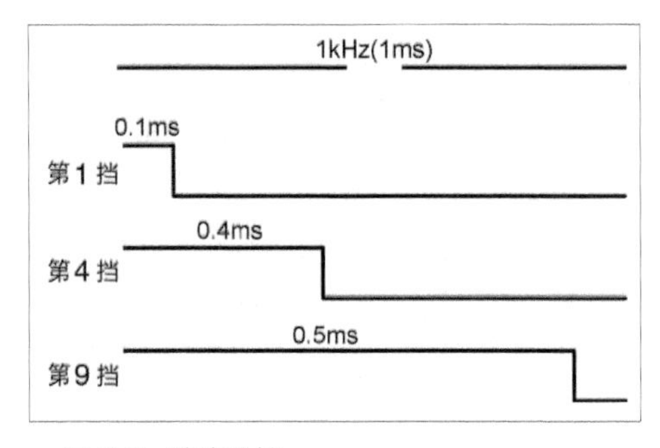

■ 图8.2 速度分挡

让你的小车会听话

◇温正伟

直至上一节，我们完成了机器小车基本运转的测试工作，现在它“学会了行走”。虽然只给它安装了 2 个红外避障传感器，但是它已经可以实现基本的避障功能，会在房子里自主地乱跑了，当然，要想让它表现得像生物，能更智能地避障，还需要安装更多的传感器和编写更复杂的逻辑判断代码。在它能达到“智能”程度之前，我们先让它学会“听话”，让它在我们的控制下，完成一些任务。本节中，我们给它加装了遥控装置，让它前进就前进，后退就后退。

9.1 模型遥控器

要加装遥控器，估计读者朋友和笔者一样，第一时间就会想到电动模型使用的比例遥控器。这类遥控器不但操作容易，而且无线遥控距离也相当远，价格也有多种档次，是遥控改装的首选，但是否适合我们的机器小车改装呢?

电动模型用的遥控器种类繁多，按用途分，常见的就有航模和车模两种，按遥控发射的信号模式分更是有 AM、FM 到现在常用的 2.4GHz 等。各厂家生产的遥控器所使用的通信协议不尽相同，需要对应不同的接收机来使用，也有一些是可以支持多种协议的接收机，现在高档的遥控器和接收机还有数据回传、图像回传等高级的功能。

模型比例遥控器是专门设计给各种模型用的，标准的接收机一般用来连接舵机，有多少通道就可以连接多少个舵机，操作遥控器的动作会被转化在舵机信号上反映出来。虽然这种模式可以很方便地控制模型，但是用于控制笔者 DIY 的简易机器小车（见图 9.1）显然就有点太麻烦了。比如模型车左右转向时，多通道比例遥控发射出的信号在被接收机接收后转换成舵机信号，其信号波形如图 9.2 所示，此信号接入舵机，舵机通过转向摇臂控制模型车转向。这种信号显然不能直接用于笔者所制作的机器小车，因为它不是用舵机来控制转向的，如果要使用这种遥控器，还需要对舵机信号进行转换，把这种 PWM 信号转成逻辑数字信号。如果需要控制速度，则还需要另外一个通道。这样一来，就会占用更多的硬件资源，也会让软件编写变得更加复杂。如果你的小车不是用舵机来控制的，你又想选用模型比例遥控器来遥控它，就需要考虑硬件方面是否能够接受多安装一个接收机，以及它所要占用的端口，软件方面则要考虑能否编写出合适的转换代码，这对于初学者将是一项不小的挑战。

现在市场上无线遥控模块有很多品种，常见且常用的有 315MHz/433MHz 无线遥控模块（见图 9.3）、2.4GHz 无线遥控模块等。315MHz/433MHz 的无线遥控模块因遥控距离远、价格便宜，被广泛用于家居遥控、家居 / 汽车防盗等各种需要无线控制的场合。这样的遥控模块通常是接收机和遥控器配套购买、使用，遥控的距离因型号有所差异，有几十米到几千米，距离越远所需要的电能会越多。通常室内的机器小车选用 100m 的产品就很好了。接收模块最好选用带解码功能的，这样接收模块就能直接输出并行数字逻辑信号，直接接到 I/O 口上，软件只要通过读取 I/O 口的电平就能知道遥控器上哪个键被触发了。如果使用无解码的接收模块，信号以串行数据形式出现，在软件上还需要对其信号作解码和抗干扰处理，这无疑会增加软件的编写难度。

■ 图 9.1　笔者的遥控器、接收机及迷你舵机

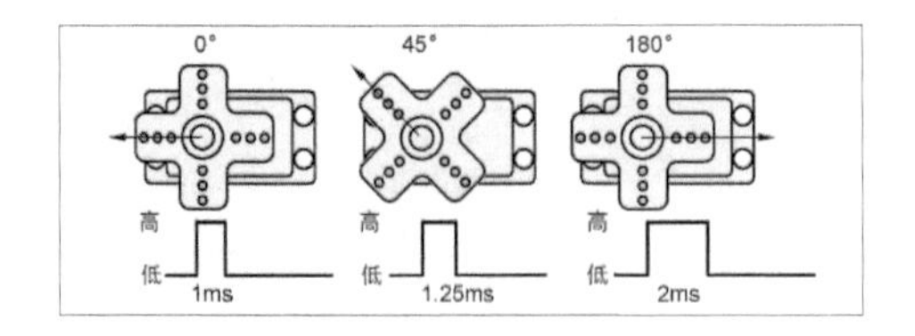

■ 图 9.2　舵机信号

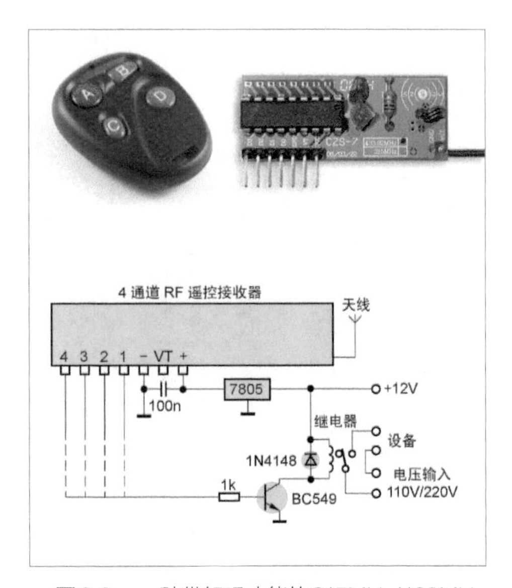

■ 图 9.3　一种带解码功能的 315MHz/433MHz 无线遥控模块

9.2　红外遥控器

我们身边最多的遥控器应该要算红外遥控器了，电视机、空调、风扇、音响等各种家用电器都会配备红外遥控器。红外遥控系统一般由红外发射装置和红外接收设备两部分组成。红外发射装置又可由键盘电路、红外编码芯片、电源和红外发射电路组成，这个部分我们可以直接使用现成的红外遥控器。红外接收设备可由红外接收电路、红外解码芯片、电源和应用电路组成。通常为了使信号能被更好地传输，发送端会将基带二进制信号调制为脉冲串信号，通过红外发射管发射。常用的有通过脉冲宽度来实现信号调制的脉宽调制（PWM）和通过脉冲串之间的时间间隔来实现信号调制的脉时调制（PPM）两种方法。

为了简化接收电路，机器小车也可以使用红外遥控方式，接收端使用一体化红外接收头即可（见图 9.4）。接收头的作用是把红外信号解调出来，通过串行数据的形式输出。在同一个遥控电路中通常要使用不同的遥控功能或区分不同的机器类型，这样就要求信号按一定的编码传送，编码由编码芯片或电路完成。一体化红外接收头输出的也正是这种编码。只有知道编码方式，我们才可以使用单片机软件来完成解码，得到正确的按键值，去完成相应的控制。

■ 图 9.4 各种红外遥控器和接收头

要想知道一款红外遥控所使用的编码，方法有很多，最简单的就是用逻辑分析仪接到红外接收头的输出端来测量所输出的编码脉冲。普通家电使用的红外遥控，遥控距离一般可达 6m 左右，但是红外接收不能被阻挡，如果用在对性能和功能要求高的机器小车控制上是不适合的。

9.3 用手机蓝牙功能遥控机器小车

现在智能手机、平板电脑已相当普及了，这些移动设备一般会搭载 Wi- Fi、蓝牙、GPRS 之类的通信模块。如果使用这些通信方式，不但可以实现对方向的控制，也可以把实时的数据回传到遥控端。比如，给小车安装一个蓝牙串口数传模块，我们不但可以实现使用手机来遥控小车，也可以做到使用电脑来对小车进行遥控，还可以把小车上的一些电路参数回传到电脑中。下面将介绍如何给机器小车加装一个蓝牙通信模块，并使用 PC 和手机对它进行控制。

安卓（Android）系统自 2003 年至今发展了 11 年，现在已经普及到全球很多手机和平板系统中，其开源的特性使这个系统拥有了大量的应用程序，在硬件上也拥有越来越丰富的功能。就通信方式而言，一般的安卓手机除了支持通信运营商的 2G、3G、4G 等通信模式外，还具有 Wi-Fi、蓝牙，甚至红外收发等方式。不同通信方式对应不一样的应用特性，如通过运营商的短信服务可以让手机实现超远程控制，Wi- Fi 需要连接到互联网或局域网来实现网络控制，而蓝牙则是短距离下的设备对设备的直接控制。它们都可以用于机器小车的遥控，只是需要的通信模块不一样，如图 9.5 所示的 GSM 短信及 GPRS 通信模块、图 9.6 所示的蓝牙模块。

■ 图 9.5 GSM 短信及 GPRS 通信模块

■ 图9.6　蓝牙模块

笔者的小车是被定义在有限场地里运行的，蓝牙模块不但体积小、能耗小，价格也便宜，所以优先使用蓝牙模块来进行遥控性能的加装。

蓝牙是一种支持设备短距离通信的无线电技术，一般通信距离在10m内。蓝牙采用分散式网络结构以及快跳频和短包技术，支持点对点及点对多点通信，工作在全球通用的2.4GHz ISM（即工业、科学、医学）频段。数据速率可达到1Mbit/s，可以全双工通信。它能有效地简化实现移动终端设备间的无线通信，被广泛使用在移动电话、PDA、无线耳机、笔记本电脑、外设，甚至一些工业设备之间，进行无线信息交换。用于机器小车的蓝牙模块可以选用蓝牙串口模块，这种蓝牙模块分主、从机模块，图9.6所示就是主、从两种不一样的蓝牙串口模块，这里用于控制一台机器小车，只要选用从机模块就好了。笔者选用的是HC06型的蓝牙串口从机模块，它可以把蓝牙信号转化为TTL的串口输出，十分方便用于连接到MCU的串口。

有了蓝牙串口模块，如何才能让手机和机器小车进行通信呢？我们可以先从手机端入手。安卓手机内部已有了蓝牙模块，我们只需要用软件对其进行功能调用。看到这，你可能会说：“我可不会编写安卓软件呀！怎么能调用呢？”要是需要自己编写一个控制APP，那确实需要用到编程知识，但我们这里不需要太复杂的功能，只要使用别人编写好的安卓蓝牙串口调试助手就可以了。

笔者使用的是一款叫“BluetoothSPP”的软件，中文名字叫“蓝牙串口助手”（见图9.7）是一款很棒的免费的蓝牙串口调试，可以在各大应用商店里下载。下载后安装到手机后，我们要使用的是它众多功能中的键盘模式。在这个模式下，软件会有一些按键可供自定义使用，我们只需要把这些按键定义好所要发送出去的字符，当按下这些按键时，HC06模块就会在TXD端口上送出相应的字符信号，MCU上只要对这些字符作解释和功能调用就能实现控制了。

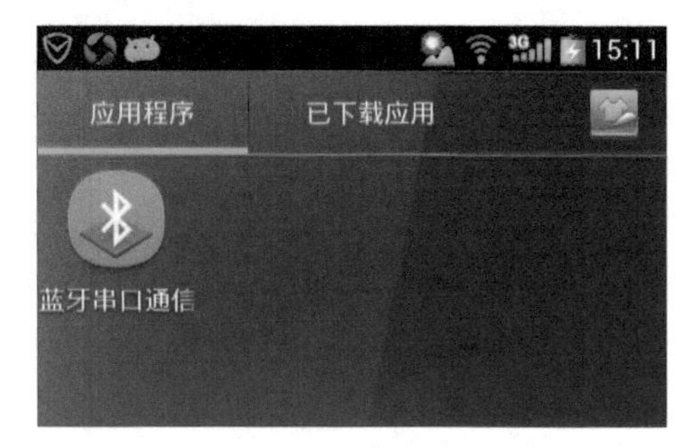

■ 图9.7　蓝牙串口通信助手

我们可以先使用PC来实验。首先可以使用一个给STC51编程用的USB转串口模块和蓝牙串口模块相连接，两者的RXD和TXD交叉对接起来，如图9.8所示，然后把 USB 转串口模块接入到 PC 中，在 PC 串口软件中（可以使用笔者编写的串口调试软件，如图 9.9 所示，可到 http://www.cdle.net/article-92-1.html 免费下载）打开相对应的串口号，这时 HC06 上的 LED 会闪烁。打开手机上的蓝牙串口通信助手，软件会自动打开蓝牙端口并搜索附近的蓝牙设备，随后可以看到搜索到相应型号的蓝牙串口模块，图 9.10 显示的正是搜索到的 HC06 模块以及它的 ID 信号强度等。点击此信号块连接 HC06 模块，并选择键盘模式，成功连接后，蓝牙模块的 LED 会停止闪烁，这时可以根据自己的需要，参考软件上的提示，对按键进行发送字符定义。表 9.1 是笔者对按键发送字符的定义，后面的 51 程序需要对这些字符进行解释。图 9.11 所示是定义发送的程序按键，这时只要按下相应的按键，PC 端串口调试软件的接收窗口就可以显示相对应的字符。相反，如果是 PC 端发送字符，手机上也是可以收到并显示的。显而易见，这样的做法不但可以用于机器小车的控制，也可以用于对 PC 或别的设备的控制。

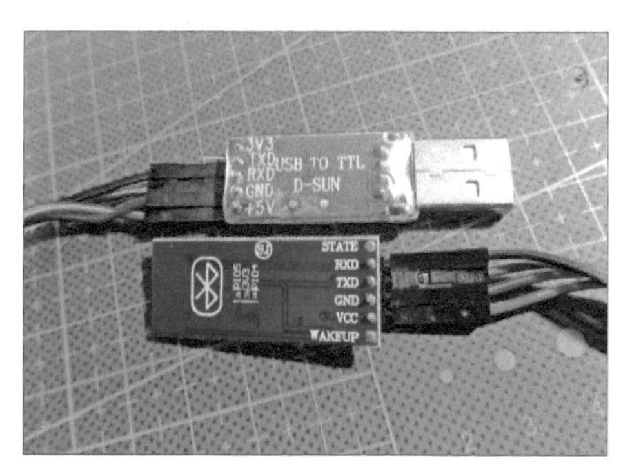

■ 图 9.8　USB 转串和蓝牙模块对接

■ 图 9.9　笔者编写的串口调试软件

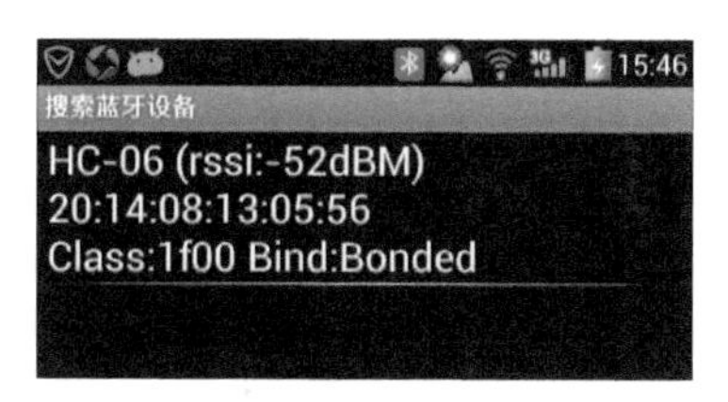

■ 图 9.10　搜索模块

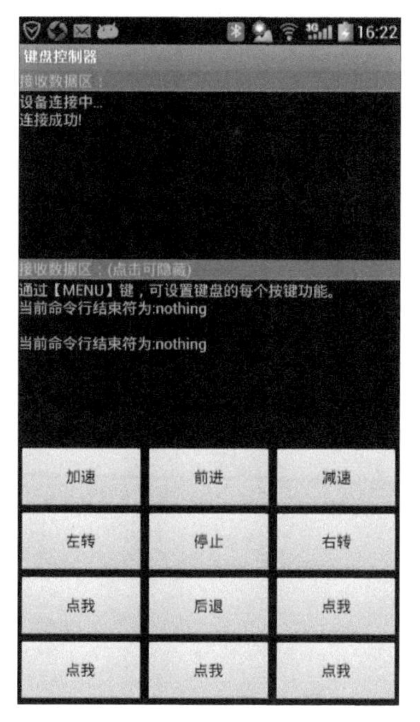

■ 图 9.11　定义好按键

表 9.1 按键发送的字符

键名	字符	键名	字符
左转	4	加速	6
右转	5	减速	7
前进	1	停止	2
后退	3		

表 9.1 定义了之前已试验好的机器小车基本运行动作所对应的通信字符，当然这里只用于演示，没有使用严格的协议包数据格式。在实际的使用中，如果需要严格保障通信质量和可靠性，还需要考虑到通信数据包的校验、超时、出错等诸多因素。

接下来就需要把蓝牙模块安装到机器小车的主控板上了，同样只需要把 RXD 和 TXD 端口和主控板交叉连接就可以了，电源和 GND 可别忘记连接。之前笔者在主控板安装的晶体振荡器是 12MHz 的，因现在要使用到串口，为了使得串口的波特率更准确，更换成 11.0592MHz 的晶体振荡器，HC06 蓝牙模块的默认波特率是 9600，实物图可参见图 9.12。在 51C 程序编写上，需要增加的串口接收部分，一般使用到串口接收中断来接收，按键所发送的字符是 1 个字节，所以每接收到 1 个字节后，对其进行判断，并调用相应的机械代码来实现对电机的控制。演示代码是在原有的红外避障基础上修改的，把本文的演示代码烧录到 51 芯片中，开启你的手机，就可以对小车进行蓝牙控制了，同时它也可以自己进行避障。本文配套的源代码可以到《无线电》杂志网站 www.radio.com.cn 下载，增加按键的功能可以直接修改源代码来实现。

如果想把小车的一些参数在手机上显示出来，可以增加 51 串口发送功能，把相应的字符通过蓝牙模块发送出去。通过这样的实践，初学的朋友会感觉到给小车加装无线遥控功能并不复杂。本文测试视频可以到如下地址观看：http://www.cdle.net/thread-52487-1-1.html。

图 9.12 加装好蓝牙模块的小车

让小车看得到、听得见

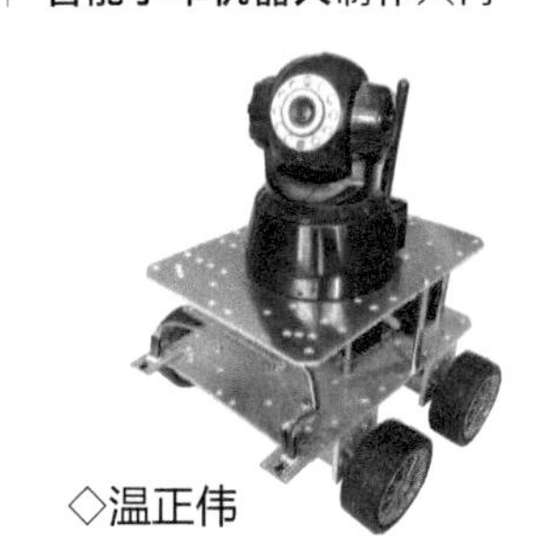

◇温正伟

估计大家也看了科幻片《变形金刚 4：绝境重生》，片中主人公制作的机器人和机器看门狗必定给你留下很深的印象了，一有陌生人来访就会给主人报警。本文介绍的机器小车能否也做成那样呢?

要做成能识别人脸、声音的机器人，那主控板需要更换成比 51 芯片高级的控制主板，还需要增加人脸识别、声纹识别软件，由此带来的硬件要求也要提升好几个量级。那有没有简易的方法，比如在小车上加装一个摄像头（见图 10.1），通过它来实现对家居环境的简单监控或借助视频更好地完成远程简单遥控呢? 这当然是可行的，没有前者那么高的要求，工程量比前者少很多很多。那么我们一起来看看如何给小车加装个 Wi-Fi 摄像头，让机器小车长上“眼睛”和“耳朵”。

图 10.1 加装了摄像头的机器小车和机器蜘蛛（图片来自网络）

时下在机器人爱好者中制作有 Wi-Fi 摄像头小车的方法通常有两种。第一种是用一些具有 USB 端口的 Wi-Fi 无线路由器，通过修改路由器的固件程序，使其 GPIO 或串行口可以被控制或编程使用，路由器可以直接充当机器小车的主控板，也可以与小车原有的主控板相连接，摄像头使用 USB 端口的摄像头，通过路由器上的 USB 端口进行连接，但通常无法传送声音。第二种方法则是把成品的 Wi-Fi 摄像头直接安装在机器小车车体上，并利用 Wi-Fi 摄像头的输出端口和小车主控板相连接。

第一种方法做的小车可以不需要额外的主控板，但需要特定的路由器，同时还需要依赖于别人发布的路由器固件，自己要想随意编写路由器的固件程序一般比较麻烦，还有就是所使用的 USB 摄像头一般都不具有云台功能，摄像头的可视角度会大大减小。第二种方法可以选择带有云台并有 I/O 输出的 Wi-Fi 摄像头，云台可以上、下、左、右旋转，视角极广，如果选用带语音功能的，还可以传送声音，利用摄像头上的 I/O 端口或串行端口可以和小车上的主控板连接，实现用 Wi-Fi 操控小车。

使用这两种方法都需要耗费大量的电能，实际上两者的核心都是使用到了一台 Wi-Fi 无线路由器，通常需要有 12V/1A 的电能供应，这就加大了机器小车对电池容量的需求。图 10.2 所示是国外爱好者制作的无线 Wi-Fi 机器小车。

■ 图 10.2　国外爱好者用路由器制作的无线 Wi-Fi 机器小车（图片来源自网络）

笔者使用的是国产某品牌的网络摄像头，型号是 HS-733，内置一台无线路由器，可以通过 Wi-Fi 进行无线连接，也可以使用网线连接，具有一对报警输入 / 输出端口和音频输出端口，自身带有云台，可以方便地进行全方位的监控，在监视的同时也具有声音收集与传输的功能，可实现监视和监听双功能。报警输出是一个常开的继电器接口，使用电脑程序可以控制它的开合，把端口连接到小车主控板的 I/O 口上，利用开和关让报警端口输出一组二进制编码，然后再用程序对编码进行译码，就可以实现用电脑通过 Wi-Fi 操控机器小车了。

读者朋友这时应该会想到，通常串 - 并转换电路有时钟和数据两个信号，缺一不可，只有一个端口如何做呢？其实，只要数据线上的数据严格遵循时序要求，每个数据时序都是一样的时间间隔，就可以做到单线串行传输。为了在 Wi-Fi 摄像头的报警输出端口产生串行数据，笔者使用厂家提供的 OCX 控件，使用 DELPHI 编写了一个软件，对其功能函数进行调用，使得软件可以在界面上控制摄像头云台的动作，也可以连接 USB 游戏手柄进行云台控制。上面还有 8 个虚拟开关，每个虚拟开关可以定义一个编码，当操作这些功能键时，软件可以精确地按照设定的时间间隔发送控制继电器开合的指令，摄像头通过网络接收到指令后，就按要求开关继电器，从而形成一组串行数据，小车则可以根据解码后的编码来完成相关的动作。因为网络信号的不确定性，信号的中断可能造成指令的丢失，使得数据串数据错误。为了避免数据的错误，笔者设定的数据串格式是一位起始码后跟 8 位数据位，每一位为 50ms，重复 2 遍发送，要求小车主控板接收 2 次后，对 2 次数据进行比对，相等时才认为传输是正确的。图 10.3 所示是输出二进制时的示波器波形图。电路的连接方式极为简单，只要摄像头输出的信号接入到主控板的 I/O 端口，连接图如图 10.4 所示。摄像头被连接到 51 芯片的 P0.7 上，通过一个 4.7kΩ 的电阻使其正常工作，也可以根据自己的主控板资源，把它连接到外部中断输入端口上，以得到更高的性能。

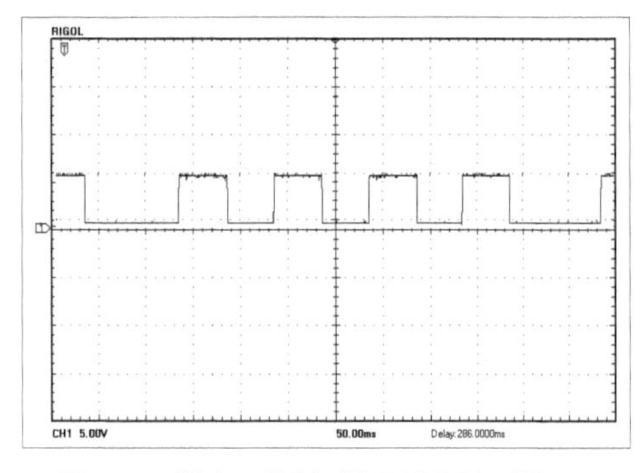

■ 图 10.3　输出二进制时的示波器波形图

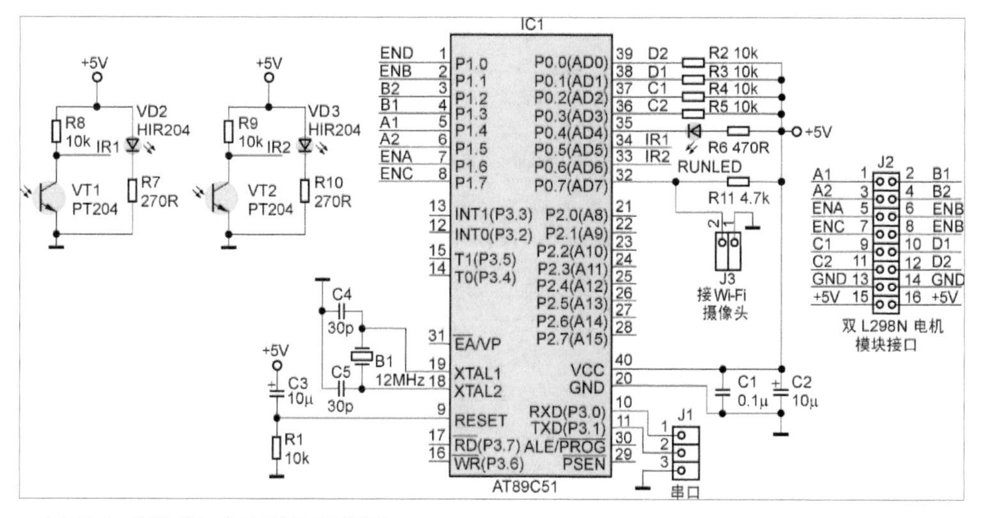

■ 图 10.4 摄像头与主控板连接原理图

根据图 10.3 所示的编码规则，主控板的解码程序的流程如下。

先判断 P0.7 端口电平是否为低，如果不为低，则摄像头上的继电器没有闭合，如果为低时，说明继电器动作了，首先输出的是起始位，延时 25ms，确认起始位后，进入存储数据位的代码段，因为每个位为 50ms，所以每隔 50ms 采集一下，采集点正好位于方波的中心。经过 8 次采集，把数据移入一个字节的变量中，再进行第二次的采集，把数据移入另一个变量。当 2 个变量的值相同时，说明数据接收正确，根据接收到的编码去执行相应的功能函数，完成控制。在这里，只使用了简单的校验方法，如果需要更加保险的方式，可以再加个校验字节或者第二个字节为第一个字节的反码。其实这种编解码方式类似于红外线遥控的编解码方式，稳定性和可靠性都相对较低。解决这个问题，可以选用带有串行数据端口的 Wi- Fi 摄像头，直接使用串行端口进行数据传输，以提高通信的稳定及可靠性。在上一节中，加装蓝牙模块就使用到了串行端口。采集的示意图见图 10.5。

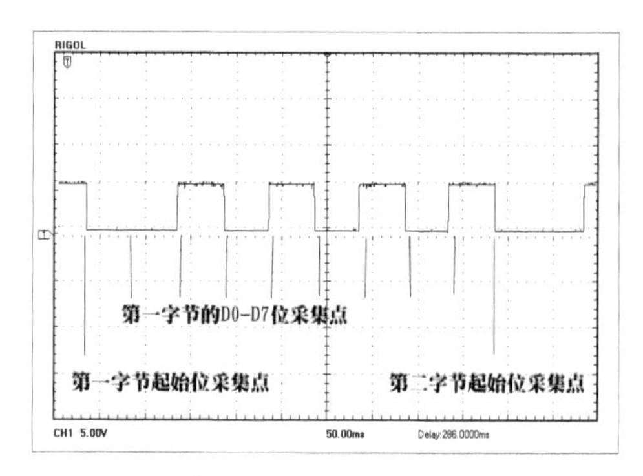

■ 图 10.5 数据采集示意图

为方便大家参考，笔者提供了单片机和 PC 软件的源代码（下载地址见《无线电》杂志网站 www.radio.com.cn）。具体编写方法这里就不逐一说明了，大家可以参看源代码分析。

PC 软件的使用方法很简单，先执行压缩包里的 OCX_install.exe 程序文件，安装摄像头的控件，该控件只适用于HS-733同系列的摄像头，别的厂商的摄像头笔者没有测试过。然后运行Goto_Joystick.exe程序，程序执行后，在程序所在目录生成setup.ini文件。关闭程序，用记事本打开setup.ini文件，修改里面的IPCAM_Info项目的前4项值，分别是网络摄像头的IP地址、端口号、用户名以及密码。再次打开程序就可以连接摄像头进行控制了。

这种控制方式在实际使用中可能会有很多不足，但在业余制作中这样的方式可以适应手中的零配件，使制作成本降低。如果需要更好地实现Wi-Fi环境下的远程操控，最好还是加入一个Wi-Fi转串口数据传输模块，实现更快的操控反应和更多的功能。题图所示就是笔者小车加装摄像头后的实物照片。

小车制作总结篇

◇温正伟

经过了一番努力，你是否也完成了一辆简易的智能小车了呢？从轮子开始，加装机架、电动机、控制板、电池、遥控器和通信模块等，从拥有最简单的电机传动、转向、变速功能，到具有自动避碍、蓝牙通信和Wi-Fi摄像功能，原本简易的机器小车变得越来越智能，让我们可以用手机或计算机进行室内的远程控制，还可以通过Wi-Fi实现监控。尽管如此，我们循序渐进制作的这辆小车还只是具有最初级的智能功能，要想真正的智能化还需要更大的改进。

为了更多实现智能化，还需要加装更多的传感器，比如温度传感器、声音传感器、超声传感器等。只有利用传感器获取更多的环境信息，才可以让小车的控制系统更好地做出判断。加装的传感器的种类越多，小车所拥有的功能就越多，所需要的MCU的性能也会越高，同时也需要更多的MCU引脚资源，软件也要写出更多的信息处理代码，软件系统会更加复杂。

比如把现有的2个红外避障传感器增加到4个，安装在车头部位，原来车头中间部位没法识别障碍物的问题可以得到解决。本系列文章介绍的小车的电机调速使用的是开环控制，就是调速指令下达后，电机直接调速，不反馈电机的真实速度值，以这种方式控制电机会因电机性能或路况等原因而达不到所要求的速度，真实速度可能会比要求速度大或小。特别是在多电机控制转向的小车上，如果产生这样的问题，电机速度不协调，不但会造成速度偏差，还会造成方向控制的偏差和失控。

改进的方法是在电机上加上编码盘和光电传感器，用于检测速度，形成一个闭环的控制，在控制软件编写上需要加上相关的检测代码以及速度的PID控制代码，使速度被实时反馈到控制系统中，做相应的加/减速控制，让实际速度达到要求速度。在Wi-Fi远程控制上，本系列文章介绍的是利用了Wi-Fi摄像头的I/O输出端口来实现的，但是这种方式的有效率和可靠性并不太理想，可以更换成更专用的Wi-Fi通信模块来实现图像、声音以及控制的通信。在硬件不断加码的同时，MCU所要求的性能也会越来越高，51芯片组成的控制电路可以升级为由AVR、STM32组成的，甚至是PC主板。笔者认为，在硬件上的升级相对要容易操作和实现，而在软件编写上所需要花费的精力和时间会更多。如果不善于编写代码，只能使用一些成品或开源的控制器，它们可以使你不用花精力去编写软件就能实现一些所要的功能，但是如果你是一个真正的机器人爱好者，建议你还是学好一门编程语言。

第2章 智能小车机器人基础实例

12 模块化循迹智能小车

◇蒋瑞挺

循迹智能小车是目前研究的热点，它集合了机械、电子与软件等多个学科，因此对于制作者的技术要求较高。目前流行的循迹方案主要有光电管循迹和摄像头循迹，小车转向控制方式主要有两轮速度差方向控制和舵机方向控制。为使制作难度最小，本文介绍的小车采用红外光电对管（以下简称光电对管）进行轨道检测，通过改变前轮的速度差进行方向控制。

小车车身与车轮使用铝合金制作，车轮上套用塑胶圈以增加摩擦力。小车采用三轮结构，前两轮由两个小功率直流电机驱动，后轮由一个万向轮作随动，车身实物见图12.1。

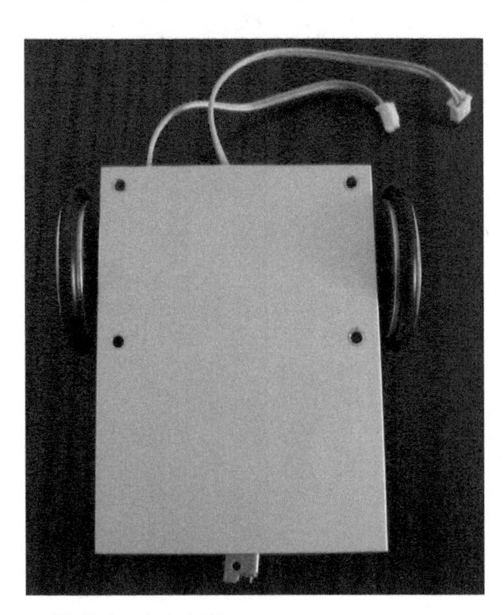

图12.1 小车车身

12.1 硬件结构和原理

小车的控制电路按照功能划分成若干个小板进行设计，彼此之间通过杜邦线进行连接。小车与PC通过蓝牙串口进行数据通信。各个小板间的系统结构见图12.2。

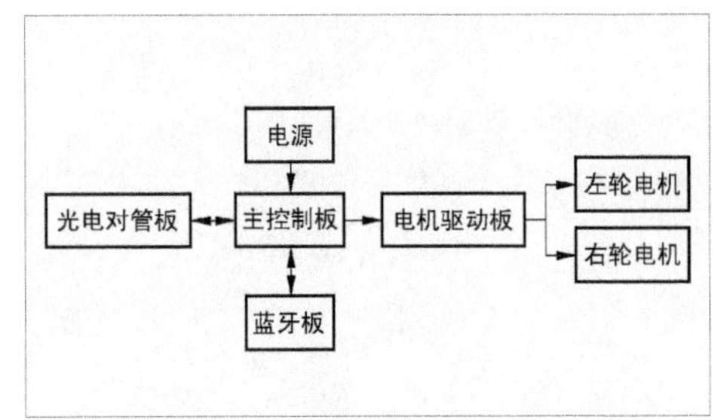

图12.2 总体电路结构

12.1.1 主控板

主控板实现主控单片机ATmega16的最小系统，同时将控制引脚与JTAG调试口引出。外接电源的DC-DC转换也在该板实现。单片机的PB0~PB4用于光电对管发射端的发光控制，PA0~PA4用于采集光电对管的输出电压，PD0~PD1用于连接蓝牙板进行串口通信，PD3~PD6用于进行左右轮速度及转动方向的控制，PC2~PC5用于JTAG调试。主控板原理见图12.3。

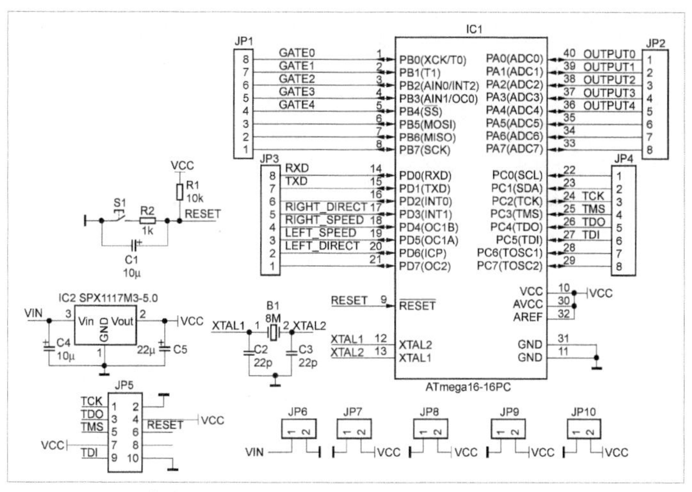

■ 图 12.3 主控板原理

12.1.2 光电对管板

光电对管采用 RPR220，板上引出光电对管发送端的发光控制引脚以及接收端的输出电压引脚。在布板时，对管以 12mm 间距均匀分布。光电对管板原理见图 12.4。

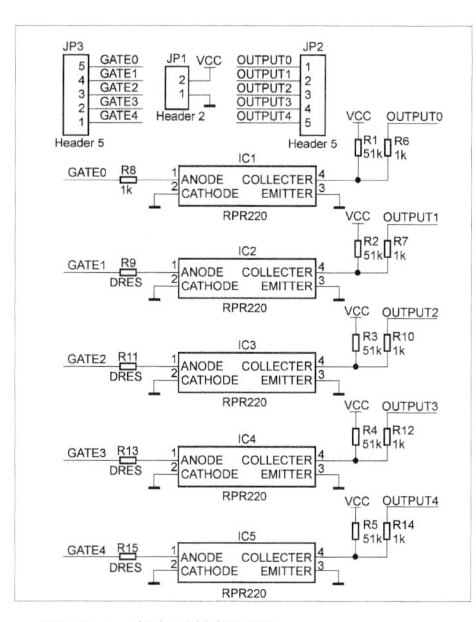

■ 图 12.4 光电对管板原理

12.1.3 电机驱动板

电机驱动选用成品模块实现，见图 12.5。该模块采用驱动芯片 L293D，可以实现直流电机 PWM 与正反转控制。使用时，需要接入驱动板工作电压、电机工作电压、速度控制 I/O 以及方向控制 I/O。

■ 图 12.5 电机驱动板

12.1.4 蓝牙板

同样采用成品模块，只需接入串口线及电源即可工作，与 PC 的蓝牙连接过程同蓝牙手机等普通蓝牙设备，实物见图 12.6。

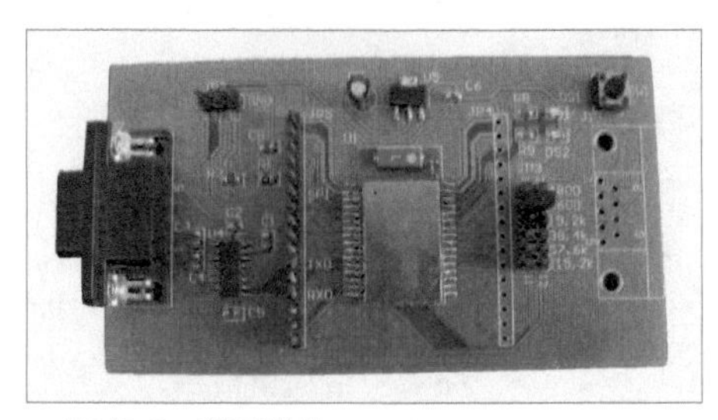

图12.6 蓝牙模块

12.1.5 电源

电源采用可充动力锂电池，输出电压7.4V，电池容量1000mAh，放电倍率15c，实物见图12.7。

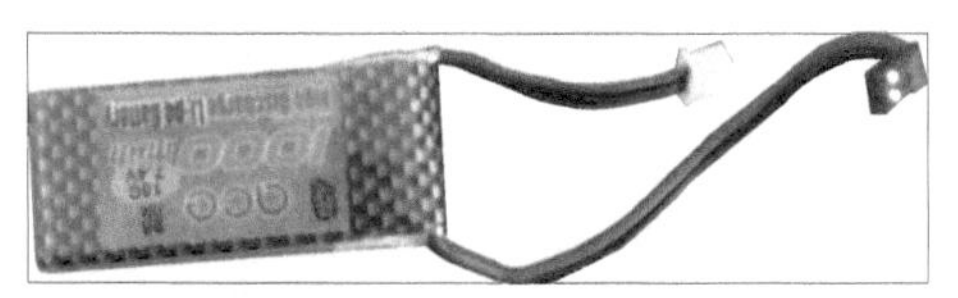

图12.7 电源

所有硬件电路使用六角铜柱与车身进行装配，制作完成的小车实物见图12.8。

图12.8 装配后的小车

12.2 软件设计

控制软件主要实现对光电对管的输入采集、电机的速度控制、小车方向控制以及循迹控制算法的实现。目前对于循迹算法，主要有PID控制与Bang-bang控制两种控制算法。这里，采用相对简单的Bang-bang控制来实现循迹功能。软件的总体流程见图12.9。

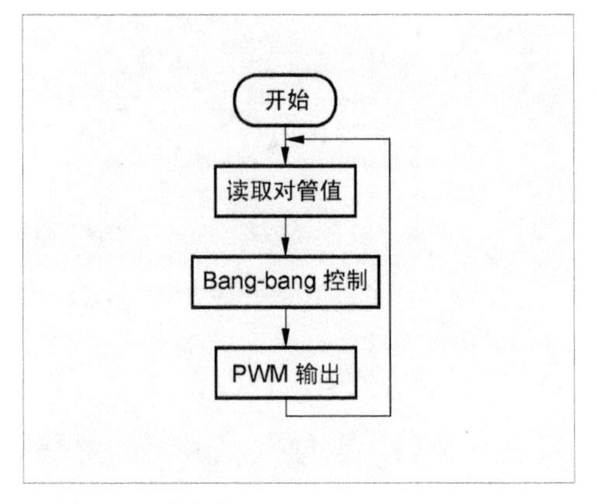

图12.9 软件流程图

软件实现主要有以下几个要点。

12.2.1 轨迹检测

光电对管根据地面颜色、材质等的不同，其反射光强度也不同，这就导致对管接收端导通程度不同。如果对管照射到白色地面，则光线大部分被反射，接收端导通程度高；如果对管照射到黑色地面，则光线大部分被吸收，接收端基本不导通。通过单片机将对管接收端输出进行AD转换，判断AD值如果大于某个设定值，即表示对管在黑线上，反之则在白色地面上。

单片机持续扫描5个对管输出值，根据这些值来判断当前轨迹位置。其判断原理如图12.10所示。

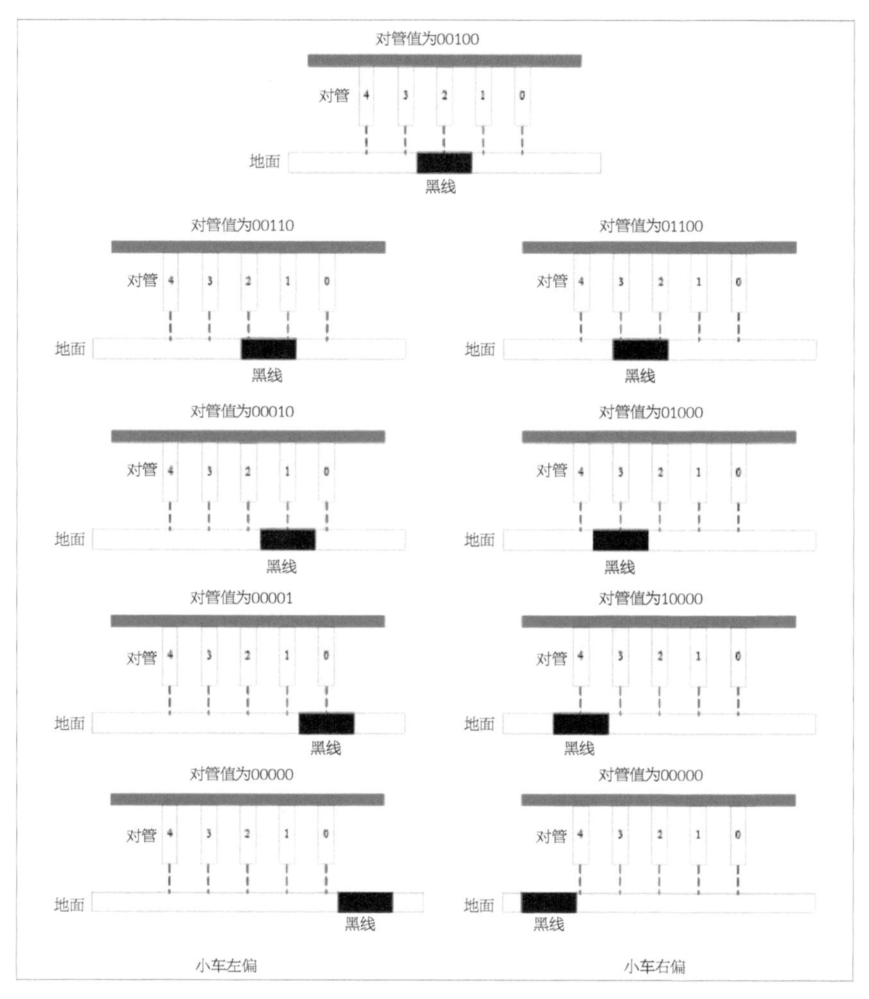

图 12.10 对管值与小车偏向示意图

12.2.2 速度控制

电机速度控制采用 PWM 控制方式。通过调节 PWM 的占空比，来调节电机上加载的电压，从而实现对电机速度的控制。本设计采用 ATmega16 的 16 位定时器实现两路 8 位 PWM 输出，来同时控制左右轮两个电机。

12.2.3 方向控制

通过设置左右轮的速度，可以实现对小车不同方向的控制，包括前进后退、左右转动以及原地旋转等。其控制原理示意见图 12.11。

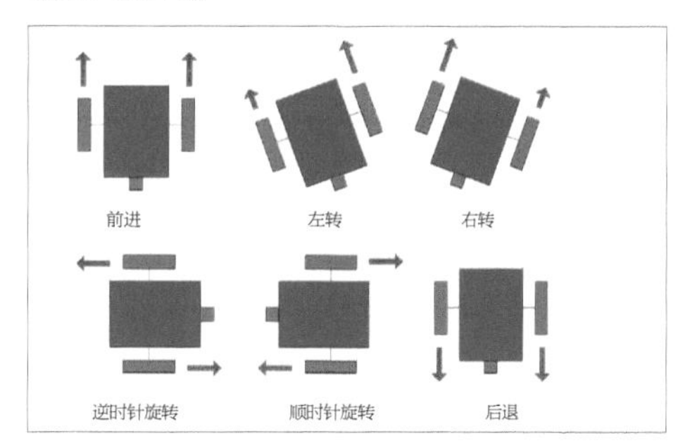

图 12.11 小车方向控制原理示意图

12.2.4 Bang-bang 控制

Bang- bang 控制过程描述如下：当检测到当前小车往左偏时，控制小车往右转向，反之则往左转向。当小车完全偏离轨道时，此时得到的对管值为 00000，这时小车可能处于完全左偏或完全右偏的状态，因此需要根据前一个对管值来做左右转向判断。如果前一个对管值表示小车左偏，则控制小车右转，反之则左转。

12.3 总结

为了试验小车循迹效果，设计了一个简单的环形跑道，其黑线宽度为 18mm。小车基本能够实现循迹的功能，并且具有较高的行驶速度。当然由于循迹检测方式及控制算法的问题，小车仍然存在很多不足，主要包括：

（1）当转弯弧度太大时，小车很容易脱离轨道。由于光电对管检测轨道时，检测距离短，无法对轨道进行预判。当进入转弯弯道时，不能提前让小车进入减速状态，因此造成高速转弯，小车失去控制。

（2）当行驶速度太大时，小车左右晃动严重。这主要是 Bang- bang 控制自身的缺陷造成。由于 Bang- bang 控制只是简单的开关控制，无法像 PID 控制那样通过分析过往偏差，逐渐增减控制量。因此小车始终处于超调控制中，晃动是无法避免的。

从以上分析可以看出，当需要小车进行大弧度转弯以及平滑行驶时，摄像头加 PID 控制方案仍然要优于本小车设计方案。

简易超声波避障小车

◇蒋瑞挺

目前小车避障的方法主要有超声波避障、视觉避障、红外传感器避障、激光避障等。其中视觉避障与激光避障实现成本高，而红外传感器则容易受环境光的影响。超声波避障实现方便、技术成熟、成本低，成为移动小车首选的避障方法。本节将介绍一种基于超声波避障小车的制作方法，包括软、硬件设计以及实验结果。

13.1 超声波避障原理

13.1.1 超声波测距原理

超声波是一种频率高、指向性强的声波。超声波测距的原理是利用超声波在空气中的传播速度为已知的条件下，测量声波在发射后遇到障碍物反射回来的时间，根据发射和接收的时间差计算出发射点到障碍物的实际距离。由此可见，超声波测距原理与雷达原理是非常相似的。

测距的公式表示为：

$$L=C\times t$$

式中，L 为测量的距离长度，C 为超声波在空气中的传播速度，t 为测量距离传播的时间差（发射到接收时间差的一半）。已知超声波的传播速度 C=344m/s（20℃室温）。

超声波的传播速度受空气的密度所影响，空气的密度越高则超声波的传播速度就越快，而空气的密度又与温度有着密切的关系，近似公式为：

$$C=C_0+0.607\times T$$

式中，C_0 为 0℃时的声波的传播速度为 332m/s，T 为实际温度（单位：℃）。

13.1.2 避障原理

当通过超声波测得与前方障碍物的距离后，可以根据程序，自动控制小车行进方向。一般需要指定前方物体与小车距离在多少范围内，即认为是障碍物，需要小车进行躲避。小车躲避的方式很多，比如通过左、右转弯，绕过障碍物，或者直接调头避开障碍物等，如图 13.1 所示。本文所设计的小车采用相对比较容易实现的避开障碍物的方式，只要检测到障碍物即调头避开。

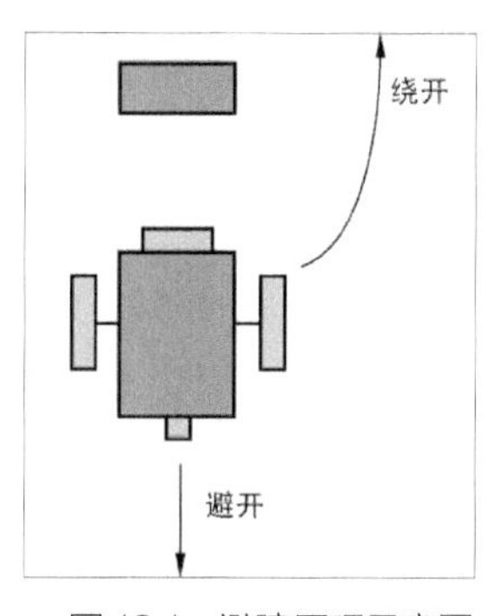

图 13.1 避障原理示意图

13.2 硬件设计

本小车以 ATmega16 为主控制单元，

采用成品超声波模块为检测单元，以PWM为电机控制方式，总体硬件框架如图13.2所示。

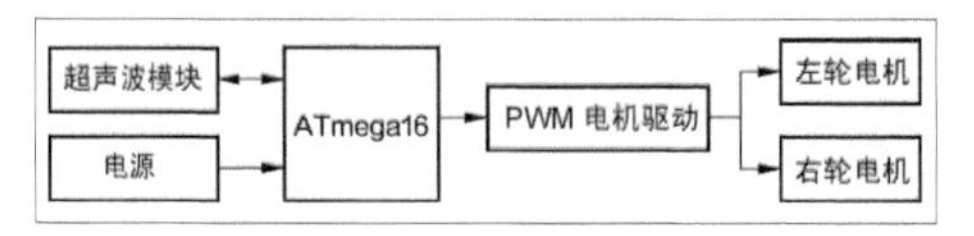

图13.2 硬件总体框架图

主控制单元ATmega16是基于增强型AVR RISC结构的低功耗8位CMOS微控制器。由于其先进的指令集以及单时钟周期指令执行时间，ATmega16的数据吞吐率高达1MIPS/MHz，从而可以缓解系统在功耗和处理速度之间的矛盾。该高性能单片机完全符合本设计的要求，其最小系统原理图如图13.3所示，图中元器件说明见表13.1，实物如图13.4所示。

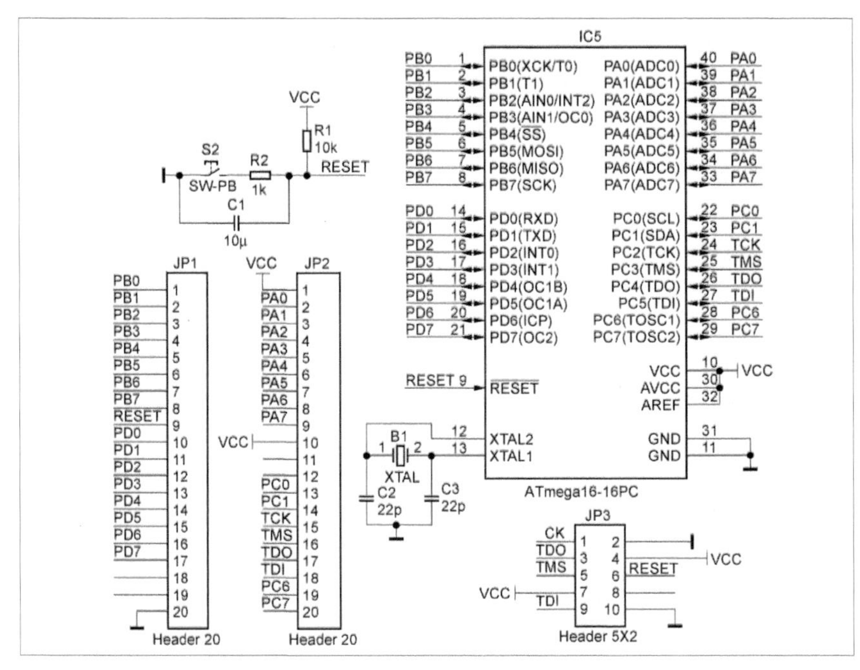

图13.3 ATmega16最小系统原理图

图13.4 ATmega16最小系统实物图

表13.1 ATmega16最小系统元器件说明

说明	标号	数量
10μF 电容	C1	1
22pF 电容	C2	1
22pF 电容	C3	1
20 脚插座，用于 I/O 脚引出	JP1	1
20 脚插座，用于 I/O 脚引出	JP2	1

续表

说明	标号	数量
2×5 插针，用于 JTAG 调试	JP3	1
10kΩ 电阻	R1	1
1kΩ 电阻	R2	1
复位按钮	S2	1
ATmega16 单片机	IC5	1
8MHz 晶体	B1	1

按照模块化设计思想，本文将最小系统制作成单独模块，其最终实物如图 13.4 所示。超声波模块采用批量生产的成品模块，大大降低了设计难度及制作成本。

超声波模块具有如下特点：

（1）超微型尺寸，只相当于两个发射与接收头的面积；

（2）无盲区（8mm 内成三角形时误差稍大）；

（3）反应速度快，10ms 的测量周期，不容易丢失高速目标；

（4）发射头紧靠接收头，与被测目标基本成直线关系；

（5）模块上有 LED 指示，方便观察和测试。

该模块的操作方法如下。

外部控制器在 TRIG 引脚上加载至少 10μs 的低电平信号，然后加载高电平信号，此时开始测量。模块会自动发送 8 个 40kHz 的方波，自动检测是否有信号返回。当有信号返回，模块会自动加载低电平信号到 ECHO 引脚上。从加载 TRIG 引脚高电平信号开始到 ECHO 引脚输出低电平信号之间的间隔时间就是超声波从发射到返回的时间。因此测试距离即为该间隔时间与声速乘积的一半。当前方无测量物或测量物距离超过模块最大测量距离(1500mm) 时，ECHO 引脚电平将不会产生变化。此时需要外部控制器自身做超时判断，超时时间一般为 10ms。

底板实现各个模块的连接、电机驱动以及电平转换等功能，采用热转印方式制作，原理图如图 13.5 所示，图中元器件说明见表 13.2。

表 13.2 底板所用元器件说明

说明	标号	数量
0.1μF 电容	C1	1
0.1μF 电容	C2	1
10μF 电容	C3	1
22μF 电容	C4	1
2 脚插针，用于电机控制输出	JP1	1
2 脚插针，用于电机控制输出	JP2	1
2 脚插针，用于外部电源输入	JP3	1
2×20 插座，用于连接单片机最小系统模块	IC1	1
1117M3-5V，DC-DC 转换芯片，将输入电源降压到 5V 工作电压	IC2	1
4 脚插座，用于连接超声波模块	IC3	1
5 脚插针，用于连接串口模块	IC4	1
L293D 电机驱动芯片	IC5	1
电源开关	IC6	1

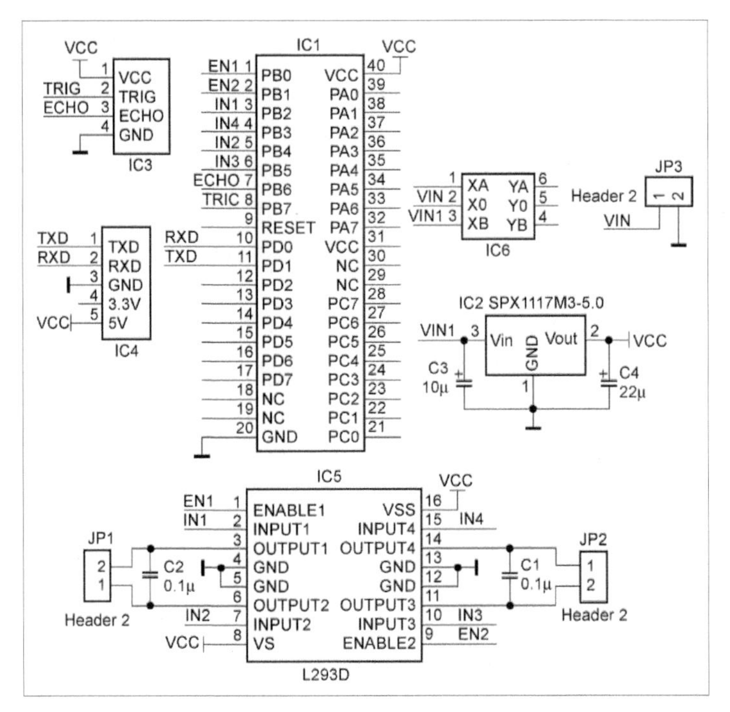

■ 图 13.5 底板原理图

小车车身与车轮都使用铝合金制作，车轮上套用塑胶圈，以增加摩擦力。小车采用三轮结构，前两轮由两个小功率直流电机驱动，后轮由一个万向轮作随动。

电源采用可充动力锂电池，输出电压 7.4V，电池容量 1000mAh，放电倍率 15C。

控制电路板使用铜柱与螺母安装在小车车身上，完成组装后的实物如图 13.6 所示。

■ 图 13.6 组装后的实物图

13.3 软件设计

软件采用 C 语言编程，以模块化方式设计，主要包含主程序、发射子程序、查询接收子程序、定时子程序、电机驱动子程序等模块。其总体的软件流程如图 13.7 所示。

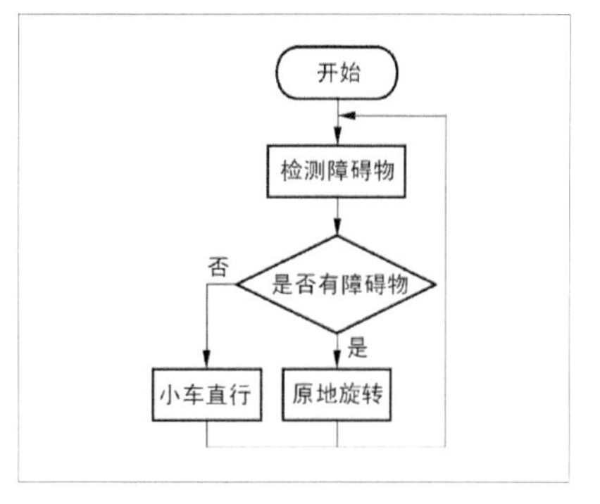

图 13.7 总体软件流程图

障碍物检测通过超声波测距来实现，检测流程图如图 13.8 所示。

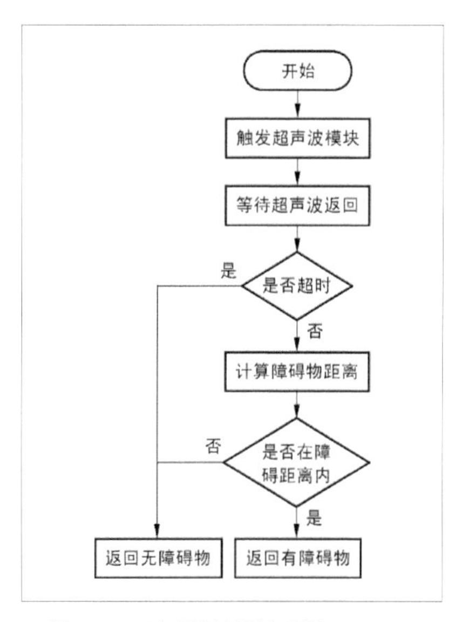

图 13.8 障碍物检测流程图

小车采用恒定的 PWM 占空比来实现固定速度前进与旋转。程序中使用 ATmega16 的 16 位定时器模拟实现两路 8 位 PWM 输出，来同时控制左右轮两个电机。小车方向只有前进与旋转两种方式，通过控制电机转向来实现，实现原理如图 13.9 所示。

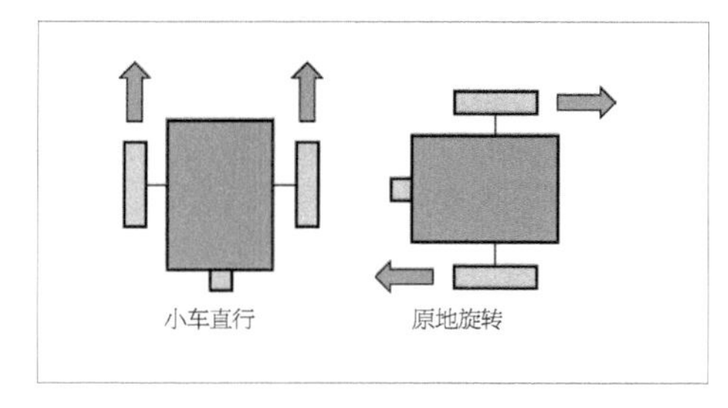

图 13.9 小车方向控制原理图

13.4 总结

本小车初步实现了在高速行驶环境下安全避障的功能。在实际使用中，发现超声避障存在一些缺点，如存在探测盲区、有幻影现象等。这些可以通过采用多个超声波传感器采集障碍信息来避免。本文所需的程序可到《无线电》杂志网站 www.radio.com.cn 下载。

14 简易跟随小车

◇蒋瑞挺

根据超声波测距的原理，还可以使上一节介绍的超声波避障小车具有物体跟随的功能，严防发生追尾事件。目前物体跟随的实现大多是基于视频分析的原理，这种方法技术难度大、成本高。但使用超声波，就能够实现简单的物体跟随功能，即对前方的障碍物，能够以一定距离跟随运动。

14.1 物体跟随原理

使用超声波可以测量前方障碍物与小车的距离，如果要跟随前方物体前进随动，则需要小车根据目前的距离做相应的前进或者后退，见图 14.1。

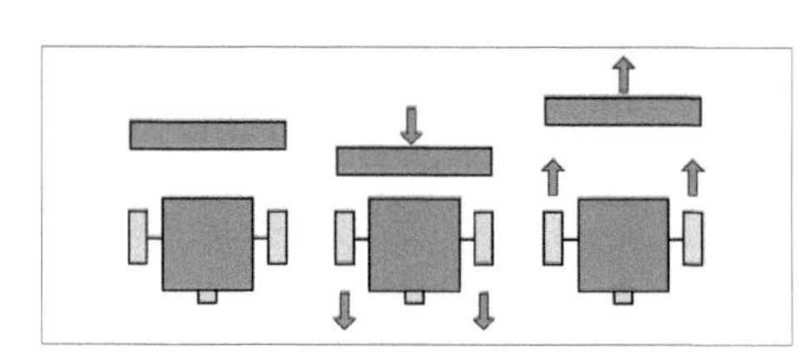

■ 图 14.1 物体跟随原理图

当小车与物体距离过近时，需要小车立即后退，拉开距离。当与物体距离过远时，需要小车立即前进，缩短距离。如果我们仅根据距离偏差，以固定的速度前进或者后退，很容易让小车处于超调状态，使得小车不停地来回运动。为此需要引入 PID 控制方法，根据距离偏差，动态调节小车的速度及方向，实现稳定的物体跟随。

PID 控制的原理见图 14.2，当超声波模块测得与物体的当前距离后，与目标距离相减获得距离偏差。再将距离偏差通过比例、积分及微分变换后，将这些控制量相加作为最终的控制参数。根据控制参数的正、负进行方向控制，根据控制参数的值进行速度控制。

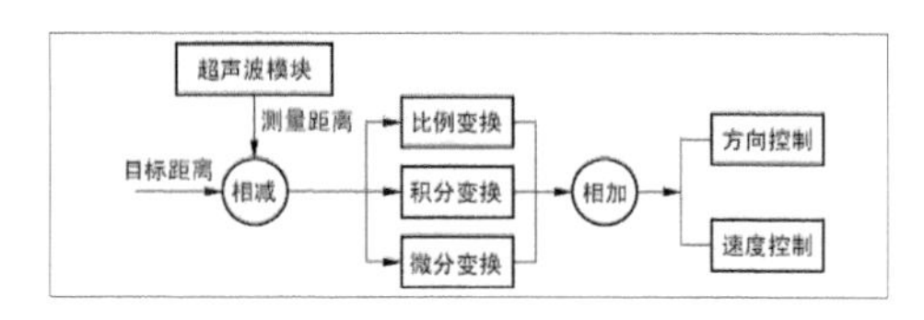

■ 图 14.2 PID 控制原理图

14.2 硬件设计

本节所述小车的硬件设计与上一节介绍的简易超声波避障小车完全相同，这里不再重述。由于小车的重心比较靠前，在突然变向时，很容易向前倾倒，因此将电池的安装位置做了变换，放到车身后面，以平衡小车的重心，最终的小车实物见图 14.3。

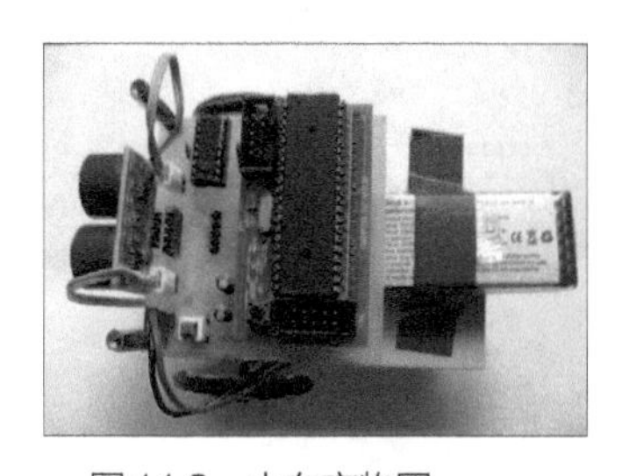

■ 图 14.3 小车实物图

14.3 程序设计

程序采用 C 语言编程，以模块化方式设计，主要包含主程序、距离测量子程序、PID 控制子程序、电机控制子程序等模块。其总体的程序流程见图 14.4。

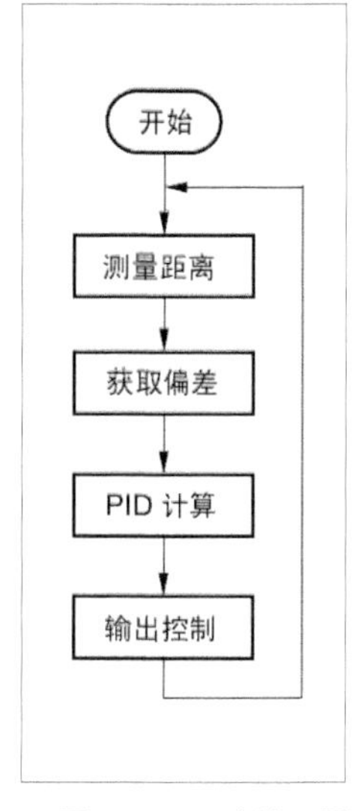

■ 图 14.4 程序流程图

14.4 距离测量及偏差计算

外部控制器在 TRIG 引脚上加载至少 10μs 的低电平信号，然后加载高电平信号，此时开始测量。模块会自动发送 8 个 40kHz 的方波，自动检测是否有信号返回。当有信号返回时，模块会自动加载低电平信号到 ECHO 引脚上。从加载 TRIG 引脚高电平信号开始到 ECHO 引脚输出低电平信号间隔的时间，就是超声波从发射到返回的时间。当前方没有测量物或测量物距离超过模块最大测量距离 1500mm 时，ECHO 引脚电平将不会发生变化。此时需要外部控制器自身做超时判断，超时时间一般为 10ms。

在获得间隔时间后，根据测距公式即可算出距离：

$$L=C\times T$$

公式中，L 为测量的距离长度，C 为超声波在空气中的传播速度，T 为测量距离传播的时间差（T 为发射到接收时间数值的一半）。已知室温下超声波的传播速度 C=344m/s。将计算得到的距离与跟随距离相减即可得到偏差。

这里需要注意的是，如果每次偏差都做 PID 控制，则小车会一直处于振荡的状态。因此，程序需要设置一个容许偏差，在容许偏差内，不做 PID 控制，小车停止运动；超过偏差，进行 PID 控制，小车进行跟随运动。

14.5 PID 计算及参数整定

在数字 PID 中，积分变换可以处理成对偏差的累积和，微分变换则可以处理成当前偏差与前一次偏差的差值。设 PID 参数分别为 K_p、K_i、K_d，当前的偏差值为 $e(n)$，则输出控制量 $u(n)$ 的计算公式可简化为：

$$u(n)=K_p\times e(n)+K_i\times\sum_{i=0}^{n}e(i)+K_d\times(e(n)-e(n-1))$$

PID 实现代码相对简单，但是 3 个参数的选定却是比较困难的。目前对 PID 参数一般有模型分析及工程经验整定两种方式。模型分析需要建立被控对象的数学模型，对于模型已经确定的场合比较有用。但是大部分的工程模型都是非线性的，很难建立其精确的数学模型，此时就需要依靠工程经验来整定。

首先整定比例部分，将比例参数由小变大，并观察相应的系统响应，直至得到反应快、超调小的响应曲线。如果系统没有静差或静差已经小到允许范围内，并且对响应曲线已经满意，则只需要比例调节器即可。

如果在比例调节的基础上，系统的静差不能满足设计要求，则必须加入积分环节。在整定时先将积分参数设定到一个比较大的值，然后将已经调节好的比例参数略微缩小，减小积分参数，使得系统在保持良好动态性能的情况下，静差得到消除。在此过程中，可根据系统响应曲线的好坏，反复改变比例参数和积分参数，以期得到满意的控制过程和整定参数。

如果在上述调整过程中，对系统的动态过程反复调整仍不能得到满意的结果，则可以加入微分环节。首先把微分参数设置为0，在上述基础上逐渐增加微分参数，同时相应地改变比例参数和积分参数，逐步尝试，直至得到满意的调节效果。

14.6 小车控制

小车采用恒定的PWM占空比来实现固定速度前进与后退。程序中使用ATmega16的16位定时器模拟实现两路8位PWM输出，同时控制左右轮两个电机速度。小车方向只有前进与后退两种方式，通过控制电机转向即可实现。

14.7 总结

本文设计的小车能实现对物体跟随的基本功能，但是基于超声波测距以及小车本身的局限性，还存在着以下一些问题：

（1）无法识别具体跟随的物体，因此不能对特定物体进行跟随。目前对于小车而言，只要障碍物进入特定距离范围内，即对其进行跟随。

（2）只能在小车前进方向上对物体进行跟随，一旦物体脱离方向，就会跟丢物体。这是由超声波测距的方向性决定的，可以安装多个超声波模块，对其进行改善。

（3）小车由于没有速度反馈，使得它无法笔直地行进，往往会导致跟随物体一段时间后，自身偏离运动轨迹。这个问题可以通过安装光电编码器，实现对左右轮的速度反馈来解决。

■ 相关源程序及视频演示请到《无线电》杂志网站 www.radio.com.cn 下载。

走迷宫小车

◇蒋瑞挺

走迷宫小车，又称“电脑鼠”，是使用嵌入式微控制器、传感器和机电运动部件构成的一种智能行走装置。它可以在“迷宫”中自动记忆和选择路径，寻找出口，最终到达所设定的目的地。国际电工和电子工程学会（IEEE）每年都要举办一次国际性的电脑鼠走迷宫竞赛，来自全球的各种各样的走迷宫小车会进行同场竞技。本文要介绍的是小车走迷宫的原理以及如何 DIY 低成本走迷宫小车。

目前有一些竞赛专用的走迷宫小车成品在市面上销售，这类小车虽然性能卓越，但是价格昂贵。本节介绍一种简单的低成本走迷宫小车的制作方法。该小车以黑色引导线组成迷宫，使用光电寻迹的方式行进。虽然与传统意义的走迷宫小车有很大区别，但是很适合用来学习小车走迷宫的原理，为正式比赛奠定基础。

15.1 走迷宫原理

小车在迷宫里做第一次行走时，采用左手法则，即遇到十字路口，如果可以左转即左转，否则就按常规处理，其行走路径如图 15.1 所示。从图 15.1 中可以看出，小车在行进过程中绕了很多弯路，最短的行走路径应该如图 15.2 所示。走迷宫小车具有自动寻优的功能，即在第一次沿图 15.1 的路径走完迷宫后，能够自动计算出图 15.2 的最佳走迷宫路径，从而在后面几次以最短的时间走出迷宫。

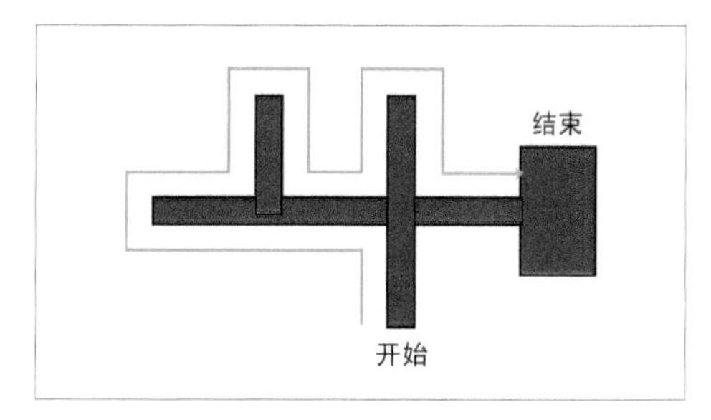

图 15.1 左手法则行走路径

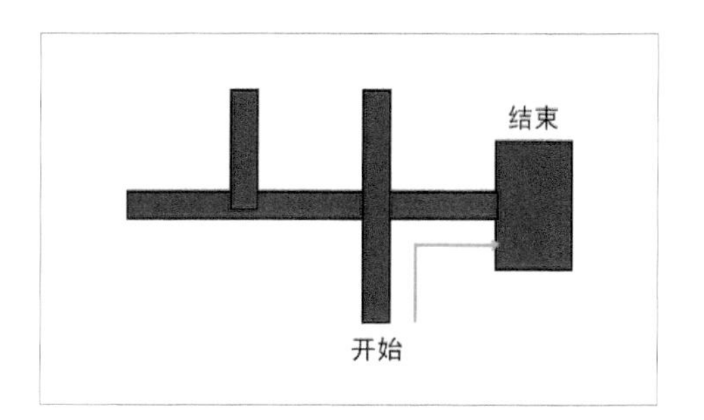

图 15.2 最短行走路径

15.1.1 路口识别与处理

走迷宫小车首先要实现的是对各类路口的识别及处理。根据形状不同，路口大致可以分成如图 15.3 所示的 8 种类型。

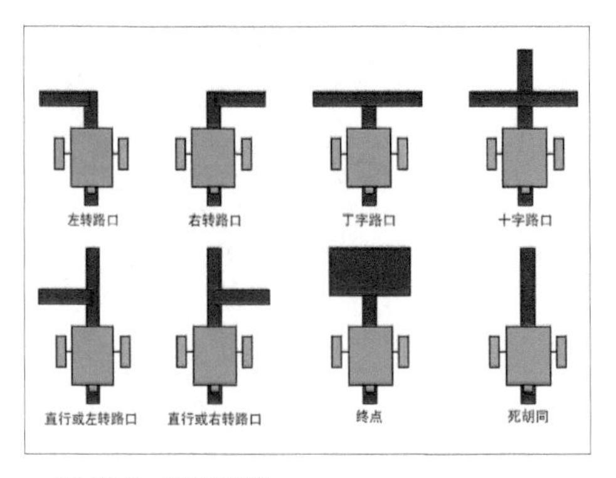

图 15.3　路口类型

1. 左转路口与直行或左转路口

当遇到左转路口与直行或左转路口时，光电传感器返回值都从“00100”变为“11100”，无法根据当前返回值进行路口类别判断。此时，需要让小车再往前行进一小段距离，如果光电传感器返回值从“11100”变为“00000”，则可以判断为左转路口，小车只能左转；如果光电传感器返回值从“11100”变为“00100”，则可以判断为直行或左转路口，小车根据左手法则，左转。

2. 右转路口与直行或右转路口

当遇到右转路口与直行或右转路口时，光电传感器返回值都从“00100”变为“00111”。此时，同样需要让小车再往前行进一小段距离，如果光电传感器返回值从“00111”变为“00000”，则可以判断为右转路口，小车只能右转处理；如果光电传感器返回值从“00111”变为“00100”，则可以判断为直行或右转路口，小车根据左手法则，继续直行。

3. 丁字路口、十字路口与终点

当遇到丁字路口、十字路口以及终点时，光电传感器返回值都从“00100”变为“11111”。此时，同样需要让小车再往前行进一小段距离，如果光电传感器返回值从“11111”变为“00000”，则可以判断为丁字路口，小车根据左手法则，左转；如果光电传感器返回值从“11111”变为“00100”，则可以判断为十字路口，小车根据左手法则，左转；如果光电传感器返回值仍为“11111”，则可以判断为终点，小车停止行进。

4. 死胡同

当遇到死胡同时，光电传感器返回值从“00100”变为“00000”，此时小车需要调头行驶。

我们将以上光电传感器返回值变化和识别、处理方法归纳成一张表，见表 15.1。

表 15.1　路口类型识别、处理方法

光电传感器返回值变化		路口类型识别	处理方法
最初	小车再往前行进一小段距离后		
00100 → 11100	11100 → 00000	左转路口	左转
	11100 → 00100	直行或左转路口	左转
00100 → 00111	00111 → 00000	右转路口	右转
	00111 → 00100	直行或右转路口	直行
00100 → 11111	11111 → 00000	丁字路口	左转
	11111 → 00100	十字路口	左转
	仍为 11111	终点	停止行进
00100 → 00000	–	死胡同	调头行驶

15.1.2 路径优化算法

小车在第一次走迷宫时，遵循左手法则，始终能够走出迷宫。在这个过程中，小车会记录所走过路径的所有类别的路口，路径优化就是建立在这些路口记录上的。根据下文描述的算法即可计算出最优的行走路径。

这里，将小车行进方向以字母的方式进行记录，小车直行记为 S，左转记为 L，右转记为 R，调头记为 B。图 1 所示的行走路径可以使用字母记录如下：L+S+B+L+B+L+L+B+L。

首先，遇到调头的情况，表明走了多余的路，需要进行优化。根据记录，第一个调头的前面是直行，后面是左转，按照如图 15.4 所示进行优化，将 S+B+L 直接变成 R。那么行走路径记录就变成了 L+R+B+L+L+B+L。

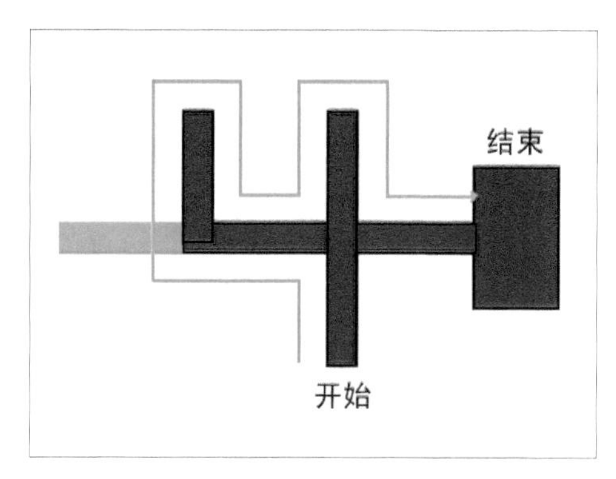

图 15.4 第一次优化

此时，第一个调头的前面是右转，后面是左转，如图 15.5 所示进行优化，将 R+B+L 直接变成 B。行走路径记录就变成了 L+B+L+B+L。

此时，第一个调头的前面是左转，后面也是左转，如图 15.6 所示进行优化，将 L+B+L 直接变成 S，行走路径记录就变成了 S+B+L。

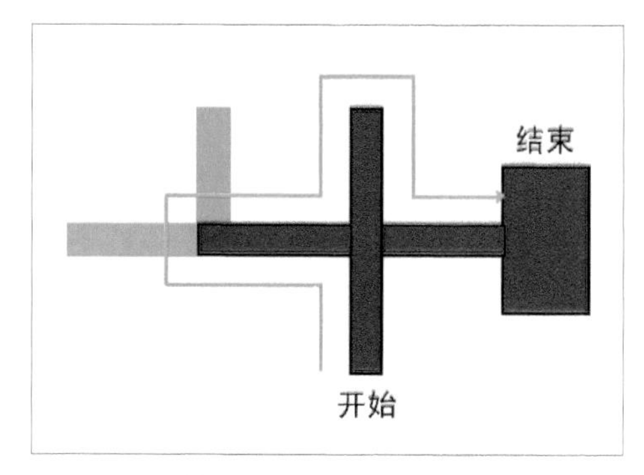

图 15.5 第二次优化

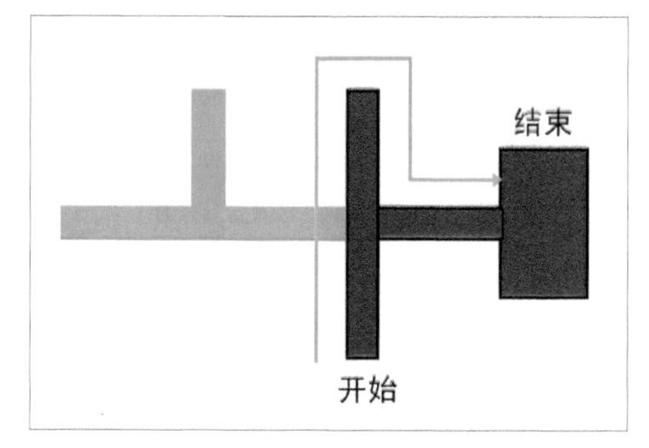

图 15.6 第三次优化

最后，第一个调头的前面是直行，后面是左转，如图 15.7 所示进行优化，将 S+B+L 直接变成 R，那么行走路径记录就变成了 R。

图 15.7 所示即为最后优化的路径，与实际情况相符。通过以上的优化分析，最后可以得到 3 个优化公式：

S+B+L=R

R+B+L=B

L+B+L=S

在记录的路径中查找每个调头记录，根据上面这些公式进行优化，最终就可以得到最优路径。

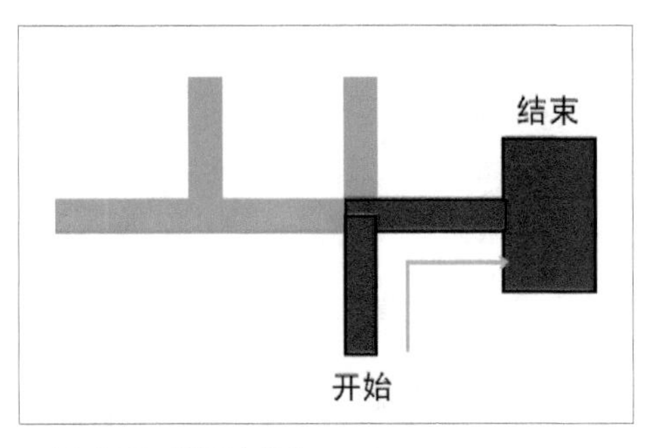

■ 图 15.7　第四次优化

15.2　硬件设计

主控制单元 ATmega16 是基于增强的 AVR RISC 结构的低功耗高性能 8 位 CMOS 微控制器。该芯片采用单时钟周期指令，运行速度要比同类别单片机快得多，同时只需很少的外围电路就可以搭建最小系统。本设计采用的最小系统原理图如图 15.8 所示。

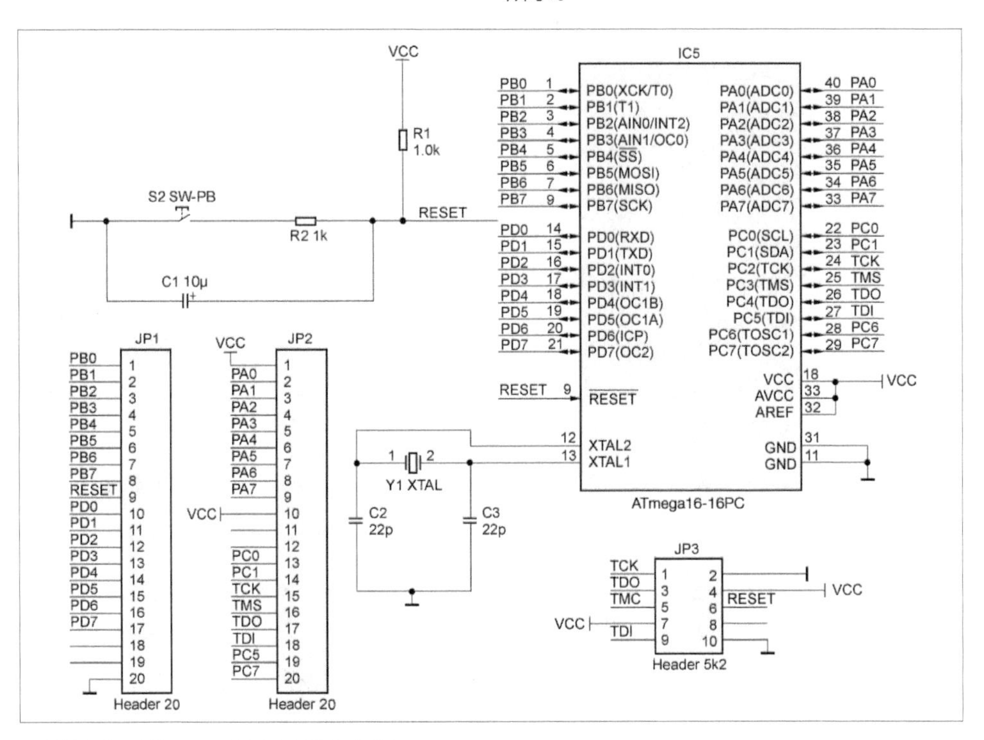

■ 图 15.8　ATmega16 最小系统原理图

在最小系统模块的基础上，需要进行外围电路的扩展，包括电源管理模块、电机驱动模块、对外接口模块以及红外光电对管模块。

15.2.1　电源管理模块

走迷宫小车采用 4 节电池（6V）供电，为了使小车在行驶的过程中保持恒定的工作电压，这里采用成品升压模块，先将输入电压升压到 7V，然后再使用如图 15.9 所示的降压电路降压到 5V 供单片机使用。电机则直接使用升压后的 7V 电源进行供电，以提高电机的转速。

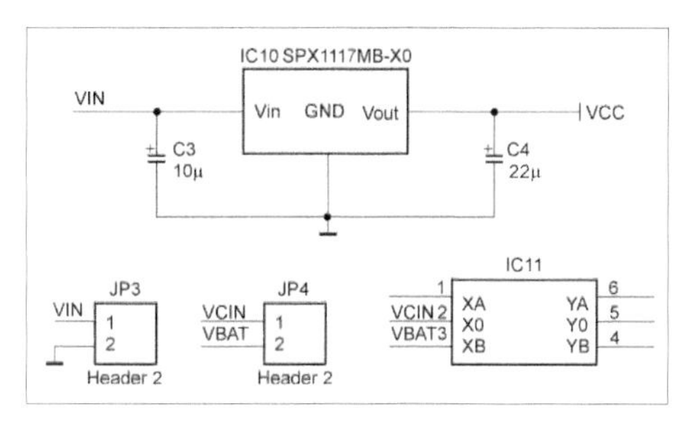

图 15.9　电源管理模块原理图

15.2.2　电机驱动模块

电机采用的是航模小电机 N20，尺寸小，扭矩也小，需要配备减速齿轮增加扭矩。对电机的驱动，则采用直流电机驱动集成芯片 L293D。该芯片可同时驱动两个电机，能够输出 600mA 的平均电流，同时支持输出 1.2A 的峰值电流。对于 N20 这样的小电机，使用 L293D 是完全符合要求的，其模块原理图如图 15.10 所示。

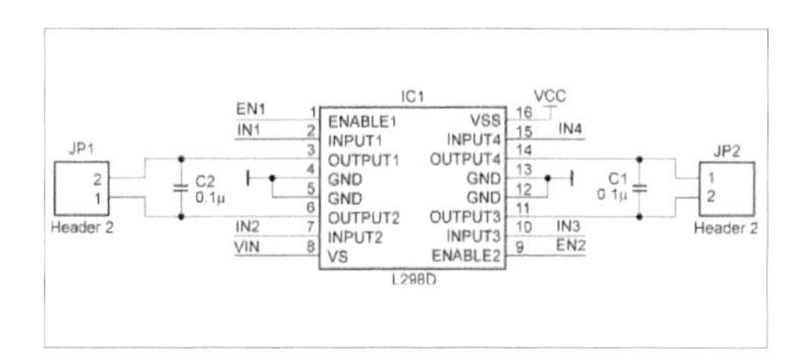

图 15.10　电机驱动模块原理图

15.2.3　红外光电对管模块

红外光电对管采用的是 RPR220，由于将发射端跟接收端集成在一起，RPR220 的收发性能要强于分离式的红外光电管。但是该对管的检测距离有限，一般距离地面不能超过 6mm，否则会影响检测效果。本小车前端安装了 5 个光电对管，由于引导线的宽度为 18mm，因此对管间距在 20mm 左右，并且为了方便检测岔路口，这些对管按照弧形排列。红外光电对管模块的原理图如图 15.11 所示。

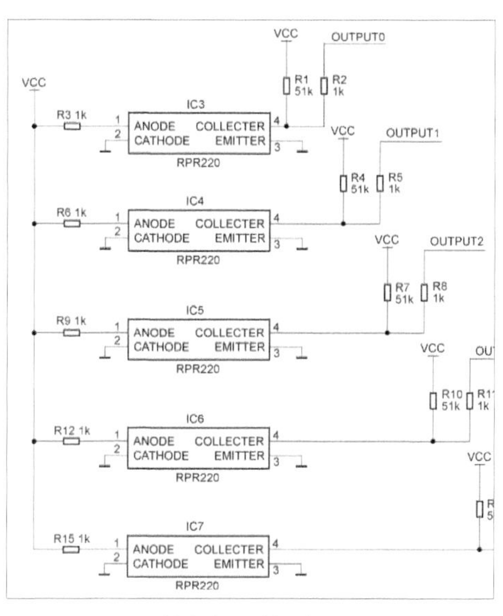

图 15.11　红外光电对管模块原理图

15.2.4　模块组装

为了方便调试，我们将串口通过插针引出，同时还采用了一个按键用于小车控制，一个 LED 用于状态显示。对外接口以及各模块与主控制模块的连接如图 15.12 所示。

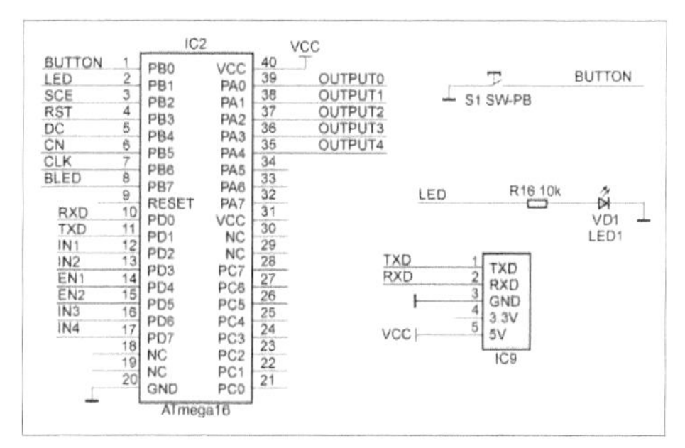

图 15.12　主控制模块对外连接原理图

15.3　软件设计

走迷宫小车至少需要走两次迷宫，第一

次遵循左手法则，后面则根据计算出来的最优路径行驶，其软件总体流程如图15.13所示。根据左手法则走迷宫的流程如图15.14所示。按照最优路径走迷宫的流程与根据左手法则走迷宫的流程基本相同，只是将计算最优路径变换成读取最优路径，这里不再单独给出。

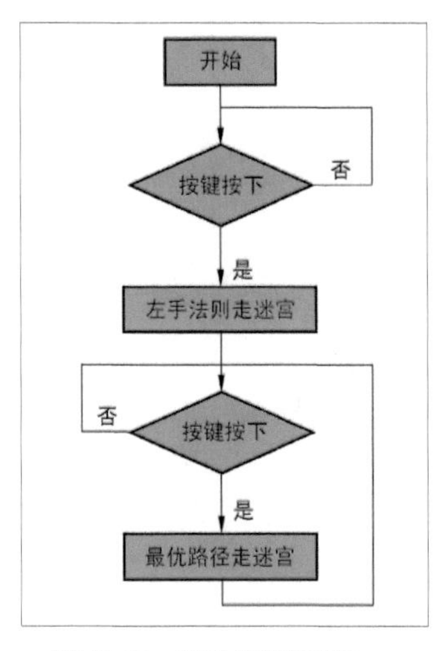

图15.13 软件总体流程图

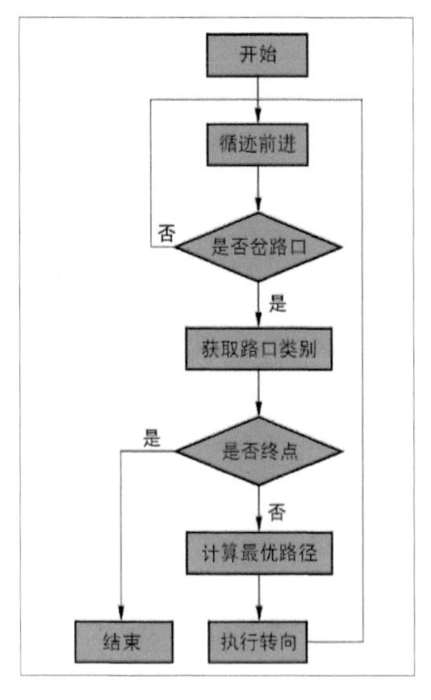

图15.14 左手法则走迷宫软件流程图

小车沿黑色引导线直行时，其控制方式采用PID控制。PID控制由比例单元P、积分单元I和微分单元D组成，通过K_p、K_i、K_d这3个参数的设定来实现对输出的调节，其计算公式如下：

$$u(n)=K_p\times e(n)+K_i\times\sum_{i=0}^{n}e(i)+K_d\times(e(n)-e(n-1))$$

其中K_p为比例参数、K_i为积分参数、K_d为微分参数、$e(n)$为当前偏差值、$e(n-1)$为上一个偏差值、$u(n)$为输出控制量。对于迷宫小车而言，输出控制量即两个电机的PWM值，输入偏差则由光电传感器获得。从传感器得到的是类似于“00100”这种二进制值，无法使用公式计算PWM。因此程序中将二进制值与整数值做了一个对应表，这样偏差与输出就可以通过上列公式建立关系。3个参数需要根据实际运行的效果做调整，最后确定一组合适的参数值。小车转向通过原地旋转一定的时间来实现，此时小车的左右轮方向控制方法如图15.15所示。当小车需要左转时，让其原地左转并等待一段时间后停止；需要右转时，让其原地右转并等待一段时间后停止；需要调头时，则让其原地右转并等待一段较长时间后停止。等待的时间需要通过实验来确定。

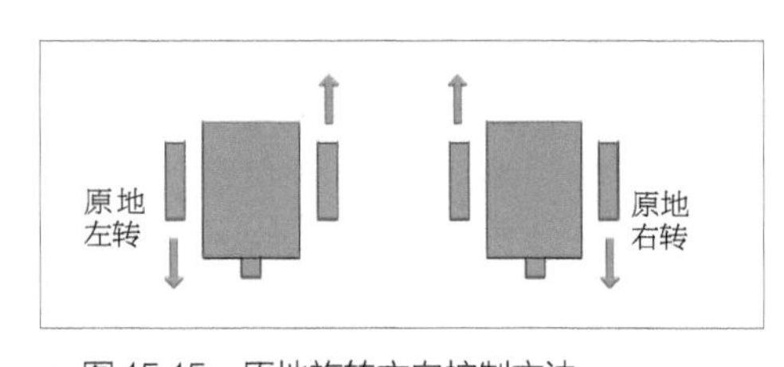

图15.15 原地旋转方向控制方法

15.4 项目总结

走迷宫小车是智能应用的典型例子，不仅需要单片机及编程知识，还涉及算法求解的问题。本文所设计的走迷宫小车具备基本的走迷宫功能，当然只能用于由黑色引导线组成的任意迷宫。通过实验发现，这款走迷宫小车还有以下需要改进的地方：

（1）由于电机比较小，转速较低，因此走迷宫的速度较慢，距离实际竞赛的要求还有一定差距。通过加大电机驱动电压或者更换效率高的电机，可以解决这个问题，但是需要重新调整 PID 控制参数。

（2）小车车身比较大，转动不够灵活。这主要是因为电路板采用单面板设计，整板面积有点过大，可以通过设计成双面板的方式解决。

安卓系统蓝牙遥控智能小车的改造

◇曹延焕

在学习机器人设计时，大部分初学者都是从轮式小车开始的。一方面机械结构可以简单化，另一方面在造价成本上可以省下不少。有些早期的轮式小车具有循迹、避障等简单功能，但不具备蓝牙遥控和数据回传等功能。本文中，笔者将介绍一款小车的改造方案，将没有蓝牙遥控功能的普通循迹轮式小车改造为可在安卓系统下使用蓝牙进行控制并采集相关环境数据的多功能智能小车。

■ 图16.1 轮式小车原型机

图16.1中的实物是我要改造的轮式小车的原型机，配合的是C51和AVR双系统单片机的控制板，使用STC或AT系列的51内核，ATmeag或Arduino系列的AVR内核芯片结合开放式的面包板可以搭建不同的学习项目，当然使用的电机是伺服舵机；而下面将要介绍的是如何在原型机上进行改造，使用的芯片是STC系列的，轮子使用是的直流减速电机，增加了超声波传感器等。话不多说，先进入到改造组装的旅程中吧。

16.1 改造之旅

笔者采用了一款智能循迹小车的功能板来改造，其功能板包括了主板（如图16.2左边所示）和传感器板（如图16.2右边所

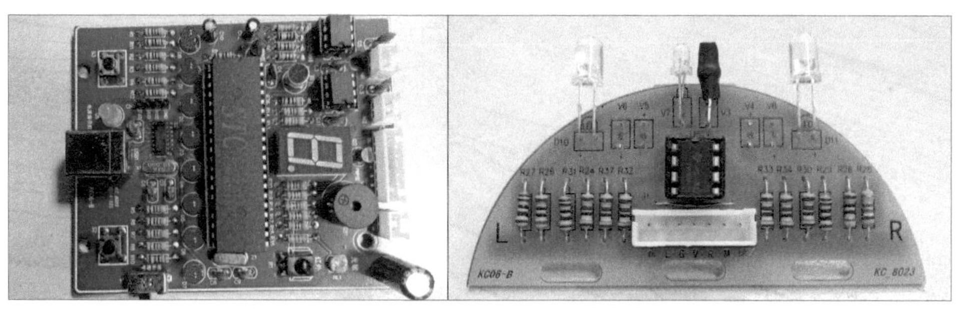

■ 图16.2 原智能循迹小车功能板

示）。本次改造的功能主要是增加手机蓝牙遥控功能和增加超声波传感器，主板的接口方式需要改动，同时需要增加一个蓝牙模块。原循迹小车主板预留了串行通信的下载接口，此接口可直接连接蓝牙模块。将传感器板上与循迹、避障相关的电路全省去，将接口改用 Arduino 专用排针，一方面对接超声波传器，另一方面将控制线从底部引入主板，如图 16.3 所示。

由于笔者的这次改造采用的机器车架来自轮式小车的原型机，而功能板使用的是原智能循迹小车的，所以安装孔位需要进行微改。另外，为了方便传感器板能与车体平行安装，并呈现出美观的效果，笔者不得不将车体前沿的铝合金作 90° 弯折成形并打磨，如图 16.4 所示。

接下来，看一下直流减速电机的安装。本制作采用的是两轮驱动方式，尾轮使用的是定向轮。相关的电气信号线从主板下方插穿过车体底盘后，再与传感器板连接，如图 16.5 所示。图 16.5 中，直流减速电机外观上看似和普通的伺服舵机没有任何区别，实际上是很不同的，其内部结构中包含了 1 个控制器和 1 个直流电机，其他部件是外壳和减速齿轮，如图 16.6 所示。了解到普通伺服舵机与直流减速电机的内部结构后，想将两部直流减速电机安装在轮式教育机器人原型机上，只需要将伺服舵机内部的控制板拆除，将电机的两条线引出即可。

改造过的主板供电电压只能保证在 5V

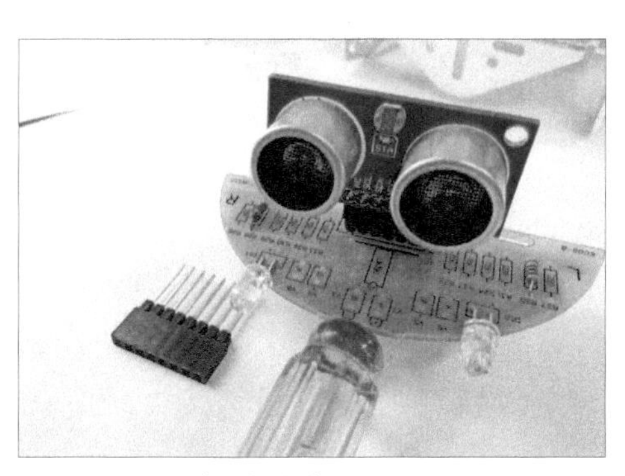

图 16.3 传感器板改造图

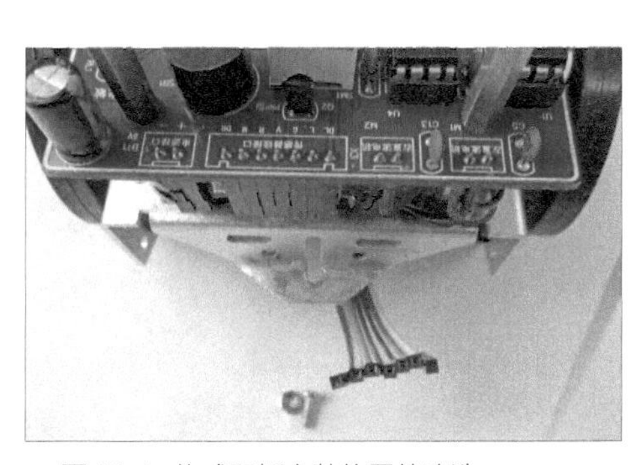

图 16.4 传感器板安装位置的改造

图 16.5 轮子的安装

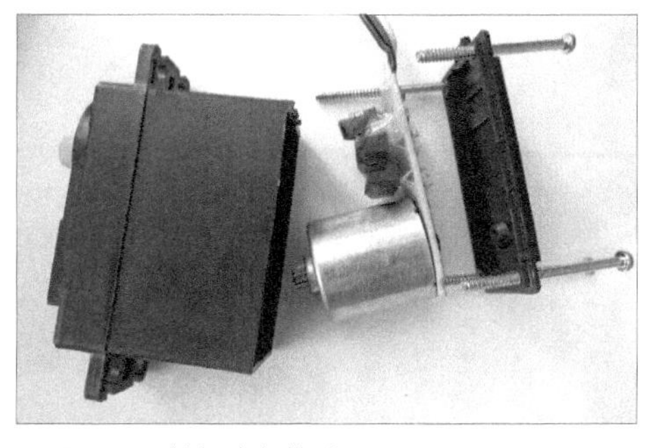

图 16.6 舵机内部构造

直流状态，主板上没有任何降压、稳压元器件，因此在电源输入端有一个大容量的滤波电容。正因为没有降压、稳压系统，只能使用4节5号干电池供电，而这种供电方式的电源容量太低，小车在运动过程的速度不理想，同时电池的使用寿命不长，所以这里使用的电源采用两节18650锂电池串联。考虑到这些因素，我们需要重新设计一个DC-DC降压电路，其安装示意如图16.7所示。硬件造好的蓝牙小车如图16.8所示。

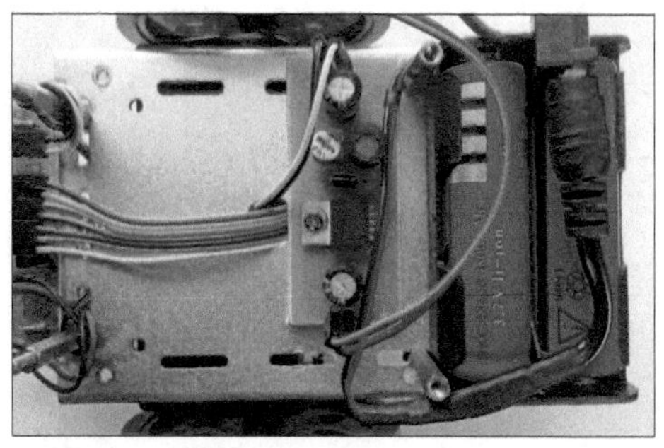

图16.7 电源部分

16.2 功能应用

系统电路原理图如图16.9所示，图中包含了USB转RS232电路、流水灯、数码管、红外、直流电机驱动、声控、报警、光控、照明、红外反射等功能电路。中超声波传感器KCS103采用标准的I²C协议，占用了C51单片机的P35口用于时钟、

图16.8 硬件改造好的蓝牙小车

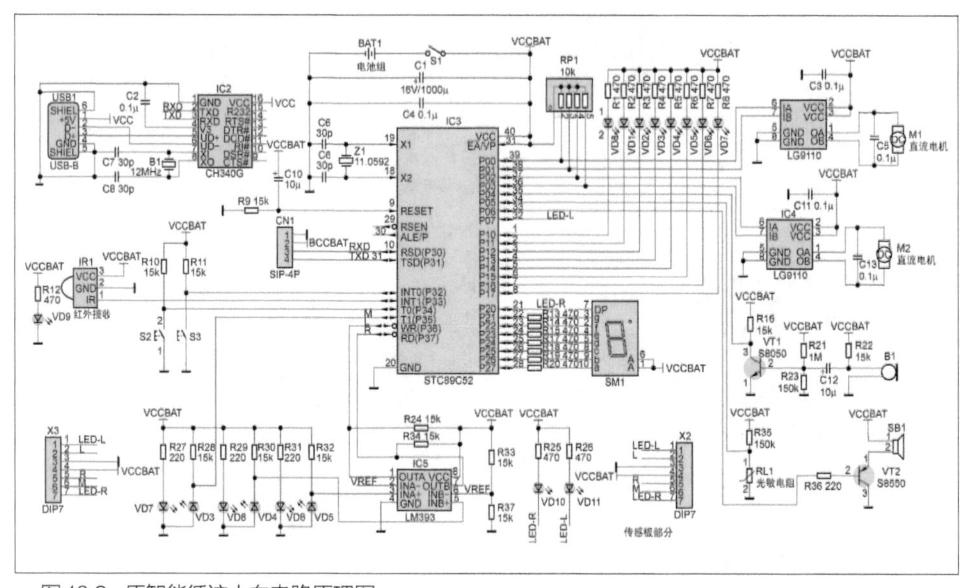

图16.9 原智能循迹小车电路原理图

P36 口用于数据，在系统电路原理图中占用这两个接口的是红外反射电路，因此改造传感器板上的红外反射电路，不用焊接，在接口上插上 KCS103 即可。值得注意的是，数码管的硬件连接并非从低位至高位一一对应连接的，因此在建立数组查表时需要重新编码。限于篇幅，下面主要讨论几个具有难度系数的功能应用。

16.2.1 直流电机驱动

直流电机的驱动芯片使用的是 L9110H，此芯片供电电压可在 2.5~12V，每通道可载过 800mA 持续电流，同时只需要两条控制线便能让直流电机发生正转、反转以及速度的调节，具体控制方法先看如表 16.1 所示的逻辑关系表。

表 16.1 逻辑关系表

IA	IB	OA	OB
H	L	H	L
L	H	L	H
L	L	L	L
H	H	L	L

表 16.1 中，IA、IB 表示 L9110H 的方向控制信号线，OA、OB 直接连接直流电机。从表中的逻辑关系可以看到，输入高低相反的两组信号可以控制电机的方向发生改变，而同时输入低或高电平时，电机两端电动势一致，因无法产生电压差而停止运行。有了这 3 种状态，我们便可以让小车发生速度变化。在应用程序中，我们采用 PWM 控制方式，PWM 是单信号线发生周期性变化的脉冲。而这里因为芯片的功能决定了无法按平常的方式操作，必须另想他法。当然方法还是 PWM，但不是以单信号方式出现，而是以函数调用的方式出现，即一个函数内可能会出现两种信号或更多。比如，前进函数中不仅只有前进的信号语句，还需要增加速度变量以及停止功能函数的信号语句。这样做的目的是直接将方向和停止作为一个周期，这个周期内的电机方向运行的时间和电机停止的时间是由速度变量调节的，而速度变量通常存放在定时器中断函数中，其定时中断一般设定 100Hz 为一个周期，变量的长度根据不同的电机参数和电机实际工作电压进行调整，这里我们设定的变量范围是 0 ~ 30，前进函数参考代码如下。

```
#define sdd 30
void Forward()
{
   if(sd >= sdd)
   // 周期内运行的时间，即占空比
   {
     M1A=0;
     M1B=1;
     // 将 M1 电机 OA 端输出 0，OB 输出 1
     M2A=0;
     M2B=1;
    // 将 M2 电机 OA 端输出 0，OB 输出 1
   }
   else
   {M1A=1;
     M1B=1;  //M1 电机 OA，OB 端输出 0
     M2A=1;
     M2B=1;  //M2 电机 OA，OB 端输出 0
   }
}
```

值得注意的是，正因为 L9110H 芯片的工作电压宽，其控制信号线是高阻输入状态，必须外部接上拉电阻才能保证控制信号的正常稳定，上拉电压由单片机系统电压决定。

16.2.2 蓝牙功能

蓝牙模块建立了手机与单片机系统间

的无线传输协议转换功能。它的出现减化了单片机系统硬件的设计难度和成本，提升了应用程序开发的效率等。这里采用的是HC-06蓝牙模块，支持AT命令修改连接的配对密码、蓝牙名称、通信速率以及查询模块的版本号等。默认为9600bit/s、配对密码为1234。通过这些，我们可了解到，蓝牙遥控小车其实就是通过串口控制，只是这里将串口采用手机无线方式来通信。这样的话，我们需要为手机上的App定义一个与小车通信的协议，有了这个串行通信方式，再加上在串行通信方式的数据上加以协议规定，便能很好地控制小车了。

这里改造的蓝牙遥控小车是双向通信的，即操作手机上的App能传送数据至单片机，而单片机采集到超声波传感器上的距离、温度、光强等数据，返传到手机上显示。手机App上的按钮操作界面如图16.10所示，包括了方向、速度、照明、鸣笛等功能，方向控制按钮采用触摸控制方式，即触摸按钮不松开时传送一个数据，松开后再传送一个数据；而其他功能按钮使用的是单击方式，单击按钮后，仅传送一个数据。前进、后退、左转、右转的触摸不松指令是0x40、0x42、0x43、0x44，而停止的指令为方向按钮触摸方式中松开后的0xFF。加速、减速、鸣笛、照明的指令是0x45、0x46、0x47、0x50。这些指令均从手机上发送到单片机串口，应用程序开发必须使用串行中断资源，以便接收这些指令，达到控制目的。至于App界面中的传感器数据，需要我们定义一串数据协议，比如，距离的测量协议如下。

0x05	0x01	Temp_H	Temp_L	0xBB

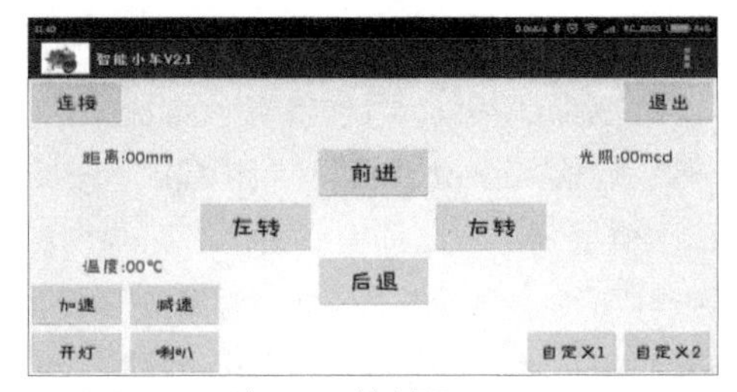

■ 图16.10 手机App控制界面

其中，0x05表示协议头，0x01表示本次传送的是温度数据、Temp_H和Temp_L是从超声波传感器内取出的温度值，有效范围为-55~128℃，占用两个字节数据，0xBB表示协议尾。依此类推，按上方法能设定距离和光强的协议，因此单片机每一个循环后会从串口按以上协议发送3组数据到手机上，并实时显示在App界面中。

16.2.3 数据采集功能

超声波传感器KCS103的工作电压为3.3~5.5V。它是一个带有微处理器的传感器模块，将超声波测量的距离、DS18B20采集的温度、光敏电阻检测的光强数据均收集在微处理器内，并以I^2C通信方式传输数据。测量有效距离最远可达11m、光强信号采集量最大至1024。由于是标准的I^2C通信方式，在这里就不再多述其通信协议，具体操作程序可在《无线电》杂志社官网www.radio.com.cn下载。超声波的器件地址默认是0xD0，用户可以自行修改，以方便在总线上并联更多的传感器或芯片。

16.2.4 电源

电源模块的DC-DC降压原理图如图16.11所示。使用LM2596-ADJ芯片，最高输入电压40V，输出电流可达3A，并可调输出 1.2~34V 的电压，对这个蓝牙遥控小车上的负载 , 包括两部减速直流电机，完全有能力驱动。笔者身边制板设备、耗材和元器件均有，便动手自造，读者们可以在市面上购买现成的。建议制作时购买质量上成的元器件，以免调试时找不到故障原因。

16.2.5 其他功能

为呈现直观的效果，专门开设了流水灯运行状态提示当前蓝牙小车的运行速度，当小车的速度调节至高速时，流水灯的流水速度会加快，反之减慢。另外，数码管主要用以显示当前蓝牙小车的运行方向，比如停止时显示数字 5，前进时显示 8，后退时显示 2，左转时显示 4，右转时显示 6，这些显示内容均以数字键盘的 5 为中心。当然，数码管的显示必须考虑到在并行赋值时不能影响在 P20 接口处的右照明灯，因此必须使用逻辑语句加以判断处理，比如，P2 = LedShowData[8]&LEDR_dat; 其 中 LEDR_dat是右照明灯发生变化后的状态，只有 0 和 1 两种状态，数组中的数据是查表控制数码管显示字符用的，两个数据相与后保留了右照明灯的原始状态，即便数码管的数字发生任何变化，赋值给 P2 口时，其最低位始终会随 LEDR_dat 变量一致。

改造出来的蓝牙遥控小车相关 App 和原理图等资料可在《无线电》杂志官网下载。

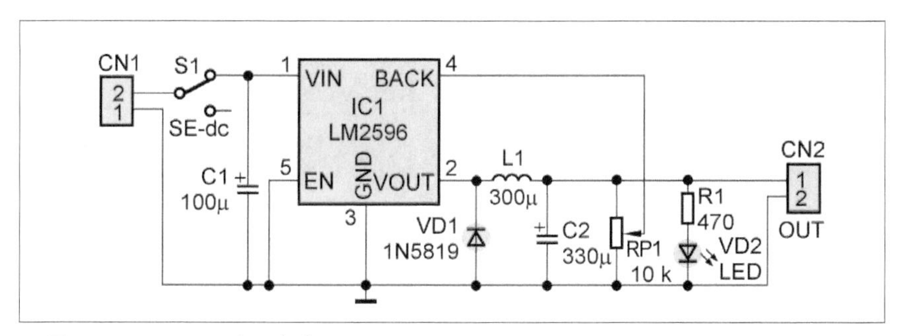

图 16.11 DC-DC 降压电路

17 语音智能绘图小车

◇赖程鹏　梁光胜

一直以来都想做一辆智能小车，最近由于经常使用凌阳单片机，而凌阳单片机独特的功能便是语音识别，于是，我便决定做一辆语音控制的小车。一般的小车使用的都是直流电机，虽然控制相对简单，但是精确度比较低，很难控制小车走精确的距离或者转精确的角度。所以，在这个设计中我决定使用步进电机代替直流电机来驱动车轮。也正因为小车能够非常精确地控制，所以我又增加了小车写字的功能。小车写的字大约为2cm见方。另外，由于4个轮子转向不够灵活，所以我选择两个驱动轮，一个万向轮，做成了一辆“三轮车”。

17.1　设计原理

程序第一次下载到小车后，会有一个学习语音命令的过程，单片机将需要被识别的语音记录并储存在内部的Flash中。之后，当有人对小车说话时，程序中会将话筒获得的语音数据与已经记录的语音数据进行比较，若符合某一条语音命令，就会执行相应操作。

具体的操作由单片机通过8个I/O口输出脉冲控制两个步进电机转动。步进电机采用ULN2003驱动，ULN2003的输出端也可加上5.1kΩ左右的上拉电阻，使得在单片机I/O输出逻辑0的时候，ULN2003能够输出5V的高电平。电路原理图如图17.1所示。

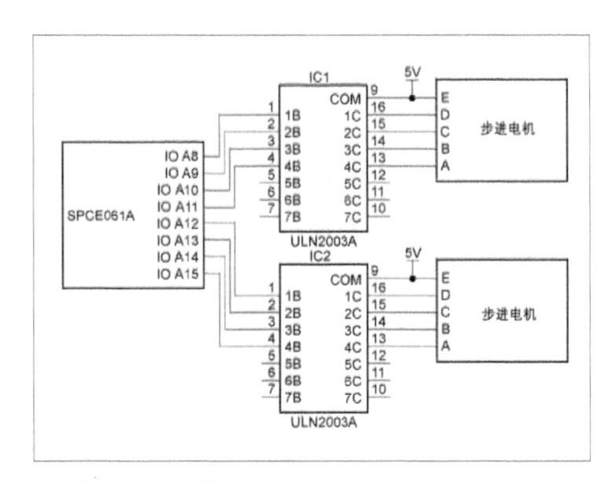

■ 图17.1　电路原理图

语音命令部分如表17.1所示，共分为3组命令，只有当载入其中一组命令时，该组中的命令才能被识别。其中在第2组、第3组命令执行完成之后，程序中都会重新载入第1组命令。将小车放在一张白纸上，当执行写字命令，并且依次执行写“华北电力”4个字之后，得到的效果如图17.2所示。

表 17.1 语音命令

第 1 组		第 2 组		第 3 组	
语音命令	执行动作	语音命令	执行动作	语音命令	执行动作
准备	载入第二组命令	前进	小车前进	华	写“华”字
写字	载入第三组命令	后退	小车后退	北	写“北”字
加速	小车加速	左转	小车左转	电	写“电”字
减速	小车减速	右转	小车右转	力	写“力”字
		转圈	小车转圈		

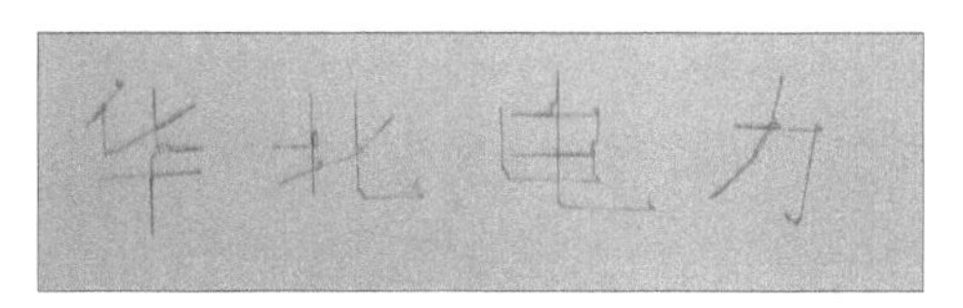

图 17.2 写字效果图

17.2 制作过程

本制作中所用到的元器件如表 17.2 所示。

表 17.2 制作中用到的元器件

元件	规格	数量
SPCE061A 最小系统板		1
扬声器	0.5W/ 8Ω 小型扬声器	1
电池盒	4 节	1
车轮	直径 65mm	2
电机与车轮连接件	铜质，内径 5mm	2
步进电机	5V 减速电机	2
开关	拨动开关	1
洞洞板	5cm × 5cm	1
ULN2003		2
万向轮	总高 3cm	1
车外壳	废旧塑料盒	1
黑色水笔芯		1
螺丝螺母、杜邦线		若干

❶ 车轮部分的元件如图所示，将连接件用螺丝固定在步进电机转轴上，然后就可以将车轮固定在连接件上。小车前轮采用万向轮的设计，使得小车转动更加灵活。

❷ 单片机控制部分采用了现成的 SPCE061A 单片机的最小系统板。在语音方面集成了麦克风等电路，只需外接一个扬声器，即可实现语音识别、语音播放的功能。

❸ 在驱动步进电机的时候，为了增大驱动电流，使用了两片 ULN2003。

❹ 将宽度合适的废旧塑料盒子两侧用台钻钻出合适的凹槽，恰好能将电机放进去。用螺丝将电机固定在塑料盒子两侧。

❺ 在小车两个步进电机中心位置的车体底部钻孔，上方盖板相同位置也钻孔，使得水笔芯能在竖直位置上下运动，并加上几个大螺母作为配重。

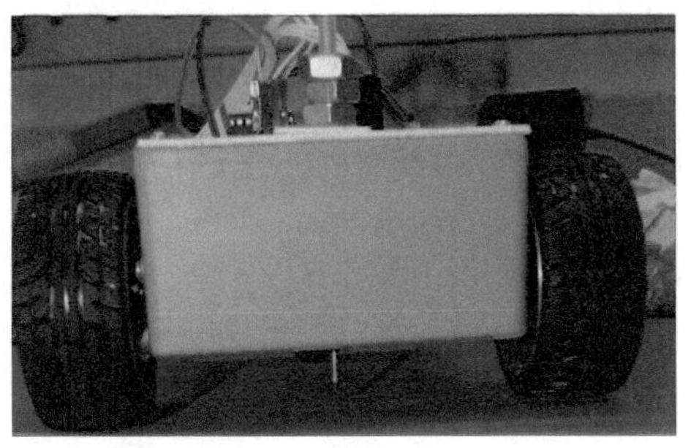

❻ 将电池盒、单片机板、驱动板固定好，整个小车就制作完成了。

17.3 总结

在这个制作中，由于使用了步进电机来驱动车轮，虽然达到了很高的精确程度，但是也导致了一个问题，那就是小车运行速度非常慢。当然，这个问题应该能通过更换成其他减速比的步进电机，甚至是没有减速的步进电机来解决。另一个问题就是由于小车画出来的线都是直线，写的字看起来非常呆板，这有待于完善程序，使得智能小车写出来的字更加美观。

■ 源程序可在《无线电》杂志网站 www.radio.com.cn 下载。

18 基于 Arduino 与 LabVIEW 的无线遥控智能小车

◇沈金鑫

说到智能小车，DIY 爱好者们肯定都不陌生，其中以循迹和避障这两个功能居多，今天我们来制作一个基于 Arduino 与 LabVIEW，通过蓝牙无线遥控的智能小车。在电脑上点击鼠标就可以轻松地遥控基于 Arduino 的智能小车，让它实现前进、后退、左转和右转功能，并且还可以控制车速。

无线遥控小车以 Arduino 作为控制器，负责接收信号，控制小车运动，LabVIEW 作为电脑上的控制软件，负责人机交互界面。LabVIEW 与 Arduino 通过 APC220 无线串口模块实现无线通信。其中，Arduino 负责接收、解析和执行 LabVIEW 发送来的命令信号，并根据不同的命令通过 L298 电机驱动板来驱动左、右轮的直流电机，实现智能小车的前进、后退、左转、右转和调速功能。

18.1 Arduino 下位机硬件设计

要实现基于 Arduino 的智能小车，需要 Arduino UNO 控制板、一对 APC220 无线通信模块、FT232RL 串口转接板、L298 电机驱动板、带有减速箱的直流电机、车轮及小车底盘。将直流电机固定在小车底盘上，并将车轮安装在直流电机减速器的输出轴上，安装好的小车底盘如图 18.1 所示。

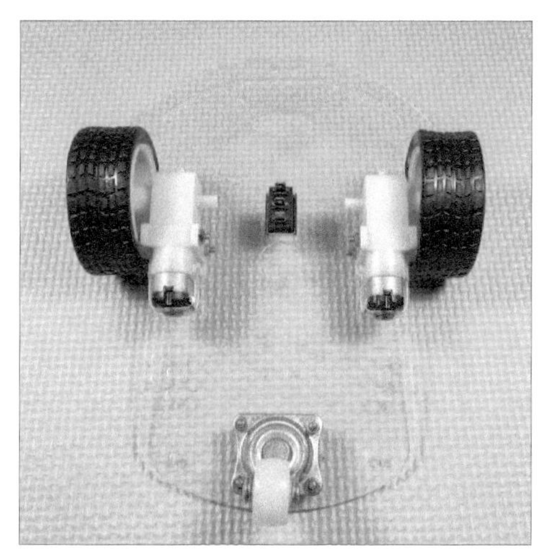

图 18.1 智能小车底盘

下面进行电气部分的连接。

Arduino UNO（见图 18.2）与 L298N 电机驱动模块（见图 18.3）的连接方式如下：数字口 2、3、4、5 依次与 IN1、IN2、IN3、IN4 相连接，控制直流电机的转向；数字口 10、11 与 ENA、ENB 相连接，控制电机的转速；+5V、GND 与 L298N 的 +5V、GND 相连接，给 L298N 模块提供工作电压。此处需要注意的是，L298 电机驱动部分的 ENA、ENB 必须与 Arduino UNO 上带有 PWM 输出的数字口相接。

图 18.2　Arduino UNO 控制板

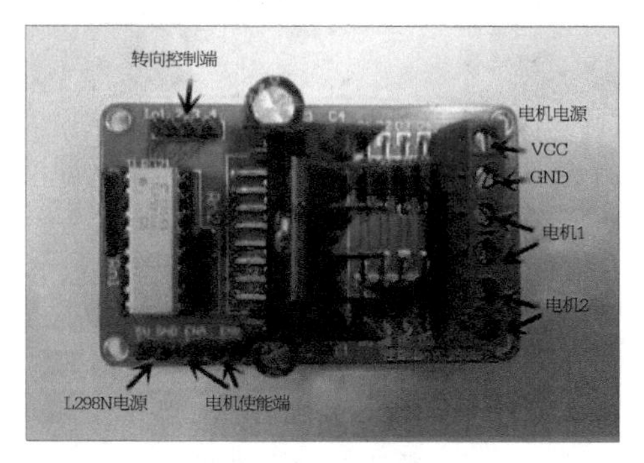

图 18.3　L298N 电机驱动模块

L298N 的 VIN、GND 为电机电源输入端，接至大容量锂电池（见图 18.4）上，注意正、负极的顺序。电机接口 M1、M2 与两个直流电机相连接，有正、反方向之分，此处可以先忽略。如果整体调试时发现电机转向相反，则对调电机的两根线，就可以改变电机的转向。

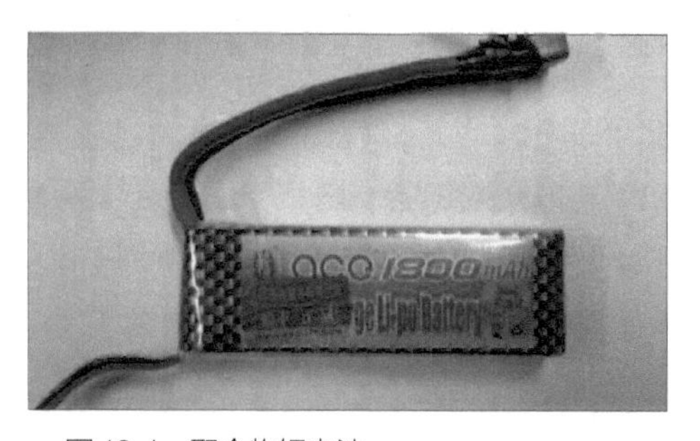

图 18.4　聚合物锂电池

一个 APC220（见图 18.5）的 TX、RX 与 Arduino UNO 的 RX、TX 相连接，注意此处为交叉相接。+5V、GND 与 Arduino UNO 的 +5V、GND 相连接，给 APC220 提供工作电压。

图 18.5　APC220-43 无线串口数传模块

另一个 APC220 的 TX、RX 与 FT232RL 转接板（见图 18.6）的 RX、TX 相连接，也为交叉相接。+5V、GND 与 FT232RL 的 +5V、GND 相连接，给 APC220 提供工作电压。

图 18.6　FT232RL 转接板

组装完成的智能小车如图 18.7 所示。下面我们要设计 Arduino 的软件了。

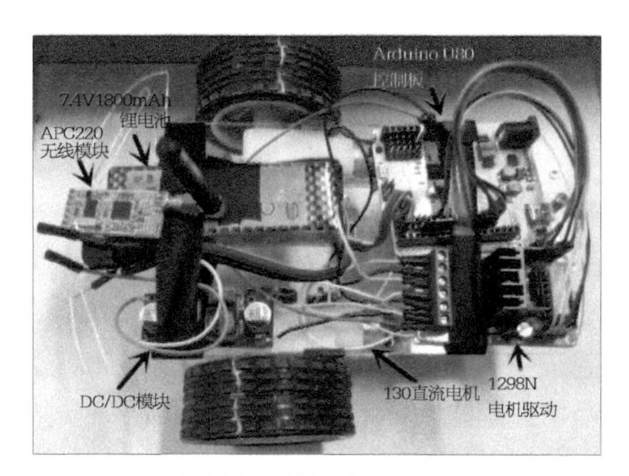

图 18.7 组装完成的智能小车

18.2 Arduino 下位机软件设计

在编写 Arduino 程序之前，我们需要先确定 Arduino 与 LabVIEW 的通信协议，这里定义通信协议如下：帧头 + 命令码 + 操作码。其中，数据帧的帧头为 55 和 AA；命令码为 AA（方向命令）、BB（调速命令）；在方向命令中，前进、后退、左转、右转和停止的操作码分别为 10、20、30、40 和 50；在调速命令中，操作码为十六进制的速度值。

以“前进”命令发送的数据为例，LabVIEW 串口发送的和 Arduino 接收到的数据均为 55AA10，其中 55 为帧头，AA 为方向命令，10 为前进操作码。

此处 Arduino 的功能就是接收 LabVIEW 发来的指令，解析并判断是否为有效指令，然后执行相应的指令，实现相应的功能。具体来说，就是读取串口中的数据，以控制电机的转向和调节转速。

18.3 LabVIEW 上位机软件设计

完成了 Arduino 部分设计，我们的工作只能说是告一段落，下面要进行 LabVIEW 部分的程序设计了。在电脑上，我们设计出了基于 Arduino 与 LabVIEW 的蓝牙遥控智能小车的控制界面，如图 18.8 所示，它带有速度调节和方向控制，以及小车的启动、停止功能，是不是很酷呢？

要想完成上位机软件设计就需要安装 LabVIEW 2012 软件和 VISA 5.3 驱动程序，两者下载地址：https://lumen.ni.com/nicif/zhs/evallv/content.xhtml 和 http://joule.ni.com/nidu/cds/view/p/id/3823/lang/zhs。

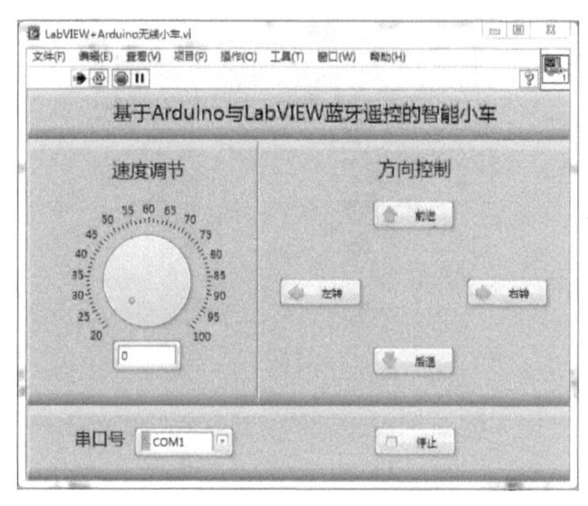

图 18.8 基于 Arduino 与 LabVIEW 的蓝牙遥控的智能小车的控制界面

LabVIEW 上位机前面板上的银色系列控件为 LabVIEW 2012 自带的控件库。其中，VISA 资源名称在前面板中选择，右键单击“控件”→“银色”→“I/O”→“VISA 资源名称”。

速度调节的旋钮在前面板中选择，右键单击“控件”→“银色”→“数值”→“旋钮（银色）”。

控制方向的 4 个按键在前面板中选择，右键单击“控件”→“银色”→“布尔”→“按钮”→“向上按钮”“向下按钮”“向左按钮”和“向右按钮”。

启动和停止两个按键在前面板中选择，右键单击“控件”→“银色”→“布尔”→“按钮”→“播放按钮”“媒体停止按钮”。

虽然设计出了很酷的操作界面，但是 LabVIEW 程序还不能正常工作，我们需要赋予每个控件以自己的灵魂，才能让 LabVIEW 程序正常工作。

下面从前面板切换至程序框图，单击前面板上的”窗口”→”显示程序框图”，或者直接按 Ctrl+E 组合键即可切换至程序框图中。

在程序框图中，我们需要对串口进行配置，并根据不同的按键按下，通过串口发出不同的命令，下位机 Arduino 收到串口数据，解析出其中的命令代码后执行相应的命令。

在 LabVIEW 中利用 VISA 节点进行串行通信编程。为了方便用户使用，LabVIEW 将这些 VISA 节点单独组成一个子模块，共包含 8 个节点，分别实现初始化串口、串口写、串口读、中断以及关闭串口等功能。在程序框图界面上，右键单击“函数”→“仪器 I/O”→“串口”即会出现如图 18.9 所示的串口编程函数。

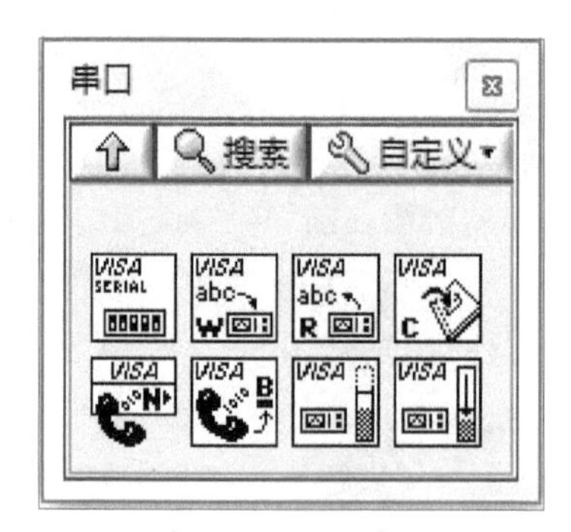

图 18.9　串口编程函数

根据前面制定的通信协议，我们编写出 LabVIEW 上位机控制软件的程序框图。首先为串口初始化，然后通过不同的动作触发串口发送数据，不同的动作串口发送的数据也不同，前进、后退、左转、右转、停止和调速的程序框图如图 18.10~图 18.15 所示，最后为关闭串口，释放串口资源。需要注意的是，串口发送的数据均为十六进制的数据。

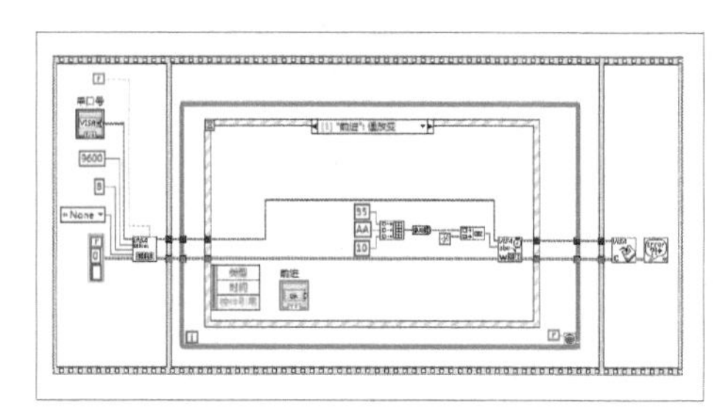

图 18.10　LabVIEW“前进”程序框图

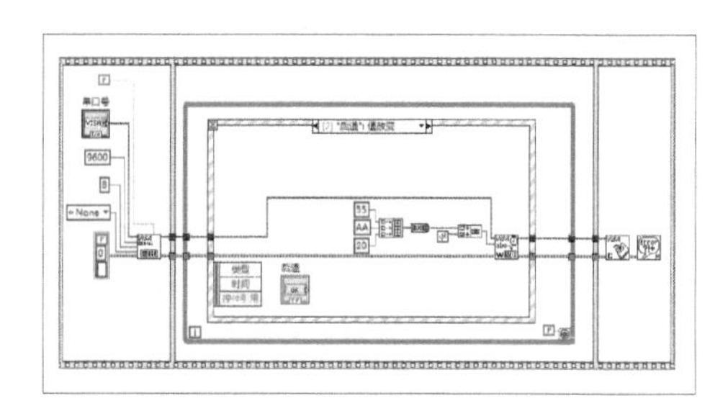

图 18.11　LabVIEW“后退”程序框图

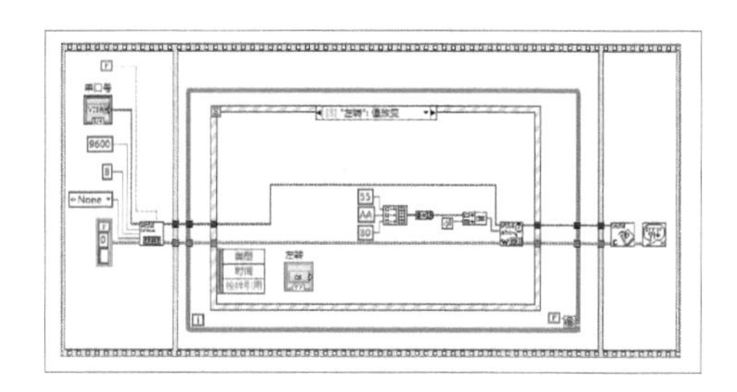

图 18.12　LabVIEW“左转”程序框图

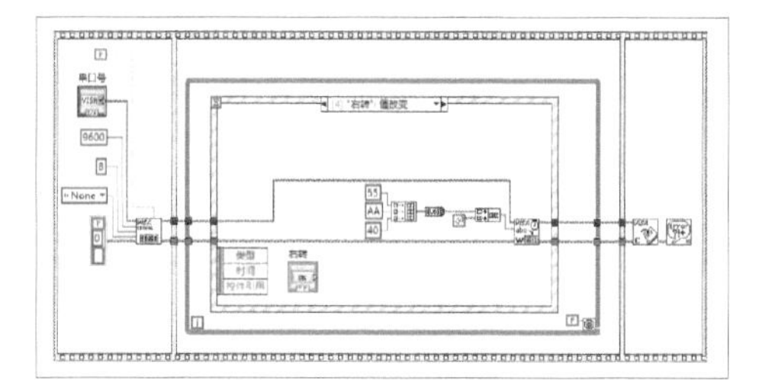

图 18.13 LabVIEW“右转”程序框图

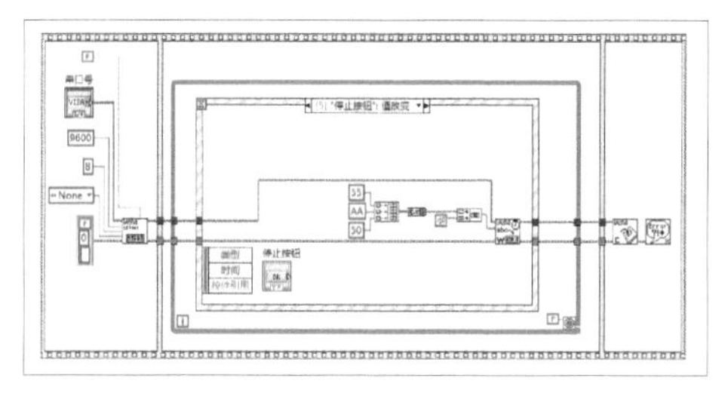

图 18.14 LabVIEW“停止”程序框图

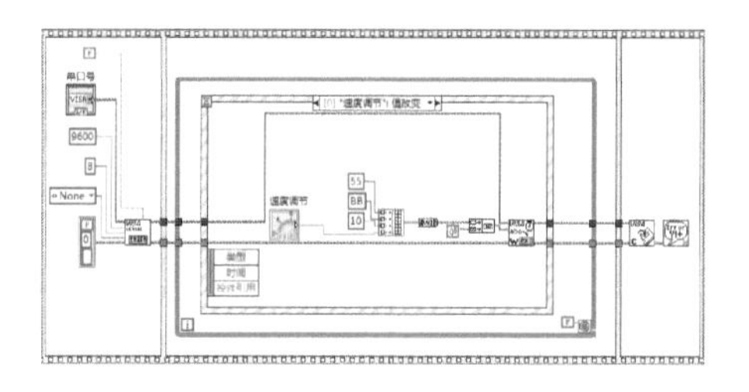

图 18.15 LabVIEW“调速”程序框图

18.4 调试与故障排除

如果一切都完成了，却发现无法正常遥控智能小车做出指定的动作，这时候就需要进行调试，排除故障。

首先，观察 Arduino 控制板上的电源指示 LED 是否亮，如果亮，说明 Arduino 控制板正常工作；如果不亮，则检查 Arduino 控制板的电源是否接错。用万用表测量 L298 电机驱动板的 VIN 和 GND 之间的电压是否为 +5V。

然后，用 USB 串口线将 Arduino 与电脑连接起来，通过有线的串口来控制智能小车。如果可以控制，则为 APC220 的问题，检查两个 APC220 模块的 TX、RX 与 Arduino UNO 的 TX、RX 和 FT232RL 转接板的 TX、RX 是否为交叉相接，即 TX 接 RX，RX 接 TX。

一般经过以上两项排查，即可解决大多数问题。

最后，我们还要调试小车的运动情况。如果发现发送前进的指令，一个或两个车轮反转，则对调相应电机的两根线或者交换控制电机转向的两根接线。

18.5 结束语

Arduino 是开源硬件的典型代表，Arduino 控制板配合官方的 IDE 使用，极大地简化了软件设计，让很多不懂硬件设计的爱好者也可以玩电子制作，而且拥有很多应用示例可供参考。本文介绍的 Arduino 与 LabVIEW 的无线遥控智能小车，搭建了一个基于开源硬件 Arduino 与图形化编程软件 LabVIEW 的无线测控平台，并实现了对智能小车的控制，读者在此基础上还可以扩展 Arduino 的其他外围应用。

■ 相关程序请到《无线电》杂志网站 www.radio.com.cn 下载。

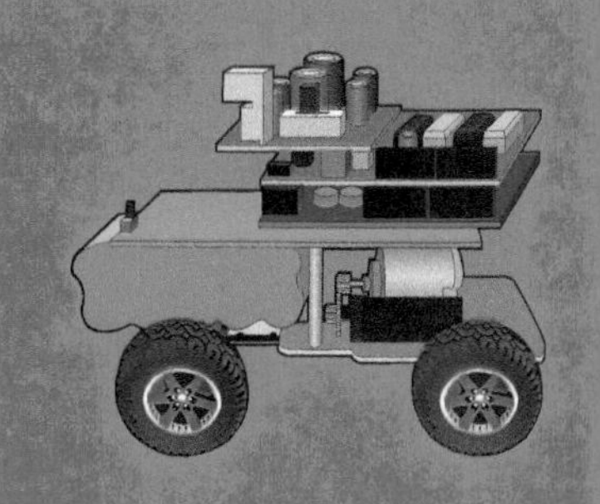

第3章

智能小车机器人高级实例

19 用任天堂 Wii 手柄遥控智能小车

◇宜昌城老张 ◇插画：刘少冉

Arduino 系统风靡欧美的创客界，为什么人们都选择 Arduino 作为创意工具，我认为主要有两点原因：易用、好用。

易用：只要你具备 C 语言的编程能力和基本的硬件常识，就可以立即上手，制作出基于单片机技术的创意作品。Arduino 系统的核心是 AVR 单片机，但你不需了解 MCU、存储器和接口电路之间的结构关系，也不需要了解数据总线、地址总线和控制总线在程序机器码执行时如何相互配合，甚至不用考虑那些决定 MCU 如何工作的寄存器参数如何设置，你可以把 Arduino 当成一个魔盒，只要知道按钮、传感器、指示灯和电机等输入 / 输出模块的传输线连接到 Arduino 控制器的哪个端子上就行，然后就可以在 Arduino 软件强大而丰富的库文件的支撑下，用简明通俗的语言编制程序，让输入模块与输出模块产生互动。

好用：过去我们做电子创意作品，往往用一个个电阻、电容、运放和变压器等分立元件在面包板或实验板上进行搭接，或许只能制作出如走马灯和秒表计时器等低端的作品。现在 Arduino 控制器拥有非常丰富的周边模块，如直流电机驱动模块、无线通信模块、液晶显示模块以及各类传感器模块，借助这些模块，你就能放大自己的创意能力，像搭积木一样方便、高效地制作更酷、更显档次的作品，比如遥控履带车、仿生机械手和双足机器人。

19.1 任天堂 Wii 手柄

Wii 是日本任天堂公司在 2006 年 11 月推出的第 5 代家用游戏主机，其最大特点是具有前所未有的体感控制器操作方式。一套 Wii，包含主机、专用感应器和左手控制器 NunChuck 、右手控制器 Wii Remote，也就是国内俗称的“双节棍手柄”（见图 19.1）。一左一右两个遥控器都内置了 3 轴重力加速度传感器，通过 · 蓝牙与主机通信。

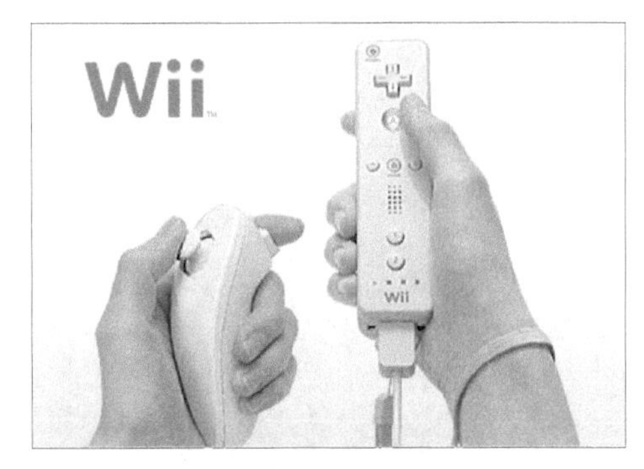

图 19.1 任天堂 Wii 左右手柄

无线控制和动作感应是 Wii 系统提供的一种直观而自然的游戏操作方式。通过双手挥动左右手柄，可以面对银幕，感受拳击、冲浪甚至驾驶飞机的乐趣。

你手握 Wii 手柄，在屏幕中的虚拟世界里一定玩得很 high，那么能不能用它来操控现实世界里的机器人呢？这应该也是很有趣的。现在有办法了，Wii 手柄可以通过 Arduino 系统来操控机器人。笔者制作的用 Wii 左手柄 NunChuck 来遥控的智能小车如图 19.2 所示。

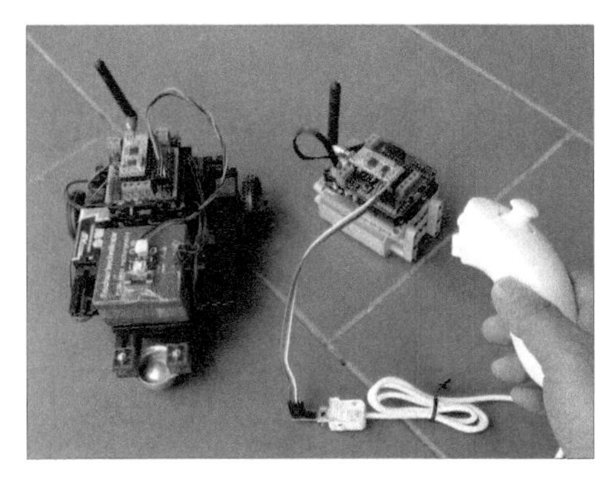

■ 图 19.2 用任天堂 Wii 手柄遥控的智能小车

19.2 RF 无线数传模块 APC220 的使用

任天堂 Wii 手柄遥控慧鱼车的项目用到了 RF 无线数传套件，型号为 APC220，如图 19.3 所示。APC220 是高度集成、半双工、微功率无线数据传输模块，它集成了高速单片机、高性能射频芯片和 TTL 串口接口，不仅可以实现双 Arduino 控制器之间的无线通信，而且配合 1 个 USB 转换器，可以实现 PC 与 Arduino 单片机之间的无线通信，无线通信距离可达 1000m。

要用这个套件，首先要安装 USB 转 RS232 的驱动程序 CP210x_VCP_Win2K_XP_S2K3，然后插上套件自带的 USB 适配器，你可以在 Windows 的设备管理器里看到 USB 转 RS232 驱动所生成的串口号是什么。

■ 图 19.3 RF 无线数传套件 APC220

用厂家的 RF-ANET 软件给无线数传套件设置通信参数，注意软件设置窗口的 PC Series 选项的串口号，就是你刚在 Windows 设备管理器里看到的串口号，如图 19.4 所示。另外一定要把这个套件的两个无线通信模块都通过 USB 适配器进行设置，设置的参数应该一模一样。

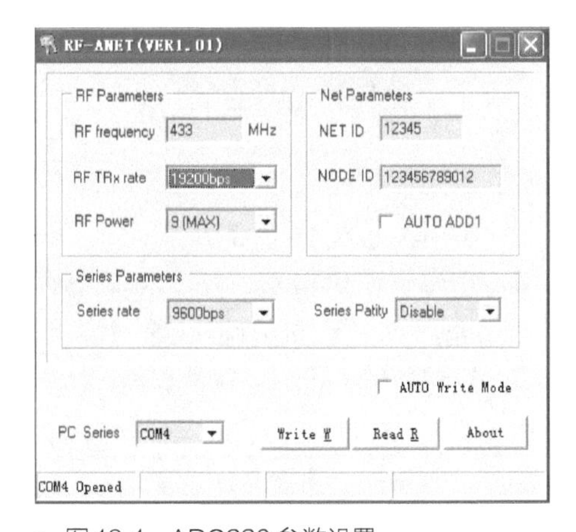

■ 图 19.4 APC220 参数设置

安装驱动和设置参数后，就可以用 RS232 串口进行无线通信了，我感觉就像用 RS232 有线通信一样，方便极了。

19.3 智能小车的结构

三轮智能车的车体是用慧鱼（fischertechnik）创意组合套件迅速搭建的，如图19.5所示，前面是一个万向轮，后面两个是主动轮，由两个直流电机带动。通过两个电机的转速和转向的变化，实现小车前后、左右的行走。小车的前方还有一个车灯，天黑时，用以照亮周围活动场地。

图19.5 智能小车的结构

19.4 Wii手柄与Arduino控制器的硬件接口方法

如果你已经具备了Arduino控制板、Arduino XBee传感器扩展板V5、APC220无线通信模块、Wii NunChuck手柄和智能小车，另外还需要一硬一软两个利器，硬件是Wii Nunchuck转换器，软件是WiiChuck库文件。Wii Nunchuck转换器如图19.6所示，库文件可向硬件提供商索取。

Wii手柄、Wii Nunchuck转换器与Arduino三者之间的连接非常简单，先把WiiChuck转换器插到Wii Nunchuck手柄接口上（注意正反），然后再把Wii Nunchuck的c、d、+、-分别插到Arduino XBee传感器扩展板V5的模拟量接口5、4、3、2上就可以了。为什么要把Wii Nunchuck转换器插到传感器扩展板上，而不直接插到Arduino控制板上，是因为这个项目需要APC220无线通信模块，而APC220模块可以方便地插到扩展板专用的APC插槽中，所以要先把扩展板层叠在控制板上，再在扩展板上插入APC220模块和Wii Nunchuck转换器，这样它们就可以集成在一起，方便遥控操作，如图19.7所示。

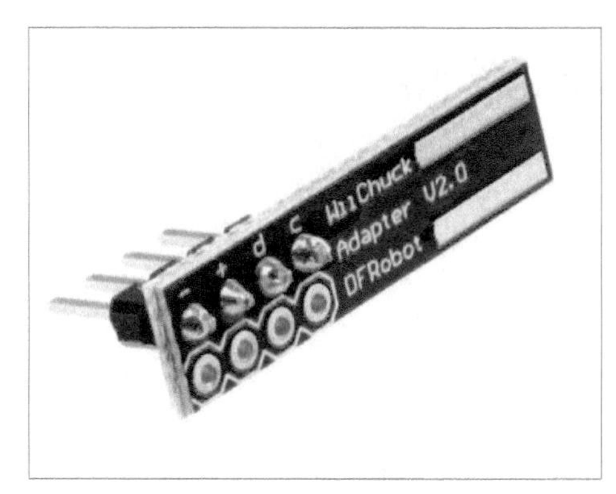

图19.6 Wii Nunchuck转换器

图19.7 Wii手柄与Arduino控制器的硬件连接

19.5 任天堂 Wii 手柄遥控慧鱼车程序

如何对 Wii 手柄中的数据进行处理，通过无线通信向智能小车发出命令，让小车前后、左右行走并开关车灯？我举例来说明，手柄前倾时，三轴加速度感应的 Y 轴数据如果大于 155，则向小车发出前进命令；手柄后仰时，三轴加速度感应的 Y 轴数据如果小于 115，则向小车发出后退命令。下面给出有详细注释的程序清单。

Wii 遥控器主机程序

```
/*Wii 手柄使用说明：
手握 Wii 手柄，前倾或后仰，发出小车前进
或者后退命令；
向左或向右拧动手柄，发出小车左转或右转
命令；
手柄居中不动，则小车不动；
按动 Wii 手柄前端的 Z 按键，开关车灯。
*/
#include <math.h>
#include <stdlib.h>
#include "Wire.h"
#include "WiiChuck.h"
// 定义 wii 为 WiiChuck 类变量
WiiChuck wii = WiiChuck();
char flag;// 存储遥控器主机向遥控车上
的从机发送“标志”数据
int val;// 存储 Wii 的 Z 按键的当前读
取值
int old_val;// 存储 Wii 的 Z 按键上次
程序执行时的读取值
int state=0;// 存储主机向遥控车上的
LED 灯发送的亮灭状态
// 初始化
void setup()
{
 wii.initWithPower();
 Serial.begin(9600);// 启动串口通
信，通信波特率为 9600bit/s
}
// 主程序
void loop()
{
 if (wii.read() == true)
 {
  // 如果 Wii 手柄前倾
  if(wii.getAccelAxisY()>155)
  {
   flag='a';
   Serial.print(flag);// 向遥控车从
机发送小车前进命令
  }
  // 如果 Wii 手柄后仰
  else if(wii.getAccelAxisY()<115)
  {
   flag='b';
   Serial.print(flag);// 向遥控车从
机发送小车后退命令
  }
  // 如果向左拧动手柄
  else if(wii.getAccelAxisX()<95)
  {
   flag='c';
   Serial.print(flag);// 向遥控车从
机发送小车向左命令
  }
  // 如果向右拧动手柄
  else if(wii.getAccelAxisX()>155)
  {
   flag='d';
   Serial.print(flag);// 向遥控车从
机发送小车向右命令
  }
  // 否则
  else
  {
   flag='e';
   Serial.print(flag);// 向遥控车从
机发送小车停止命令
  }
  // 读取 Wii 手柄的 Z 按键数字量信息，
控制车上的 LED 亮灭
  val=wii.getButtonZ();
  if((val==0)&&(old_val==1))
  {
   state=1-state;
   delay(10);
  }
  old_val=val;
  if(state==1)
```

```
  {
   flag='f';
   Serial.print(flag);//向从机发送灯亮标志
  }
  else
  {
   flag='g';
   Serial.print(flag);//向从机发送灯灭标志
  }
  delay(50);
 }
}
```

遥控车从机程序

```
int E_right=5;//连接电机1的使能端口到数字接口5
int M_right=4;//连接电机1的转向端口到数字接口4
int E_left=6;//连接电机2的使能端口到数字接口6
int M_left=7;//连接电机2的转向端口到数字接口7
int LED=2;//车灯LED连在数字端口2
int val;//存储遥控器主机向遥控车上的从机发送数据
float velocity=255;//车速调节
void setup()
{
 //给各数字接口设置输入输出状态
 pinMode(M_right, OUTPUT);
 pinMode(E_right, OUTPUT);
 pinMode(M_left, OUTPUT);
 pinMode(E_left, OUTPUT);
 pinMode(LED,OUTPUT);
 digitalWrite(LED, HIGH);
 Serial.begin(9600);//设置串行通信的波特率
}
void advance()//前进
{
 digitalWrite(M_right,HIGH);
 analogWrite(E_right,int(velocity));
 digitalWrite(M_left,HIGH);
 analogWrite(E_left,int(velocity));
}
void back()//后退
{
 digitalWrite(M_right,LOW);
 analogWrite(E_right,int(velocity));
 digitalWrite(M_left,LOW);
 analogWrite(E_left,int(velocity));
}
void left()//左转
{
 digitalWrite(M_right,HIGH);
 analogWrite(E_right,int(velocity));
 digitalWrite(M_left,HIGH);
 analogWrite(E_left,int(0));
}
void right()//右转
{
 digitalWrite(M_right,HIGH);
 analogWrite(E_right,int(0));
 digitalWrite(M_left,HIGH);
 analogWrite(E_left,int(velocity));
}
void Stop()//停止
{
 digitalWrite(E_right,LOW);//右电机停
 digitalWrite(E_left,LOW);//左电机停
}
void loop()
{
  if(Serial.available()>0) //查询串口有无数据
   {
    val=Serial.read();//读取主机发送的数据
    if(val=='a')//如果主机发送字符'a',
    {
      advance();//前进
    }
    if(val=='b')//如果主机发送字符'b',
    {
      back();//后退
```

```
    }
    if(val==' c' )// 如果主机发送字
符' c' ,
    {
      left();// 左转
    }
    if(val==' d' )// 如果主机发送字
符' d' ,
    {
      right();// 右转
    }
    if(val==' e' )// 如果主机发送字
符' e' ,
    {
      Stop();// 停止
    }
    if(val==' f' )
    {
      digitalWrite(LED, LOW); //
车灯 LED 灯亮
    }
    if(val==' g' )
    {
      digitalWrite(LED, HIGH);//
车灯 LED 灯灭
    }
  }
}
```

20 利用体感手柄遥控的乐高星战车

◇宜昌城老张

乐高迷们拥有一定的搭建水平后，总是不满足于照着现成的 SET 套件搭建图纸来制作模型，而是想办法改装些“再创意”作品。其中把原先静态的模型加上乐高 Technic 或者 NXT 电机，让模型动起来，是作品改装的一个重要项目。

图 20.1 所示是这次我改造的乐高 Star Wars（星球大战）系列 4481 星战车模型，它是一个静态模型，原先打算采用乐高原厂电控产品，但乐高全系列的电控产品都相对个头较大，若加到模型上，会使模型显得臃肿而破坏原本的造型，所以我选用了产品线更加丰富的 Arduino 电控产品。

图 20.1 乐高 Star Wars 系列 4481 星战车模型

遥控器和星战车的电控都采用了 Arduino 控制器。遥控器上还有飞思卡尔 MMA7361 加速度传感器，它能够把遥控器所处的姿态反馈到控制器中，控制器主机会根据姿态倾角信息，换算出控制星战车行动的命令，并通过 XBee 无线数传模块发送字符命令给星战车上的 Arduino 控制器从机。从机会驱动 4 个 360° 连续旋转迷你舵机，让星战车前后左右行驶。利用体感手柄遥控的乐高星战车如图 20.2 所示。

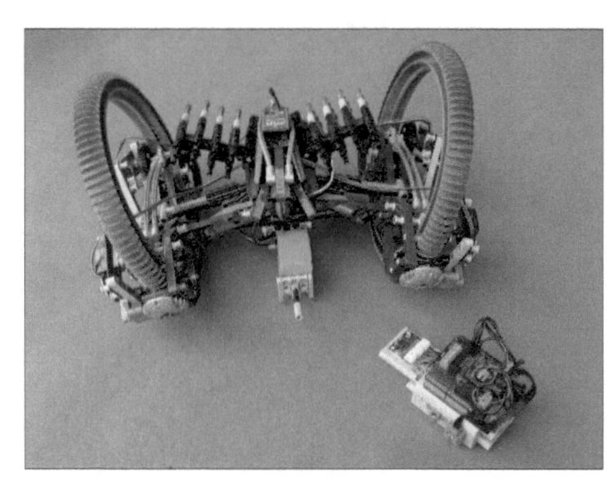

图 20.2 利用体感手柄遥控的乐高星战车

20.1 乐高星战车的结构组成

遥控器采用的控制器是 Arduino UNO，而乐高星战车采用的控制器是 Flyduino。Flyduino 是一款基于 Arduino 的微型控制器，尺寸仅有 40mm×24mm。它自身仅重 7.5g，配上 XBee 模块也只有 15g 左右，非常适合嵌入小型模型中，而不影响模型原本的造型。

这次我用 Flyduino 控制器连接了 4 个辉盛 9g 舵机，它们输出轴上的小齿轮与星战车两边的“巨轮”内齿啮合，使“巨轮”滚动起来，从而驱动星战车行驶。

辉盛 9g 舵机并不是乐高出品的，所以如何把它们安装到乐高积木上，而且要做到舵机输出轴与支撑它的乐高积木孔之间距离，在 X 轴和 Y 轴两个方向上，都为乐高孔距的整数倍（乐高标准孔距为 8mm），就需要自制一个专门适配乐高积木的舵机连接板（见图 20.3）。

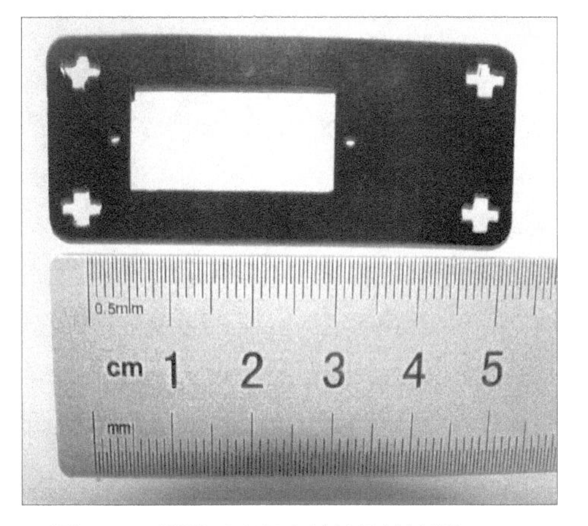

图 20.3 适配乐高积木的舵机连接板

有了专门的舵机连接板，不用任何机械加工，甚至不需要螺钉、螺母连接，仅用乐高积木，按照图 20.4 和图 20.5 所示的方法，就可以改造这个 4481 乐高星战车模型了。（注：4481 星战车是乐高老型号的产品，国内可能不容易买到，我是海淘得到的。即使你没有这个模型，也可以利用这篇文章提供的思路改造其他乐高产品。）

图 20.4 Flyduino 控制器的安装

图 20.5 辉盛迷你舵机的安装

20.2 Arduino 电控部件介绍

乐高星战车上的 Arduino 控制器是 DFRobot 出品的 Flyduino，它比普通 Arduino 控制器体积小很多，但功能一点也不差。在 40mm × 24mm 尺寸的电路板正面分布着 12 个数字端子、8 个模拟端子，在电路板背面布置了 1 个 XBee 无线数传接口，所以它既具备逻辑运算、舵机控制、传感器信号采集的功能，又具备无线通信的功能。Flyduino 电路板的布局如图 20.6 所示。

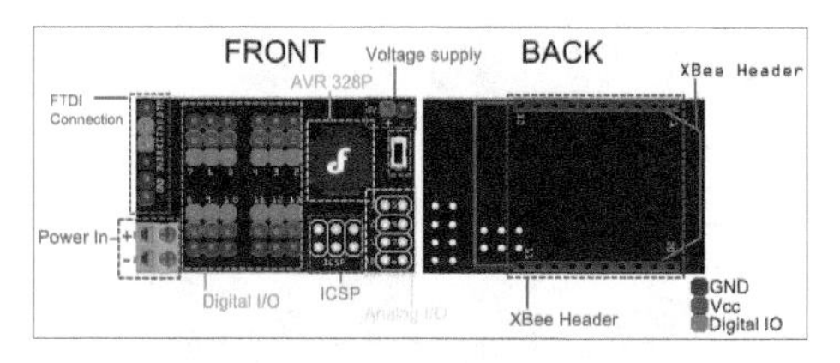

■ 图 20.6 Flyduino 电路板布局

由于 Flyduino 控制器没有 USB 转串口 TTL 的电路，所以下载程序时，需要把它连接到 Arduino FTDI Basic 程序下载器。Flyduino 控制器的工作电压为 3.3V，烧写程序时，注意把程序下载器的供电跳线帽插到 3.3V 端，否则使用 5V 电压会损坏设备。程序下载器与 Flyduino 控制器连接方法如图 20.7 所示。

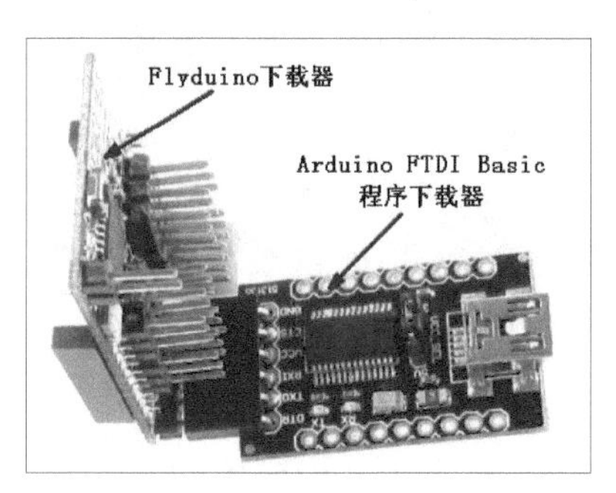

■ 图 20.7 Arduino FTDI Basic 程序下载器与 Flyduino 控制器的连接

另外，本电控系统仅采用了一块 7.4V、900mAh 的锂聚合物电池，而 Flyduino 控制器有两个电源端口，一个是舵机电源端口“Power In”，另一个是逻辑电源端口“Voltage supply”（见图 20.6），所以要把两个端口通过“Digital I/O”的红色 VCC 引针和黑色 GND 引针与逻辑电源端口“Voltage supply”对应的引针用杜邦线连接起来，以使控制器舵机部分和逻辑部分共用一套电源。

星战车的 4 个驱动舵机的输出线分别连接在 Flyduino 控制器的 2、3、4、5 号 Digital I/O 端子，如图 20.8 所示。

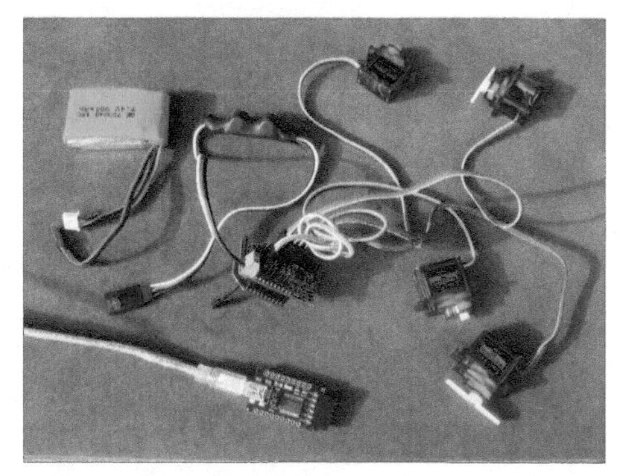

■ 图 20.8 乐高星战车的电控组成

值得注意的是，图 20.8 中绿色的 7.4V 锂聚合物电池不能直接连在控制器电源端口上给舵机供电，因为 9g 舵机的供电电压不能超过 6V，否则会出现异常噪声，不能正常工作，所以锂电池要接上一个降压模块才能给舵机供电。我用的降压模块型号为 DPC-1，它的输入电压为 6~8.4V，降压后的输出电压为 5V，电流为 2A，这样就达到了给 4 路舵机供电的要求。

电控部件里，除了 Flyduino 控制器、Arduino UNO、传感器扩展板，还用到了一个特别点的电控部件—— MMA7361 三轴加速度传感器。

MMA7361 三轴加速度传感器，位于遥控器的电池盒前端（见图 20.9），它的 *X*、*Y*、*Z* 轴分量的模拟量输出线，分别接到电池盒上部的 Arduino UNO 控制器的 3 个模拟量端子上。

■ 图 20.9 遥控器上的 XBee 无线数传模块和 MMA7361 三轴加速度传感器

20.3 乐高星战车的程序设计

遥控器主机程序的任务为：采集 MMA7361 传感器的加速度信息，并把加速度信息通过标定的方法，转换为遥控器的前后、左右倾角姿态，再根据倾角姿态，向乐高星战车上的从机发送驱使星战车行驶的字符命令。

遥控器主机程序

```
//初始化
char val;//定义变量，用于存储下达给从机的字符命令
void setup()
{
  Serial.begin(9600);//启动串口通信，波特率为 9600
}
//主程序
void loop()
{
  //把 MMA7361 加速度传感器的重力加速度 X、Y、Z 轴分量的输出线分别接入 Arduino UNO 的模拟量端子 0、1、2
  int xValue = analogRead(0);
  int yValue = analogRead(1);
  int zValue = analogRead(2);
  /*当模拟量端子的电源供电电压为 5V 时（注：供电电源超过 6.5V，Arduino 控制器的稳压电路才能输出 5V 电压），选择±1.5g 量程，开始标定。先把遥控器放置水平，若指定前方为 Y 轴方向，那么遥控器绕 Y 轴向左旋转至垂直位置，则重力加速度 X 轴分量 xValue 值标定为 175，而遥控器向右旋转至垂直位置，xValue 值为 500
*/
  //把绕 Y 轴旋转 180° 的两个特定位置的 xValue 值 175~500 正比转换为角度值 0~180
  int yRotate=map(xValue,175,500,0,180);
  //把绕 X 轴旋转 180° 的两个特定位置的 yValue 值 520~190 转换为角度值 0~180
  int xRotate=map(yValue,520,190,0,180);
  if(yRotate<=0) yRotate=0;//如果绕 Y 轴旋转的角度值小于 0，则强制为 0
  if(xRotate<=0) xRotate=0;//如果绕 X 轴旋转的角度值小于 0，则强制为 0
  if(yRotate>=180) yRotate=180;//如果绕 Y 轴旋转的角度值大于 180，则强制为 180
  if(xRotate>=180) xRotate=180;//如果绕 X 轴旋转的角度值大于 180，则强制为 180
   //如果遥控器姿态绕X轴前倾或者后倾，而绕 Y 轴转角基本处于中央位置，则主机向从机发出前进 'a' 或后退 'b' 的字符命令
   if(xRotate<=70 && yRotate>75 && yRotate<=105)  val='a';//星战车前进
   if(xRotate>70 && xRotate<=75) val=val;//防止抖动，保持原来的命令状态
   if(xRotate>=110 && yRotate>75 && yRotate<=105)  val='b';//星战车后退
   if(xRotate>105 && xRotate<110) val=val; //防止抖动，保持原来的命令状态
   //如果遥控器绕 Y 轴左倾或者右倾，而绕 X 轴转角基本处于中央位置，则主机向从机发出左转 'c' 或右转 'd' 的字符命令
   if(yRotate<=70 && xRotate>75 && xRotate<=105) val='c'; //星战车左转
   if(yRotate>70 && yRotate<=75) val=val;
```

```
    if(yRotate>=110 && xRotate>75
&& xRotate<=105) val='d';// 星战车
右转
    if(yRotate>105 && yRotate<110)
val=val;
    // 如果遥控器姿态绕 Y 轴和 X 轴转角
都接近在中央状态，则主机向从机发出停止
'f' 的字符命令
    if(yRotate>75 && yRotate<=105
&& xRotate>75 && xRotate<=105)
val='f';
    Serial.print(val); //遥控器主
机通过串口向星战车从机发出字符命令
    delay(300); //延时 0.1s，等待发
送完成
}
```

由于体感手柄中三轴加速度 MMA7361 传感器的采样值有固有的跳动现象，所以在遥控器主机程序中做了相应的软件容错措施，以防止舵机驱动的星战车出现随之抖动的现象。例如，当体感手柄绕 X 轴姿态角度偏离 90° 中央位置（此位置为遥控器水平姿态），xRotate 小于等于 70 时，才发出星战车前进的命令，而 xRotate 位于 70~75 时，星战车舵机保证当前状态不变。如果体感手柄向水平状态恢复时，当它的绕 X 轴姿态角度值 xRotate 大于 75 时，则星战车才从前进状态转变为停止状态。由于有了 70~75 的缓冲区，就不会在手柄处于某个倾角位置，因采样值跳动而引起的星战车一会向前，一会停止的抖动现象。当体感手柄后倾，向反方向旋转时，数据处理方法与上述方法同理。

星战车从机程序的任务为：接收遥控器主机发来的行驶和停止的字符命令，并把字符命令转换成 4 个舵机的速度、方向值，驱动星战车行驶。

星战车从机程序

```
#include <Servo.h>// 声明舵机函数库
Servo Rf_servo;// 定义星战车右巨轮前
方舵机对象变量
Servo Rb_servo;// 定义星战车右巨轮后
方舵机对象变量
Servo Lf_servo;// 定义星战车左巨轮前
方舵机对象变量
Servo Lb_servo;// 定义星战车左巨轮后
方舵机对象变量
int power1=85;// 定义星战车前进、后
退速度
int power2=10;// 定义星战车转弯速度，
转弯速度需慢些
int val; // 定义变量，用于存放 Arduino
主机下达的字符命令
// 初始化
void setup()
{
    Serial.begin(9600);// 设置串行
通信的波特率
    // 定义 2、3、4、5 号数字量端子来
控制星战车 4 个驱动舵机
    Rf_servo.attach(2);
    Rb_servo.attach(3);
    Lf_servo.attach(4);
    Lb_servo.attach(5);
    // 连续旋转的舵机，执行 myservo.
write(90)，舵机的速度可能不为 0，实际
舵机零速值应该在 90 附近，需要实际测试
确定。
    Rf_servo.write(92); // 让 4 个
舵机初始状态为零速
    Rb_servo.write(93);
    Lf_servo.write(94);
    Lb_servo.write(94);
}
// 主程序
void loop()
{
   val=Serial.read();// 读取
Arduino 主机通过串口下达的字符命令
   if(val=='a')// 如果接收到 'a' 字
符，则星战车前进
   {
      Rf_servo.write(92+power1);
      Rb_servo.write(93+power1);
      Lf_servo.write(94-power1);
```

```
        Lb_servo.write(94-power1);
    }
    if(val=='b')// 如果接收到 'b' 字符，则星战车后退
    {
        Rf_servo.write(92-power1);
        Rb_servo.write(93-power1);
        Lf_servo.write(94+power1);
        Lb_servo.write(94+power1);
    }
    if(val=='c')// 如果接收到 'c' 字符，则星战车左转
    {
        Rf_servo.write(92+power2);
        Rb_servo.write(93+power2);
        Lf_servo.write(94+power2);
        Lb_servo.write(94+power2);
    }
    if(val=='d')// 如果接收到 'd' 字符，则星战车右转
    {
        Rf_servo.write(92-power2);
        Rb_servo.write(93-power2);
        Lf_servo.write(94-power2);
        Lb_servo.write(94-power2);
    }
    if(val=='f')// 如果接收到 'f' 字符，则星战车停止
    {
        Rf_servo.write(92);
        Rb_servo.write(93);
        Lf_servo.write(94);
        Lb_servo.write(94);
    }
    delay(10); // 延时
}
```

20.4 结束语

乐高 Technic 系列和 NXT 系列套件中本身自带的电控产品设计得相当不错，而且还有许多第三方公司的兼容产品可供选择，但是 Arduino 在产品丰富度和性价比上还是具有很强优势的。比如这个乐高星战车的电控改造，由于使用了 Arduino，既做到了体感手柄遥控，又因选择了体积小巧的电控产品，没有破坏模型原有的美观，而且这个模型还有功能扩展的空间，比如可加装红外传感器来实现避障，或者加装指南针传感器来实现智能导航等。

■ 完整程序请到《无线电》杂志网站 www.radio.com.cn 下载。

21 蓝牙遥控小车制作教程

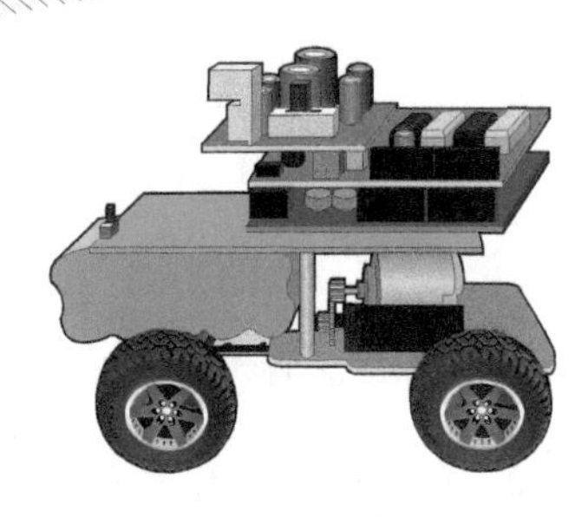

◇梁宇 ◇插画：刘少冉

最初，我忙着做一个体感机器人的项目，没想过会做一辆小车，等项目完成了，闲暇之余，就做起了小车。制作小车有车体、直流电机、控制器，然后有电池就可以了。不过不是说有了微控制器、电池，就可以让电机转起来，因为电流不够大，还需要配备电机驱动板，这样就可以在外接电源提供电能的情况下，拥有大电流了。其实稳压的电源模块也是很必要的，这样小车跑起来不会因为电池电压、电流变化而影响到电机速度。接下来咱们得对车负点责任，做个小车控制程序，所以要加无线模块。我用的是蓝牙模块，技术成熟，平台移植强，手机也能凑热闹。如果大家期待的话，我还可以编写安卓的上位机来控制小车，很神奇的哦，也是基于Processing平台的！先别羡慕我，真的很简单，我保证你在两个小时的时间里，在Processing平台下也能编写一个安卓程序在手机里运行。

21.1 软件部分

控制器使用的是以AVR单片机为核心的Arduino UNO，虽然该板I/O引脚不是很多，但是完成这个小项目，已经足够了。MCU程序是由Arduino IDE 1.5.2编写的，电脑上的上位机程序是用Processing编写的，版本为2.0，程序都简单易懂。

21.1.1 烧写Arduino程序

将程序复制进Arduino IDE，如图21.1所示。用数据线将Arduino连接到PC，在IDE里选择Arduino对应的端口，如图21.2所示。

然后点击☑编译，看看是否有错误。编译无误后，点击➡下载程序。下载过程中，Arduino的RX、TX灯会闪烁，这属于正常现象，代表下载成功。

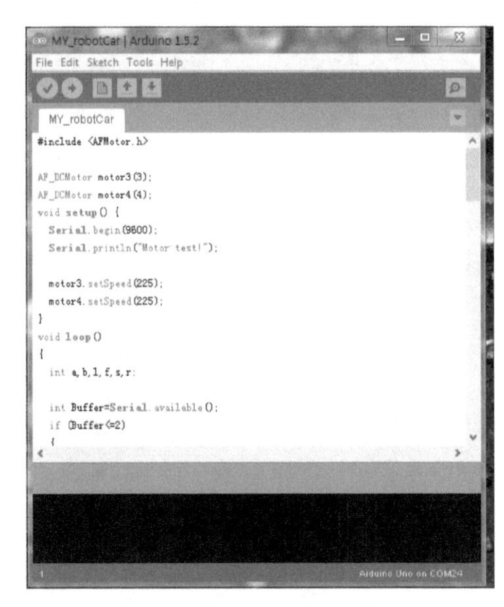

■ 图21.1 将程序复制进Arduino IDE

■ 图 21.2 端口选择

21.1.2 Processing 上位机程序

Processing 长得特别像 Arduino IDE 吧？它们实际的关系如图 21.3 所示，Arduino 源于 Processing。

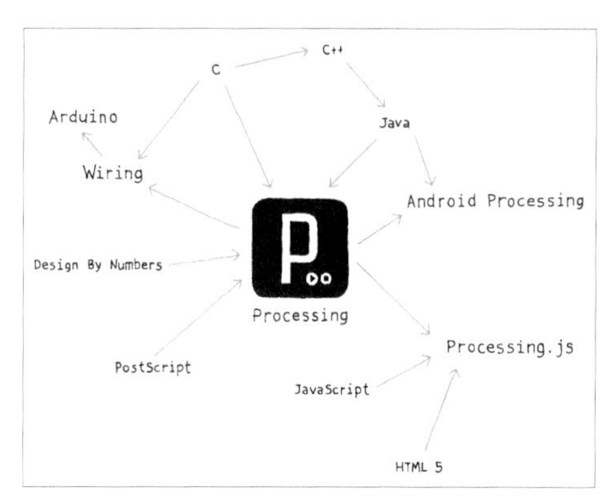

■ 图 21.3 Processing 家谱（摘自《爱上 Processing》）

Processing 更多的是与艺术、美术、建筑相联系，界面化的程序在 Processing 中实现的方法很简单，只要一个 Size（640，480）就可以建立一个 640 像素 ×480 像素的窗体。更重要的是，Processing 提供 SerialPort 接口，使开发者可以利用 Processing 与硬件沟通。

不知道大家有没有注意到图 21.3 中的 Android Processing，这个也是笔者正在研究的内容，在 Android 平台下也可以编写上位机程序，也就是说，手机也可以建立蓝牙的模拟 COM 口，进而我们就可以由安卓平台的应用程序来控制小车了，而且开发成本极低，耗时极少，语句简单，入门快。

Processing 的运行效果如图 21.4 所示。程序可在无线连接下，实现对小车的遥控，功能有前进、后退、停止、左转、右转。

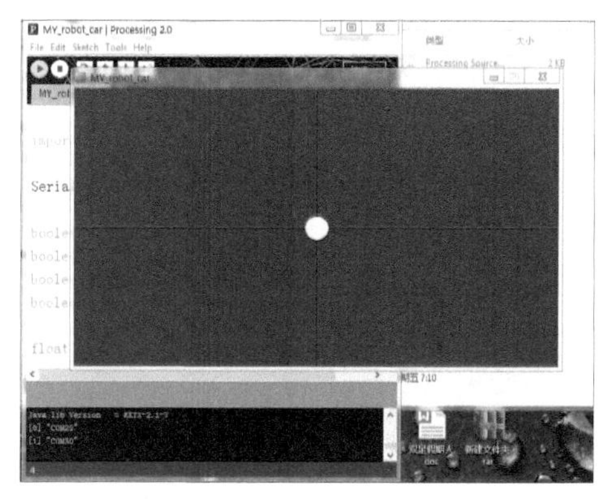

■ 图 21.4 Processing 运行效果图

21.2 硬件部分

制作小车所需的硬件见表 21.1。

表 21.1 硬件清单

序号	材料名称
1	Arduino 控制板（笔者用的是 UNO）
2	电源模块
3	蓝牙发射、接收端各一块
4	电机驱动板

续表

序号	材料名称
5	车体（带电机）
6	电池（12V）
7	面包板或洞洞板
8	小型开关
9	润滑油
10	杜邦线若干

21.2.1 电机驱动板

电机驱动板如图 21.5 所示，控制芯片为 L293D，电流放大倍数稍小，但是功能足够了。板子可以驱动步进电机 2 个、直流电机 4 个、舵机 2 个，驱动程序简单明了。这个板子并不神秘，网上售价 20~50 元。这个板子是开源的，原理图都一样，库文件也都是公开发布的。

图 21.5 开源电机控制板

21.2.2 蓝牙模块

蓝牙模块是网上买的，收、发配套，价格一共 60 元左右，如图 21.6 所示。

21.2.3 电源模块

电源模块（见图 21.7）算是货真价实自己焊接的，芯片采用的是 LM2956，长时间使用不会发热，性能还好。

图 21.6 蓝牙接收、发送模块

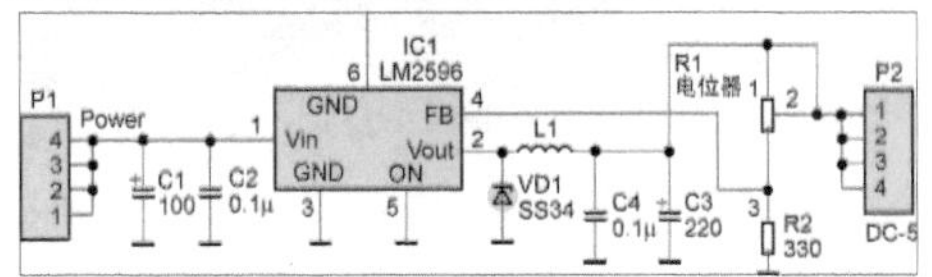

图 21.7 DIY 的电源模块

21.2.4 电池

电池是师兄传师弟传下来的，12V 电压，满电 15V 左右，如图 21.8 所示。

图 21.8 电池

21.2.5 开关思想

设计开关（见图 21.9）很重要，便于急停，调试的时候没有开关是很闹心的事情。

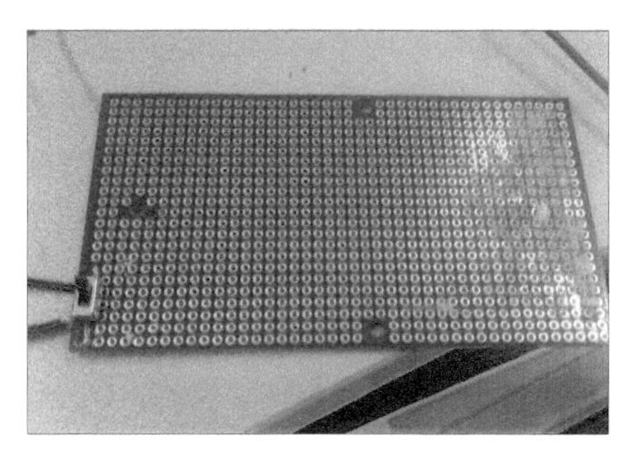

■ 图 21.9 开关

21.2.6 四驱车车体

笔者的车体传动结构（见图 21.10）制作得不是很严谨，两个直流电机，齿轮传动，建议购买性能比较优良的车体。车体齿轮还是很脆弱的，需要用润滑油加以保护。

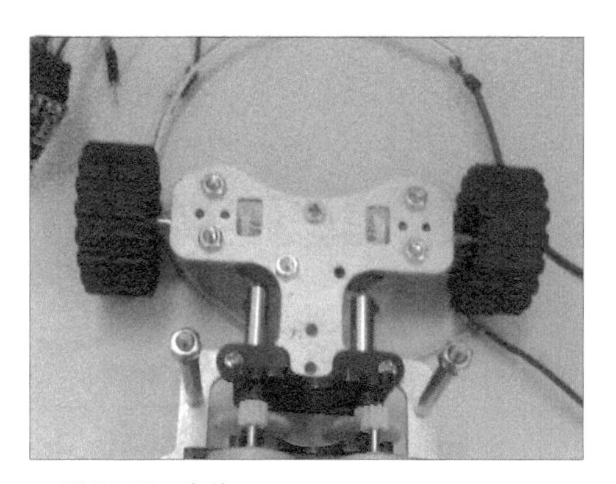

■ 图 21.10 车体

21.2.7 成品多角度展示

制作完成的小车如图 21.11 所示。

■ 图 21.11 制作完成的小车

21.2.8 组装教程

老师曾告诉我们拿图说话，接下来为大家绘制一幅图片，以展示车体的结构（见图 21.12）。各硬件的连接方法如图 21.13 所示。

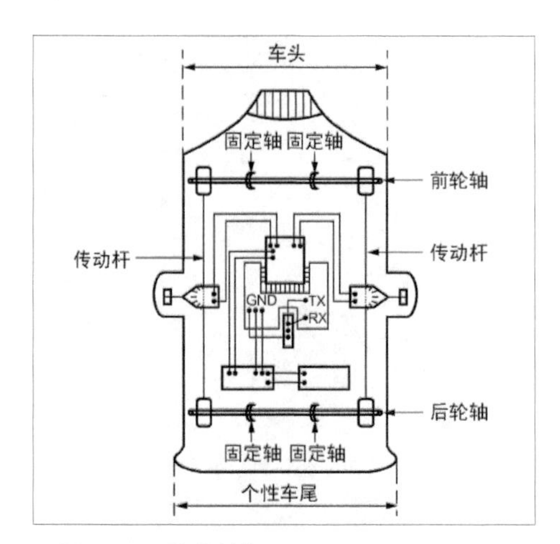

■ 图 21.12 车体结构

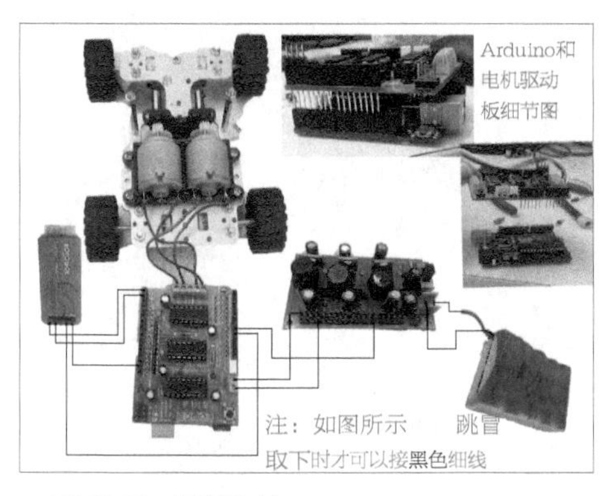

■ 图 21.13 硬件连接

21.3 无线控制实现过程

（1）安装蓝牙控制程序，以便后续开启蓝牙串口服务。

（2）打开小车开关，此时蓝牙灯在闪烁，等待连接，电源模块灯亮，表示电源模块正常工作，Arduino 灯亮（红）表示正常工作。

（3）将小车放置到空旷的地带，准备遥控，把蓝牙发射器接在电脑上，在电脑上打开蓝牙驱动程序 BlueSoleil，就会出现如图 21.14 所示的图形界面。

（4）单击问号图标，当[icon]是可以被选中的状态的时候，双击它，会有如图 21.15 所示的提示，这样连接就建立起来了。

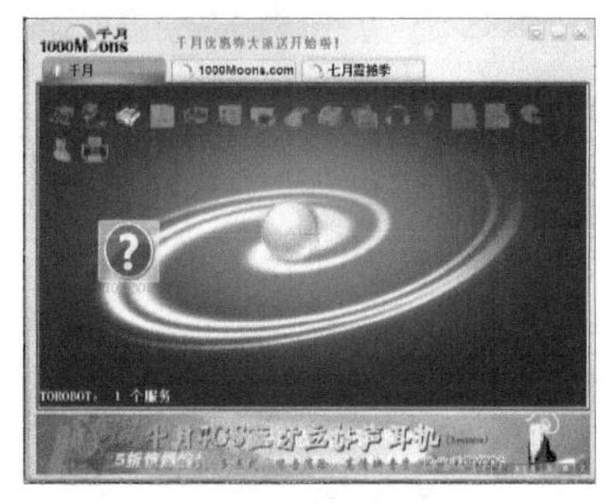

■ 图 21.14 蓝牙连接界面

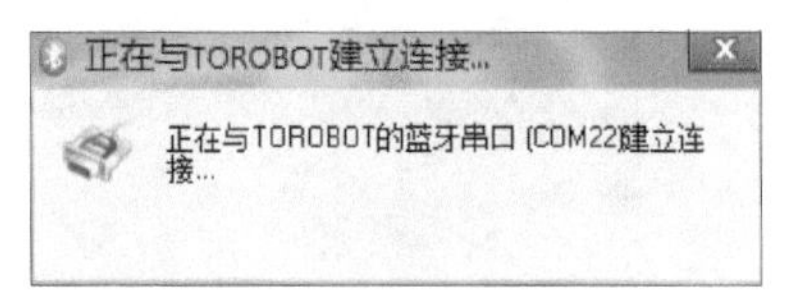

■ 图 21.15 建立蓝牙连接

（5）用 Processing 运行上位机程序，界面如图 21.16 所示。此时就可以用键盘控制小车了。

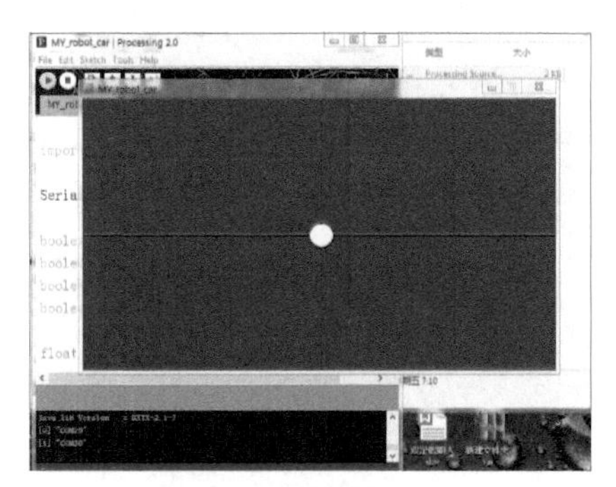

■ 图 21.16 上位机程序运行界面

最开始觉得做个车不是遥控的就太坑爹了，所以最后选择了遥控，由于时间限制，只能做到这样了（原计划还有 1602 显示控制、LED 闪光效果、NRF24L01 的手持按键遥控器控制），有机会再完成。

■ 相关程序请到《无线电》杂志网站 www.radio.com.cn 下载。

22 基于 Arduino 的 Wi- Fi 视频监控小车

◇庄明波

美国孩之宝（Hasbro）公司旗下玩具分公司 WowWee 推出的路威（ROVIO）机器人，是一个可以通过 Wi- Fi 无线局域网络控制、八方移动的机器人摄像机，使用者可以使用台式电脑、笔记本电脑、PDA、智能手机、PSP 和 Wii 遥控手柄利用局域网或者通过 Internet 来进行远程遥控。路威机器人具有实时控制监控、声像传递、根据设定路线巡航与拍照、自动发 E- mail 等功能。当然，我们在这里不是要介绍这款产品，而是要介绍如何通过价廉的路由器搭建功能与路威机器人类似的 Wi- Fi 视频监控小车，而所有部件加起来需要 1000 多元就可以搞定，比起售价 299.99 美元的路威还是便宜多了。表 22.1 所示是材料清单。

表 22.1 材料清单

序号	材料名称	单价（元）
1	A4WD 小车	205
2	ROMEO 控制板	300
3	5 节 2300mAh 电池	65
4	12V 电池包	130
5	充电器	90
6	上海贝尔 RG-100A 路由器	55
7	中星微 301 摄像头	20
8	两自由度 DF15MG 云台	259
合计		1124

22.1 小车的制作过程

❶ A4WD 是一个铝合金结构的四轮驱动小车，每个轮子都有一个电机驱动，马力强劲。首先根据小车附带的安装说明书装配小车车体，下图所示就是装好的效果。在底盘里面装了 5 节 2300mAh 的镍氢充电电池。

❷ 接下来安装 ROMEO 扩展板，ROMEO 扩展板是一个基于 Arduino 开源平台的扩展板。因为全球 DIY 爱好者都在使用，所以提供了丰富的例子程序，基本上想实现的功能都能找到参考代码。Arduino 封装了底层枯燥的寄存器操作，使程序开发都是基于应用的函数调用。输入、输出口的定义也非常直观，程序操作某个口，就对应硬件的某个接口。

❸ 安装两自由度 DF15MG 云台及中星微 301 摄像头，DF15MG 云台可以上下、左右旋转。中星微 301 摄像头只有一个裸板，没有外壳，所以体积非常小，用一个红外开关的支架就可以装上去，当然还需要用热熔胶固定。在这里我还把摄像头的 USB 线减短了不少，以避免牵绊。

❹ 最复杂也最重要的设备来了，那就是无线路由器。路由器需要支持 OpenWrt，这是 DIY 爱好者根据 Linksys 当年释放出的 WRT54G 路由器固件的源码搞出的开源路由器第三方固件。OpenWrt 基于 Linux，Linux 为我们提供了很多免费的软件，我们可以用很低的价钱购买像 WRT54G 的硬件，做成一个小型的 Linux 系统。现在 OpenWrt 已经提供了 100 多个已编译好的软件，而且数量还在不断增加，而 OpenWrt SDK 更简化了开发软件的工序。更多关于 OpenWrt 的资料可以访问 OpenWrt 中文论坛（http://www.openwrt.org.cn）来获得。

❺ 接下来我们要改造路由器。我最先购买的是大亚 DB120 路由器，配置和现在使用的贝尔 RG100A 一样，把机壳拆掉，将裸板直接装在小车上。不幸的是，莫名其妙地就烧掉了，所以建议还是在将必要的导线引出后再把塑料盖子装上。路由器的配置如下：BCM6358 300MHz 处理器、32MB 闪存、16MB 内存。

❻ 将 TTL 电平的串口引出，线序为 3.3V 电源输出、G（地）、T（数据发送输出）、R（数据接收输入），在这里只需要将 G、T、R 这 3 条线引出来。我使用了一个 USB 转 TTL 的设备做测试，先看看路由器能否正常发送数据。

❼ 将线从机壳后面引出后，就可以将外壳固定在小车上面了。

22.2 路由器的设置方法

❶ 路由器的设置在爱果联盟（http://www.igee.cn）有介绍。首先将路由器通过网线连接到电脑，通过网线烧写固件openwrt-RG100A_DB120-jffs2-128k-cfe.bin。这个固件支持RG100A和DB120两种使用BCM6358处理器的路由器，其他使用这个芯片的路由器你也可以试试。具体如何烧写可以看http://www.openwrt.org.cn上的相关内容。烧写完毕后重启路由器，在浏览器输入“192.168.1.1”登录管理界面，用户名为root，密码为admin。

OpenWrt
Wireless Freedom
Authorization Required
Please enter your username and password.
Username root
Password •••••

❷ 设置路由器，为了方便调试，把IPV4-Address设置成了192.168.3.1。

Network
Status

Network	MAC-Address Hardware Address	IPv4-Address	IPv4-Netmask
wan	?	192.168.1.20	255.255.255.0
lan	00:1F:A3:48:06:39	192.168.3.1	255.255.255.0

Local Network
IPv4-Address 192.168.3.1
IPv4-Netmask 255.255.255.0
IPv4-Gateway (optional) 192.168.3.1
DNS-Server (optional) 210.21.4.130

Internet Connection
Protocol manual
You need to install "ppp-mod-pppoe" for PP
IPv4-Address 192.168.1.20
IPv4-Netmask 255.255.255.0
IPv4-Gateway 192.168.1.1
DNS-Server 210.21.4.130

❸ Wi-Fi参数，设置为AP，无加密。

Wifi
Here you can configure installed wifi devices.
Networks

Link	ESSID	BSSID	Channel	Protocol	Mo
-	OpenWrt	-	11		ap

Devices
enable
Channel 11 (2.4 GHz)

Local Network
Network Name (ESSID) OpenWrt
Mode Provide (Access Point)
Encryption No Encryption

❹ 设置一遍密码，我发现如果不设置一下，后面的putty软件无法登录。设置完后重新启动路由器，等待跳转到登录界面。

Admin Password
Change the password of the system administrator (User root)
Password
Confirmation

❺ 安装WinSCP软件，这是一个在Windows环境下使用SSH的开源图形化SFTP客户端，同时支持SCP协议。它的主要功能就是在本地与远程计算机间安全地复制文件。打开WinSCP，如图设置登录名、密码及其文件传输协议，点击保存，然后登录。中途会有几个错误警告，不用管。

❻ 用WinSCP将wifirobot_1.2_brcm63xx.ipk上传至路由器root下的根目录。

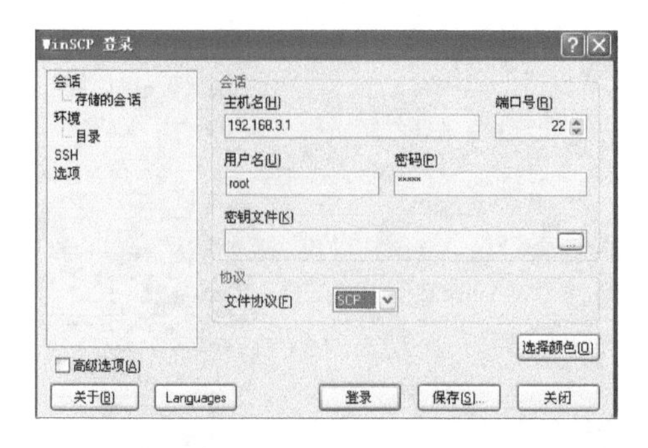

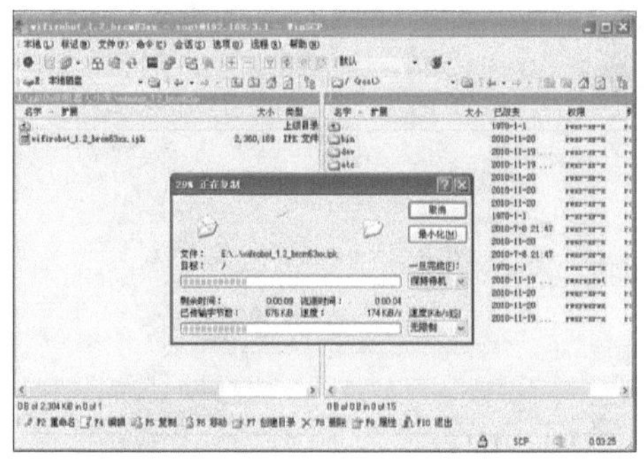

⑦ 打开putty.exe。PuTTY是自由的跨平台Telnet/SSH客户端，同时在Win32和Unix系统下模拟xterm终端。输入网址后就可以登录远程设备。此时输入用户名root，密码admin，输入命令“cd/”、“ls”显示root目录的文件，这个界面有点像DOS，此时能看到刚才复制进去的wifirobot_1.2_brcm63xx.ipk文件。

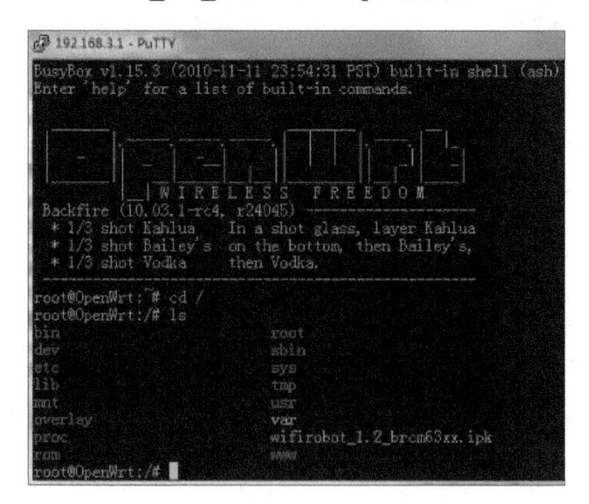

⑧ 输入“opkg install wifirobot_ 1.2_ brcm63xx.ipk”执行安装程序。正常情况下会看到下图所示的进度且不会出现错误。安装完成后，请先重启路由器，然后输入“vi /etc/init.d/wifirobot”命令编辑wifirobot配置文件，2.6版需要修改两个配置文件，保存第1个配置文件后输入“vi /web/app_car.php”编辑第2个配置文件。用键盘方向键移到需要编辑的地方，输入小写“a”进入编辑状态，用数字键盘输入“19200”，删除键可以删除，编辑完后，按Esc键退出编辑状态，将键盘切换为大写英文，连续输入两个大写“Z”即可保存退出。

```
root@OpenWrt:/# opkg install wifirobot_1.2_brcm63xx.ipk
Installing wifirobot (1.2) to root...
```

修改第1个配置文件：

```
#video_mod=gspca_zc3xx
video_mod=gspca_ov519
（这两个是摄像头驱动，有#的就是被屏蔽的，如果大家手上的301摄像头有花屏现象，可以换另外一个驱动试试）
ser_name=/dev/ttyS0(路由TTL口设置，一般都是ttyS0)
ser_speed=19200（TTL波特率设置，要改成19200才能连接ROMEO板）
```

修改第2个配置文件：

```
define('TTS_NAME','/dev/ttyS0');
（将这个也修改成ttyS0）
```

⑨ 输入“cd/”，再输入“ln-s/etc/init.d/wifirobot/etc/rc.d/S70wifirobot”，这样启动快捷就放到init.d里面，wifirobot程序会随路由器自动启动。

⑩ 用 winSCP 进到路由器 root/etc/config 目录下，可以看到 network 和 wireless 这些网络配置文件，我们再次配置网络。

修改 network 部分：

```
option'ipaddr''192.168.3.1'（本级路由 IP，自行修改）
option'gateway''192.168.3.1'（本级路由网关，自行修改）
option'dns''210.21.4.130'（外网 DNS，自行修改）
option'_ifname''radio0'（这里要把 eth? 改成 radio0）
option'ipaddr''192.168.1.20'（本级路由 WAN 口的 IP，自行修改）
option'gateway''192.168.1.1'（上级路由网关，自行修改）
option'dns''210.21.4.130'（外网 DNS，自行修改）
```

修改 wireless 部分：

```
option 'macaddr' '00:1e:40:31:28:82' （本级路由 WLAN 口的 MAC 地址，每个路由都是不同的，不要直接套用我的，自行修改）
option 'channel' '8'（要保持和上级路由一样的信号道，自行修改）
option 'encryption' 'none'（要和上级路由填写一样的 Wi-Fi 密码）
option 'ssid' 'www'（上级路由的 SSID，自行修改）
option 'network' 'wan' （这里是 WAN 口）
```

⑪ 重启路由器，此时电脑无线网卡搜索到一个叫作 OpenWrt 的无线节点，连接上，使用浏览器输入“http://192.168.3.1:81/car.php”即可进入小车 Web 控制界面，输入 http://192.168.3.1:8080/?action=stream 即可进入视频界面。不知何故，要使用 Chrome 浏览器才能登录。登录后，添加一个视频，然后把地址改成上面的地址。通过 USB 转 TTL 串口设备连接电脑，在电脑端打开一个串口调试软件，波特率设置为 19200，然后点击界面按键，看看是否有数据发出。注意串口调试软件需要以 HEX 方式显示。

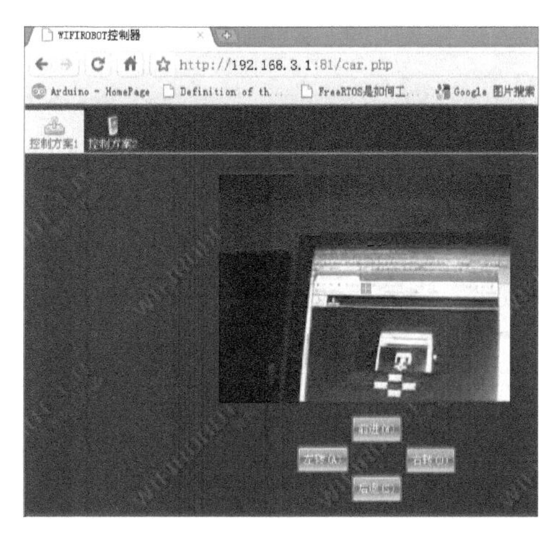

⑫ 在《无线电》杂志网站（www.radio.com.cn）可下载到 ROMEO 板的源程序，将这个程序用 Arduino 0022 下载进去。程序使用了一种帧结构，每个数据命令都以“55 AA”开头，最后一个字节有一个简单的校验和，这样是为了防止路由器发出错误数据干扰小车。因为据我观察，路由器在启动的时候会发出一大堆字符，如果协议太简单，小车可能会读取到错误数据而乱动。程序做了小车速度控制及其两个云台舵机控制。云台 X 轴舵机接数字 10 口，Y 轴舵机接 11 口，其他功能可以在上面增加。下载好程序后，可以通过 JoystickInterface 这个软件，用 USB 线连接，测试一下小车是否能够可靠运行。

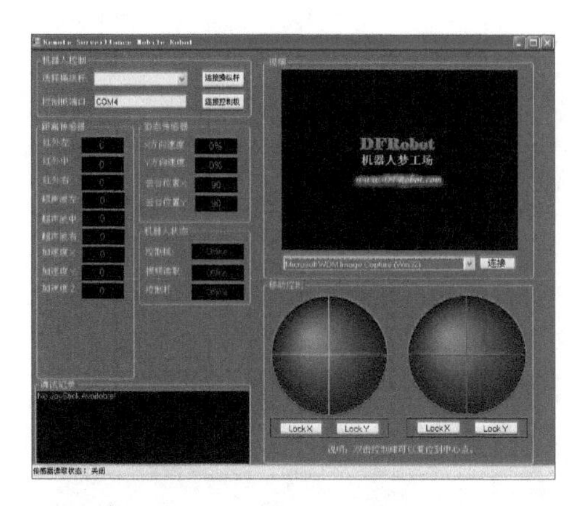

⑬如果USB线能控制，将路由器的串口线接在ROMEO的串口，对应关系为路由器G接ROMEO板GND，T接RX，R接TX。注意接线最好都断电操作。修改按键值，下面是一些控制代码，将键抬起设置为停止，就可以在不按键时让小车自动停止。

停止：55AA0202808003

100%速度前进：55AA0202000003

100%速度后退：55AA0202FFFF01

100%速度左转：55AA0202FF0002

100%速度右转：55AA020200FF02

至此，Wi-Fi监控小车的基本功能就算实现完毕了，后面还有很多功能可以尝试，比如通过以太网远程遥控，加一些传感器、车灯什么的，可发挥的空间很大。

Wi- Fi视频小车DIY 手记

◇程晨 ◇插画：刘少冉

“闪开”是题图中的机器人小车的名字，它在 2102 年 5 月 31 日登上了《环球时报》英文版（见图 23.1），文章标题叫《The robot cookbook》，从我们的开源硬件团队 OpenDrone 讲到目前的开源硬件文化对电子技术的影响。随着开源硬件概念的普及以及互联网技术的发展，拥有机器人梦想的人们都能够通过互联网的力量去制造一个自己的机器人。

■ 图 23.1 《*The robot cookbook*》

“闪开”的功能是通过 Wi- Fi 传输图像视频信息和控制指令，你可以在电脑端、手机端的网页浏览器中看到摄像头拍摄的实时视频画面，同时也可通过浏览器中的按钮控制小车前后、左右移动。

“闪开”的制作完成归功于我前一段时间制作的一个 13 节的视频教程《无线遥控监控小车制作》，大家可以在优酷网中搜索到这个视频教程，并可通过视频描述信息中的链接下载到相关的代码。

这个视频教程内容涉及 openWRT、Arduino、Android、amarino、ArduBlock、lua、html、JavaScript 等。教程中完成的 Wi- Fi 小车如图 23.2 所示，其系统框图如图 23.3 所示。教程中采用了成品 3PA 小车的结构件。

■ 图 23.2 Wi- Fi 小车

下面我们就跟随“闪开”来简单回顾一下 Wi- Fi 小车的制作过程。

视频教程网址：http://www.youku.com/playlist_show/id_17022950.html

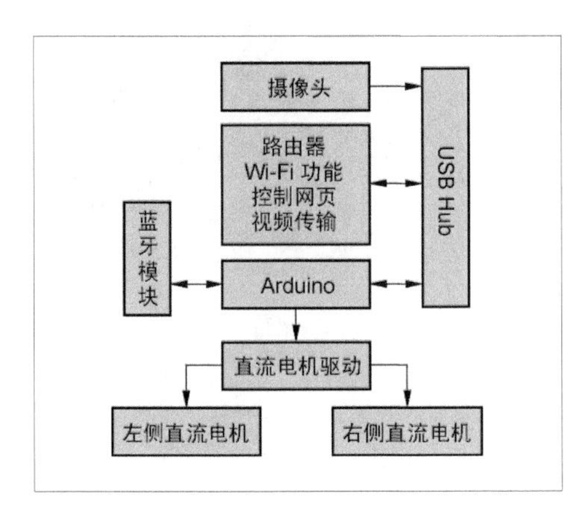

■ 图 23.3 Wi-Fi 小车系统框图

❶ “闪开”的制作开始于很多年前，当初我只是拥有这块米黄色的底板和一个椅子上的万向轮，从哪里淘来的已经忘了，反正肯定不是买的。当时这块底板上还比较干净，没有这么多的固定孔、标识线和开槽。

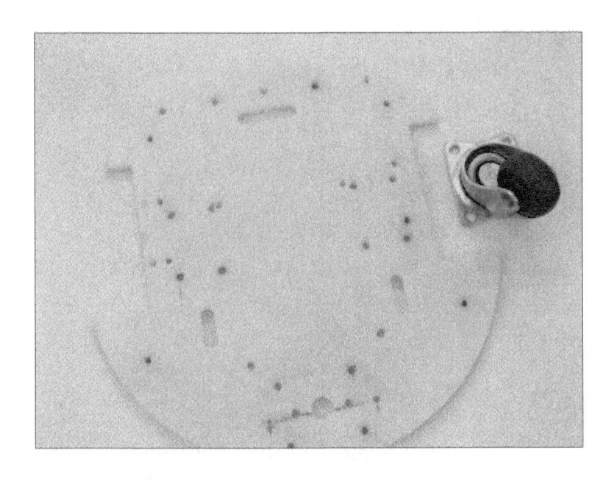

❷ 后来我就去买了一对碰撞开关和一对带减速箱的直流电机。其中一个碰撞开关在安装过程中坏了，被我用绝缘胶带包扎成了现在这个样子（貌似我手上的元器件都会受点伤的）。

❸ 这个万向轮的高度是 45mm，所以必须找到一对车轮，将它们安装在减速电机输出轴上之后，减速箱上沿到轮子的下沿高度差不多也是 45mm。我在寻找轮子的同时，也开始了第一块控制板的制作。当时还没有什么 Arduino，也没有什么开源硬件，什么都需要自己从头开始制作，我设计的控制板功能很简单——一个会说话的避障小车。控制板是全手工在洞洞板上完成的，MCU 是 PIC 单片机，有一个用 L293 实现的电机驱动电路，一个用 MAX202 实现的串行通信电路，一个程序下载口，一个连接碰撞开关的接口，还有一套基于 ISO1810 语音芯片实现的声音播放体系（现在很多的芯片都被挪用了）。这个语音芯片里是我自己录的声音，当遇到障碍物时触发，只会说“闪开”，“闪开”的名字由此而来。

❹ 后来找到了一对轮子玩了一段时间之后，“闪开”就被搁置在一个角落里了，大家可以在视频教程中的第一节中看到“闪开”原来的“风采”。当我完成 Wi-Fi 小车的视频教程之后，我就有了改造“闪开”的想法，首先我看中了 3PA 小车的直流电机、减速箱及其配套的轮子。3PA 小车中安装的直流电机的减速箱尺寸如右图所示。轮子的直径是 66mm。

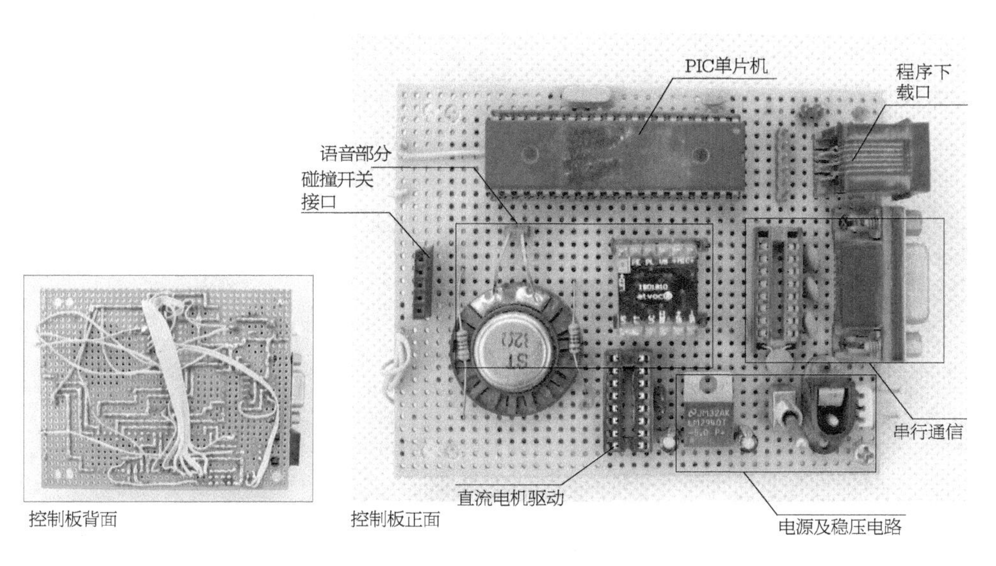

控制板背面　　控制板正面

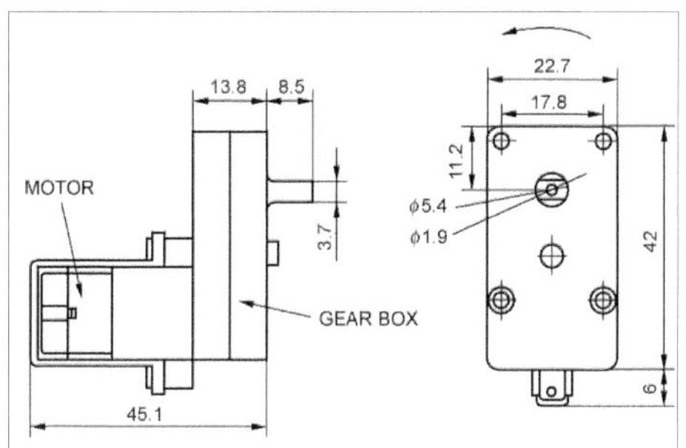

❺ 安装完轮子之后，减速箱下沿到轮子下沿的距离是 21.65mm，如下图所示，加上减速箱的高度 22.7mm，减速箱上沿到轮子下沿的距离为 44.35mm，差不多等于万向轮 45mm 的高度。

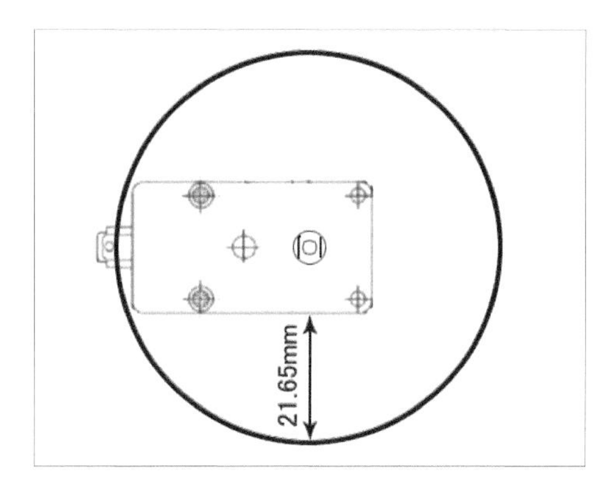

❻ 我用洞洞板做了一对减速箱的安装支架，之前的那个减速电机用的也是它们，所以这对支架看起来千疮百孔。图中左侧的支架已经安装到了减速箱上。

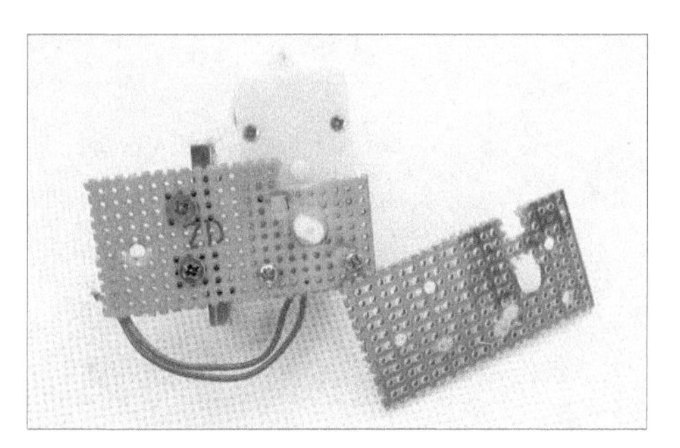

❼ 这就是安装完电机、减速箱、轮子、电池盒和万向轮后的“闪开”小车了。

⑧ 我淘汰了之前全手工的控制板，恰好手头有一个RobotShop的Mecanum Rover 2.0，如下图所示，它的控制板也是基于Arduino的，板上还带一个电机驱动，刚好和DFRobot的Romeo功能类似，就用它吧。连接电脑后，将Arduino的代码下载到控制板中，可以在OpenDrone的wiki中下载到源代码，地址为http://wiki.open-drone.org/doku.php?id=wificartutorial3。

⑨ 根据框图，我们还需要路由器，这里使用的是TP-Link的TL-WR703N，路由器内刷的是开源的OpenWRT，安装了USB转串口的驱动、摄像头的驱动及其他相关的软件，详细的安装过程可以参考Wi-Fi小车的视频教程。

⑩ 由于路由器的体积较小，所以我将它固定在Mecanum Rover控制板的下方。

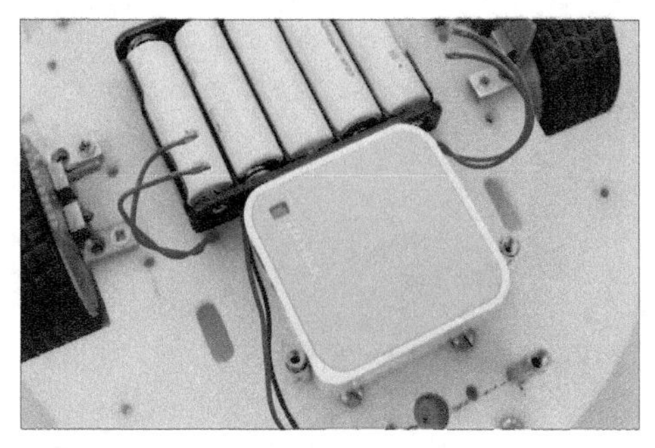

⑪ 安装控制板。

⑫ 此后我安装了一个USB Hub，将路由器、控制板和摄像头连起来，之所以用USB Hub，是因为路由器上只有一个USB端口。USB Hub架在了控制板上方，它们之间的连接线绕在了小车底板的周围。为了固定线缆和安装最后的“帽子”，我在底板上安装了6根铜柱，完成后效果如图所示。

⑬ 最后，给小车装上时尚、前卫、赋有科技感的“帽子”，我的“闪开”改造就算告一个段落了。遗憾的是，现在的“闪开”还不会“说话”，有点名不副实，这将是“闪开”改造工程的下一个重点，然后还要把碰撞开关接到控制板上，摄像头也需要配一个可以转动的云台。

有人说这个“帽子”是“闪开”身上的亮点。我也觉得外观很重要，漂亮的外观是“闪开”成名的重要因素哦。大家如果想做一个属于自己的“闪开”，可以购买一个3PA 小车，然后访问 OpenDrone 的主页（www.open-drone.org），按照相关信息尝试着自己做一个。

24 用网络摄像头快速搭建Wi-Fi视频监控小车

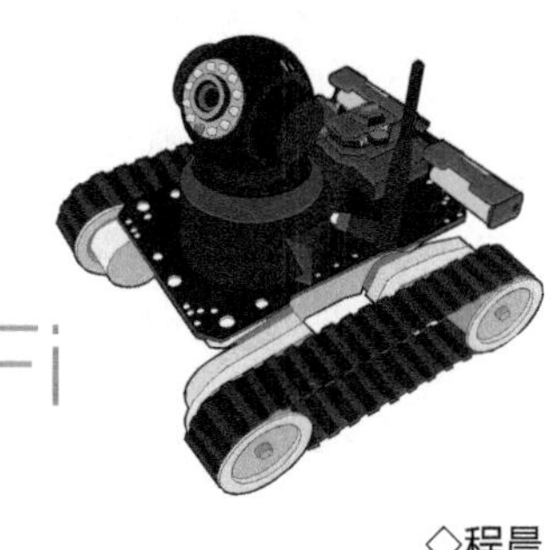

◇程晨

上一节介绍的“闪开”由TP-Link的TL-WR703N和RobotShop的一块具有电机驱动功能的Arduino控制板搭建完成，由于本人在网上有一个详细的视频介绍这个小车的制作过程，所以前面只是简单回顾了一下它的制作过程，包括在Arduino诞生之前制作的一个版本。

通过这个系列的制作视频，很多人都开始制作自己的Wi-Fi监控小车，本人也通过这个系列的视频结识到很多爱好小车制作的朋友。在大家互相交流的过程中，我发现这个号称“零基础、全开源”的监控小车其实门槛也不低，有一些硬件背景的人才会觉得它是“零基础”。这段时间我一直在想，能不能真正地简化Wi-Fi监控小车的制作。一篇名为《用Arduino扩展网络摄像头的I/O端口》的文章让我找到了一个突破口，文章里介绍的方法是利用网络摄像头的报警输出端口的继电器开开合合形成一个二进制的编码，然后用一个Arduino来进行译码，扩展网络摄像头的I/O口。文章最后写到可以用这种方式来制作Wi-Fi智能小车。我决定动手试试。

24.1 材料准备

制作所需的材料见表24.1。

表24.1 制作所需的材料

序号	材料名称
1	网络摄像头
2	Arduino控制板
3	电机驱动扩展板
4	Arduino稳压板（为网络摄像头提供稳定的电源）
5	10kΩ 电阻（端口上拉）
6	面包线
7	小车底盘（含直流电机、电源）

网络摄像头是在网上买的高清网络监控摄像头，如图24.1所示。Arduino控制板使用的是DFRduino UNO R3，如图24.2所示。电机驱动扩展板使用的是DFRduino L298P，如图24.3所示。为了保证摄像头电压的稳定，我没有使用Arduino板上的5V电压，而是单独用了一个稳压扩展板，如图24.4所示。该扩展板在小车调试前期可不用，直接用稳压器给网络摄像头提供电源。小车底盘是路虎5履带底盘，如图24.5所示。最后找了一个直插的10kΩ 电阻，再准备一些面包线，所有的材料就都准备好了。

■ 图 24.1 网络摄像头

■ 图 24.2 DFRduino UNO

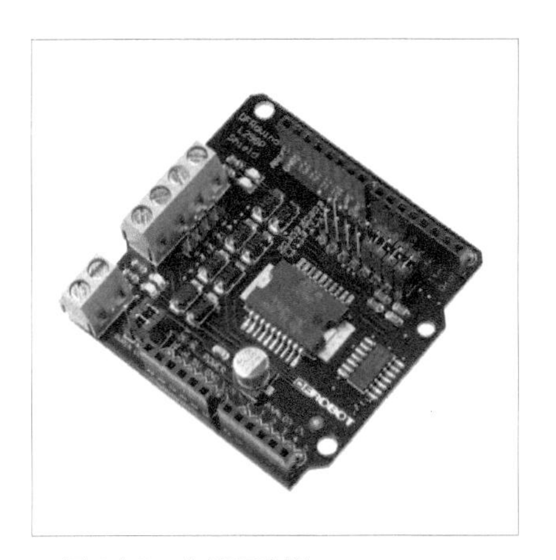

■ 图 24.3 电机驱动板

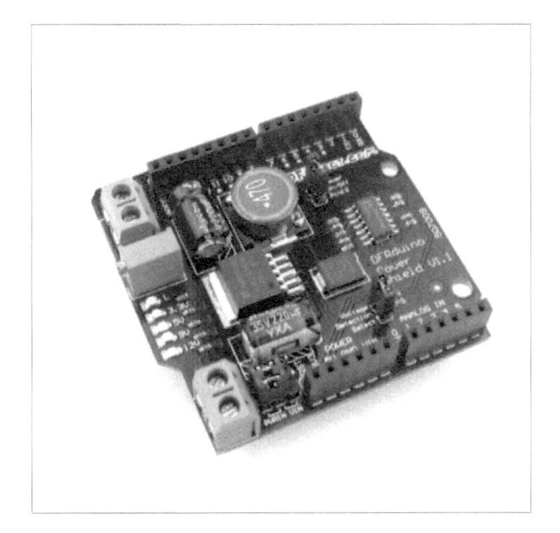

■ 图 24.4 稳压扩展板

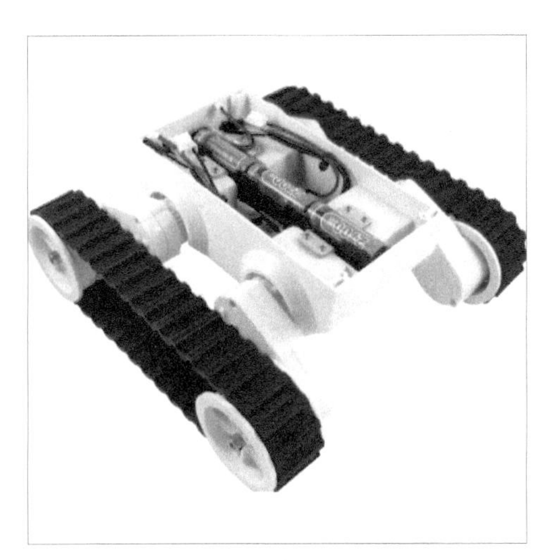

■ 图 24.5 路虎 5 履带底盘

24.2 硬件连接

稳压扩展板的使用方法很简单，按图 24.6 所示的标识，将电池接到扩展板的输入端子，输入端子旁边的两个跳线帽要跳到 PWRIN 位置，然后调节输出电压微调电位器，用万用表测量电源输出端电压，使其稳定在 5V，最后将网路摄像头电源接口与扩展板电源输出端连在一起即可。

电机驱动板的使用方法大家可能比较熟悉，这里再简单提两句。先要选择控制方式，这个制作中使用的是 PWM 方式。再者就是连接直流电机，如图 24.7 所示的连接端子 M1+ 和 M1- 连接一个直流电机，M2+ 和 M2- 连接另一个直流电机。电机驱动板占用 Arduino 的 4、5、6、7 脚。

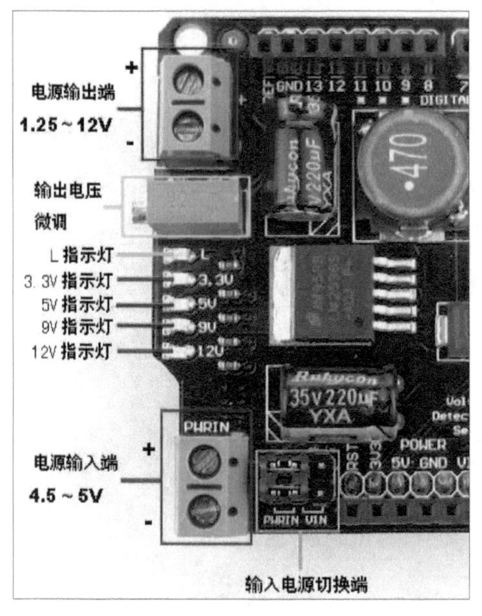

图 24.6　稳压扩展板的使用

图 24.7　直流电机连接端子

最后我们重点来说一下 Arduino 控制板与网络摄像头的连接。

在《用 Arduino 扩展网络摄像头的 I/O 端口》一文中，作者用摄像头生产公司提供的插件做了一个运行在 PC 端的软件，以此来控制继电器产生宽窄不一的脉冲。这里我没有采用这种方式，PC 端软件的制作也不是谁都能完成的。我采用的方式是直接用 Arduino 捕获网络摄像头内控制步进电机的信号，拆掉了网络摄像头中控制左、右转的步进电机，用摄像头本身左、右旋转的信号来控制小车的左、右转，而用继电器的吸合来控制小车的前进与停止。

思路定下来之后，开始拆网络摄像头。拆掉底盖后就能看到网络摄像头的控制板，如图 24.8 所示。

图 24.8　网络摄像头的控制板

在图 24.8 中，左侧的一排插针就连接着实现左、右转的步进电机，我们要在控制板的另一侧断开它与步进电机连接的接插件，同时引出 1、3 两个引脚提供给 Arduino，这两个引脚分别是控制步进电机 A 相和 B 相的其中一个引脚，这里定义这两条线为 A+ 和 B+。另外需要特别说明一下，图 24.8 上方有一个 4 芯的串行接口，通过这个接口能够看到网络摄像头运行时的信息，板上的操作系统是 ucLinux，有兴趣的朋友可以研究一下，连接时只需要引出 RX、TX、GND 三个引脚。

引出导线后，我们合上网络摄像头的底盖，看看它背面的接口。如图 24.9 所示，在摄像头后面最中间的是天线接口，天线右侧的 4 个 I/O 口就是报警输出端口，4 个 I/O 用 1、2、3、4 标识，其中 1、2 号口是报警输出端口，分别接到了继电器两端，3 号口为报警输入端口（此端口未用），4 号口为摄像头内容电路的数字地。

■ 图 24.9　网络摄像头接口

这 3 个 I/O（不包括 3 号口）加上之前的 A+ 和 B+ 总共 5 条线，与 Arduino 的连接关系如图 24.10 所示。将网络摄像头内报警继电器一端的 2 脚连到 Arduino 的 GND，而将继电器另一端的 1 脚连到 Arduino 的 9 脚，同时在 9 脚加上 10kΩ 的上拉电阻，这样当继电器未吸合时，9 脚因为有上拉电阻，所以状态为高；而当继电器吸合时，9 脚接 GND，所以状态为低。网络摄像头报警接口的 4 脚也要连接到 Arduino 的 GND，以使网络摄像头控制板与 Arduino 共地。A+ 与 B+ 分别连接到 Arduino 的 2、3 脚，这两个脚如果连反了，可以在程序中调整。

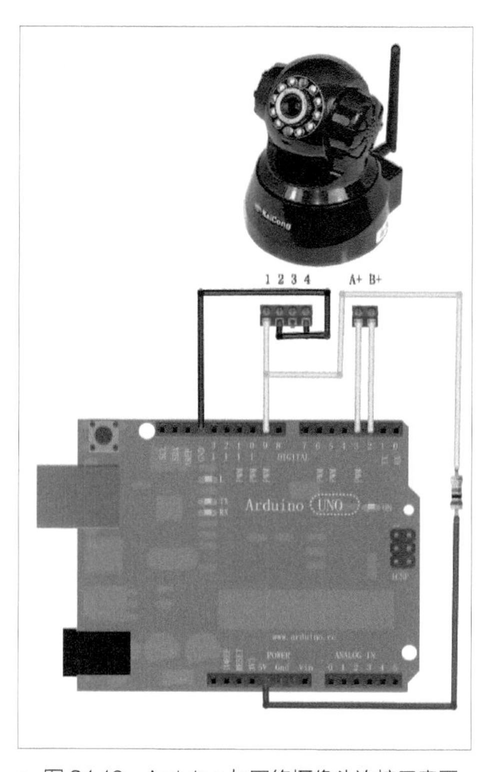

■ 图 24.10　Arduino 与网络摄像头连接示意图

24.3　捕获步进电机信号控制直流电机

步进电机的控制方式是不断地变化 A、

B 两相上的电压大小和电流方向，这样在A+ 和 B+ 上就会产生一串脉冲。使用示波器观察，我们发现，当发送左转的命令时，首先在 A+ 上产生脉冲，而当发送右转的命令时，首先在 B+ 上产生脉冲，效果如图 24.11 所示。

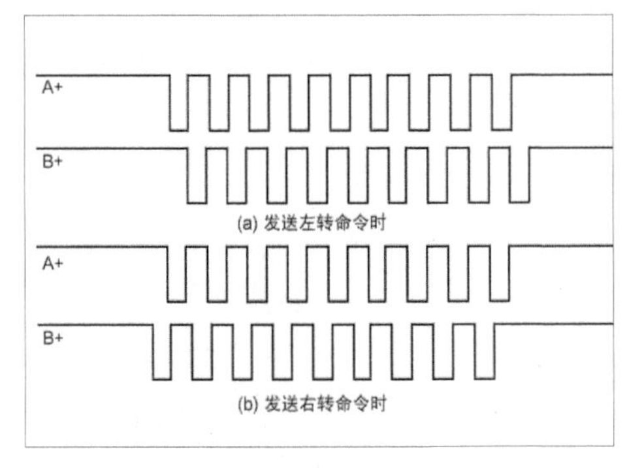

■ 图 24.11　发送左、右转命令时，A+、B+ 上的信号

我们就是利用 A+、B+ 上的信号差异，以及继电器的吸合来实现对小车的控制。Arduino 端用到了外部中断功能，2 脚对应 Arduino 外部中断 0，3 脚对应 Arduino 外部中断 1，详细代码请到《无线电》杂志网站 www.radio.com.cn 下载。

可以在代码中添加一些 Serial.println() 语句，来查看在我们控制网络摄像头时程序能否做出正确的响应。代码调试完成后，如图 24.12 所示，将 Arduino 控制板、电机驱动扩展板、稳压扩展板层叠地插在一起，固定在小车的后面，前方安装好网络摄像头。完成后的 Wi- Fi 小车如图 24.13 所示。

Wi- Fi 小车的控制与网络摄像头的控制方式类似，打开电脑端的浏览器，在地址栏中输入网络摄像头的 IP 地址（IP 地址不确定的话，可以使用产品中附带的 IP 网络摄像头搜索软件搜一下），我这里的 IP 地址是 192.168.1.105，如图 24.14 所示。进入监控界面，就使用界面右侧的按钮来控制这部简易的 Wi- Fi 小车。另外该摄像头还有一个厂家分配的唯一域名，只要在我们的路由器端简单配置，就能够实现广域网条件下的小车控制了。

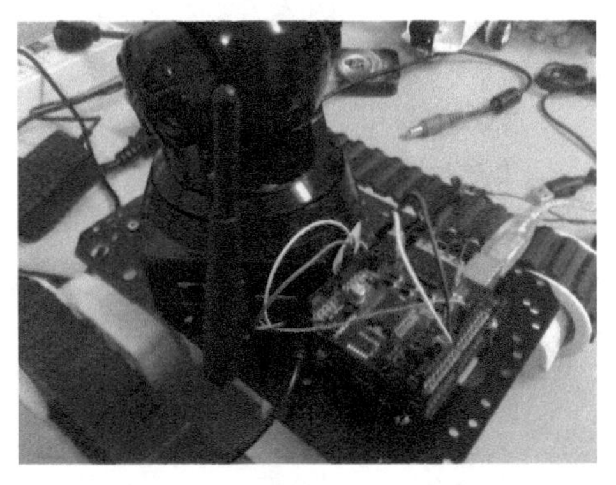

■ 图 24.12　安装好各个模块以及网络摄像头

■ 图 24.13　完成后的 Wi- Fi 小车

■ 本制作所需源程序等文件可以到《无线电》杂志网站 www.radio.com.cn 下载。

■ 图 24.14 小车控制界面

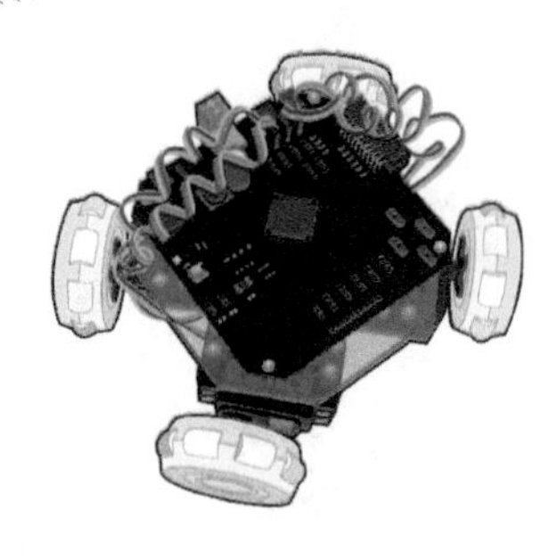

25 智能全向移动平台自制攻略

◇小强之工 ◇插画：刘少冉

我喜欢电子制作，同样也爱好机器人。一次偶然的机会，我搜寻到国际工业机器人巨头德国库卡（KUKA）集团的一款轮式机器人—omniMove，它长了一种在国人看来比较新奇的“脚”，名叫麦克纳姆轮（Mecanum Wheels）。麦克纳姆轮是由瑞典Mecanum AB公司的工程师Bengt Ilon于1973年设计出来的，它主要由轮毂和具有特殊轮廓曲线的滚子组成。滚子均匀地分布在轮毂上，可以自由旋转，其轴线与轮毂轴线成45°角，所有滚子组成的外包络线近似为一个圆（见图25.1）。它被引入国内后，有人以此为创意设计出了一种新型的轮组—全向轮（见图25.2），其运动方式和前者相似。撇开复杂的轮组结构和受力运动分析公式不谈，说白了，也就是那几个轮子的一些简单的组合运动构成了全向运动形式。我将带领大家用咱们常用的单片机来控制全向轮的运动，设计出一系列属于我们的全向移动平台。

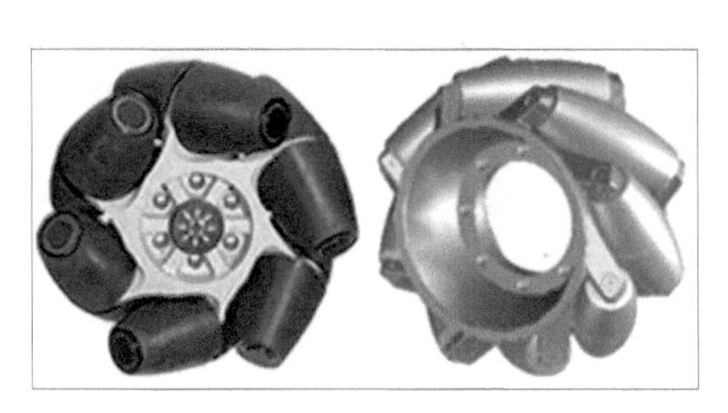

图25.1 麦克纳姆轮

图25.2 全向轮

25.1 兵马未动，粮草先行

在开始制作之前，咱们先好好看看，制作这个全向移动平台所需的材料（见表25.1）。

表25.1 制作所需的材料

序号	元器件名称	型号 / 规格	数量	单价
1	全向轮	HL-60	4	35
2	360° 连续旋转舵机		4	30
3	专用支架		4	8
4	自攻螺钉	ϕ2mm	12	0.1
5	沉头螺钉	ϕ3mm	32	0.1
6	亚克力板	30mm × 15mm × 5mm	1	12
7	电池	7.2V/1300mAh	1	30
8	开关	24V/0.5A	1	1

续表

序号	元器件名称	型号 / 规格	数量	单价
9	专用控制板		1	168
10	铜柱	20mm × M3	4	0.3
11	铜镶嵌	M3	32	0.1
12	螺母	M3	32	0.1
13	垫片	M3	15	0.1

首先，隆重推出机器人的“脚”—全向轮。我在国内的市场上搜寻了一下，发现麦克纳姆轮价格昂贵，一般单个都要 500 元左右，而且国内生产这种轮的厂家很少；相比之下，同尺寸的注塑算盘珠式的全向轮（见图 25.3），价格优势特别明显，一般在 30~50 元。我们只是做一个模型平台，注塑算盘珠式的全向轮足以满足设计需要。

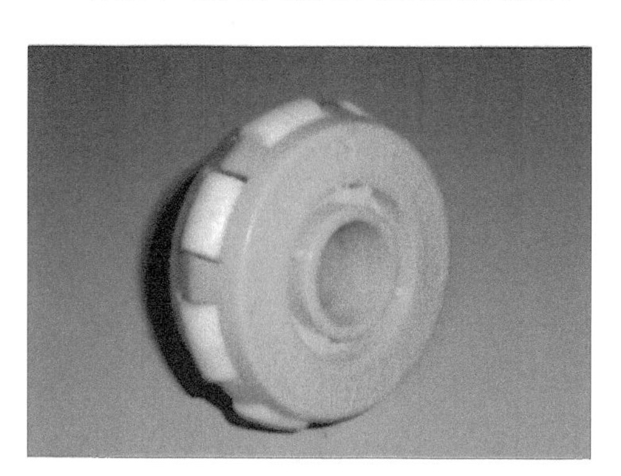

图 25.3 注塑算盘珠式的全向轮

本设计选用了 4 个 360° 连续旋转舵机，或者称作伺服电机（见图 25.4），相比于普通电机，免去了烦琐的驱动电路，控制方法更加简单。

我们的平台还要设计一个底盘，我习惯性地想到了亚克力材料（见图 25.5），它易于切割、打磨，是 DIY 爱好者理想的基材。这里选用了一块 30mm × 15mm × 5mm 的有机玻璃板，市场价格一般在 12 元左右。

图 25.4 360° 连续旋转舵机

图 25.5 亚克力板

在处理舵机和底板之间的连接问题时，我选择了制作机器人时都会选用的专用支架（见图 25.6）。

图 25.6 专用支架

说到控制板，大家都会想到51系列、AVR或Arduino，而我最近在研究一款新的微控制器—基于ARM Cortex- M4内核的Freescale Kinetis系列的MK60DN512ZVLQ100，它有丰富的外设资源，可以灵活地应用于我的设计中，所以我毫不犹豫地选择了它作为控制器。可能有人会说我浪费资源，大材小用，但你肯定听过一句话“好马配好鞍”，个人感觉这个全向移动平台上可以加载很多意想不到的设备，但前提是有一款高性能的“心”来完成你所给予它的繁重任务。

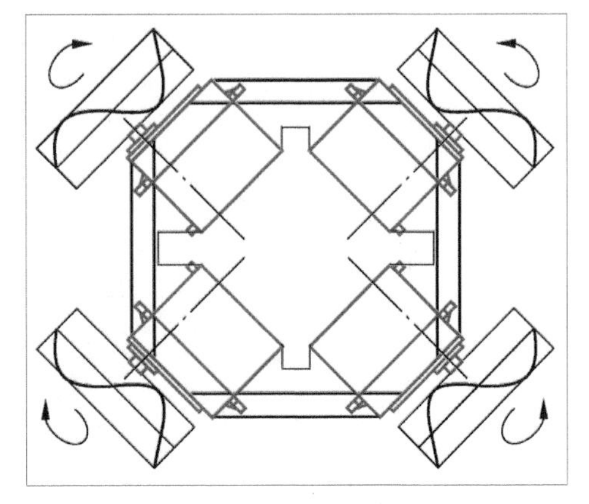

图25.7 底盘的平面设计图

25.2 从纸上谈兵到躬行实践

在整个制作中，花费精力最多的是加工亚克力底盘。为了保证加工的精度，需要先对实际应用的相关物件进行零件测绘，设计出底盘的平面图（见图25.7）。设计完成后，将图纸按1:1比例打印出来，贴在亚克力板上，然后用手锯慢慢将亚克力板锯开，注意要留够余量，然后利用打磨机对余量进行打磨（如果没有打磨机的话，就只能慢慢拿锉来修整了）。下一步是钻安装孔，钻孔的时候要注意不要着急，慢慢进给，不然容易将亚克力板钻裂。如果觉得透明的基板不好看的话，那就用自喷漆把它喷成自己喜欢的颜色（见图25.8）。

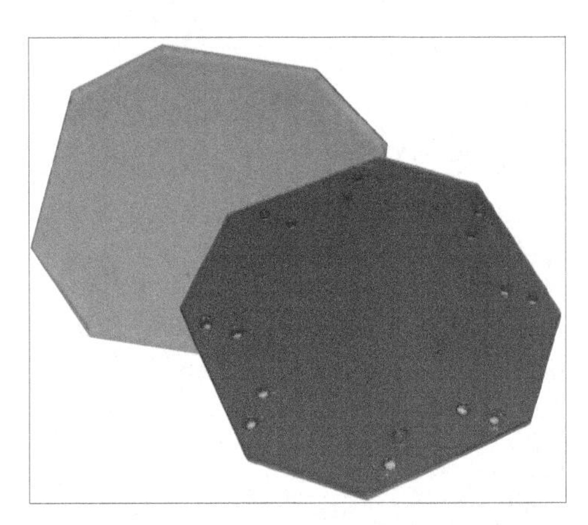

图25.8 可以用自喷漆把底盘喷成自己喜欢的颜色

利用360° 连续旋转舵机自带的联轴器（舵盘），用Φ2mm的自攻螺钉把全向轮安装在舵机上，安装时要注意保证二者同轴。将舵机和相应的支架连接在一起，安装在底盘上（见图25.9），然后安装好专用控制板，智能全向移动平台就完成了。

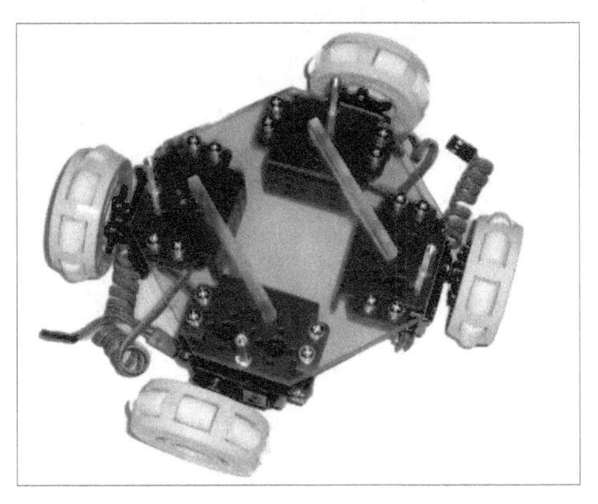

图25.9 将舵机和相应支架连接在一起，安装在底盘上

现在“万事俱备，只欠东风”，不过在借东风之前，还是再说说这个控制板吧。其结构框图如图 25.10 所示，如果你的手头没有这块控制板的话也不要紧，只要它具备了以下两个功能就可以。

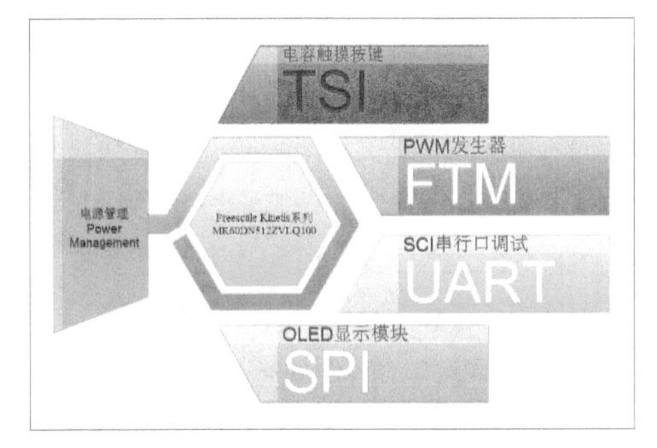

■ 图 25.10 智能全向移动平台原理框图

（1）5V/1A 的电源驱动能力。这个一般的电源稳压芯片都能办到，如 78M05、LM2940- 5.0、LM2576- 5.0 等。

（2）有 4 个独立的 PWM（脉宽调制）端口。由于我所选择的 360° 连续旋转舵机的控制形式是：50Hz 的方波脉冲，当脉宽为 1.5ms 时，舵机停止转动；当脉宽大于 1.5ms 时，舵机正转；当脉宽小于 1.5ms 时，舵机反转；转动速度由其脉宽和 1.5ms 的差值决定，差值越大，其速度越大。

有了这两个必备的条件，你就可以利用它搭建自己的移动平台了。

25.3 调试

我曾经在网络上搜到关于全向轮式机器人的一张运动简图（见图 25.11），很明显可以看出其大致的运动规律。为了保持运动平稳和可靠，必须保证 4 个轮子的运动速度相同。

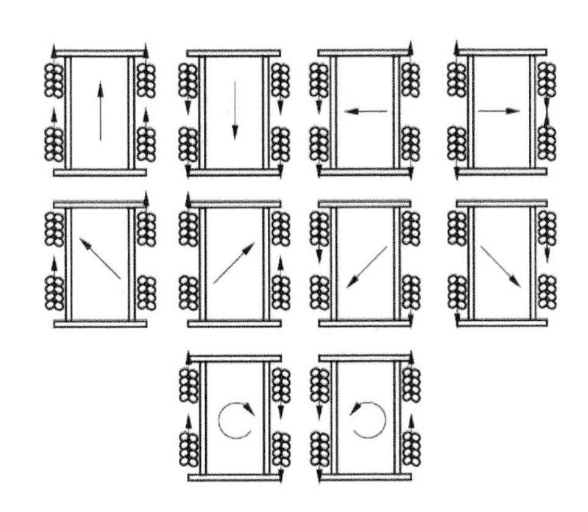

■ 图 25.11 全向轮式机器人运动简图

由于每个舵机存在个体差异，为了保证整个移动平台以滚动的形式而非滑动的形式前进，务必在代码中对每个舵机的参数实施微调（见图 25.12），将这种偏差消除。可以将移动平台按如图 25.13 所示的位置放置，修改 PWM 的占空比来调控相应轮的转速，直至它能保持前行方向行驶 1m 以上。用相同的方法可以得出小车斜行、旋转及其组合运动的形式。我将其运动规律总结后，绘制成了表 25.2。有了这个规律，我们就可以比较好地实现其他的开发想法了，比如遥控、循迹、声控，还有比较经典的机器狗，这些相信你一定能设计出来，我也将在以后的文章中为大家展现。

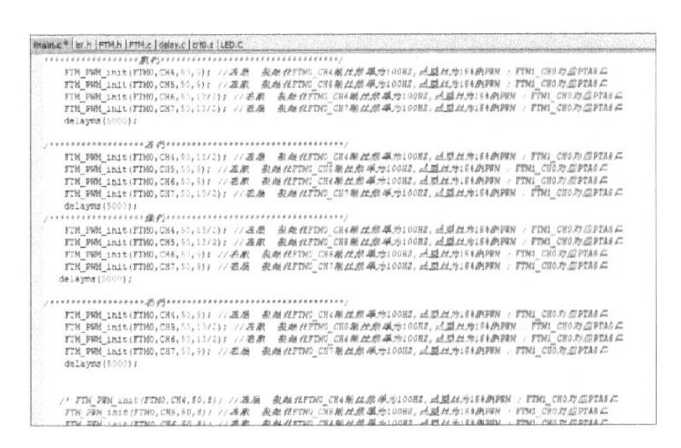

■ 图 25.12 在代码中对每个舵机的参数实施微调，消除个体偏差

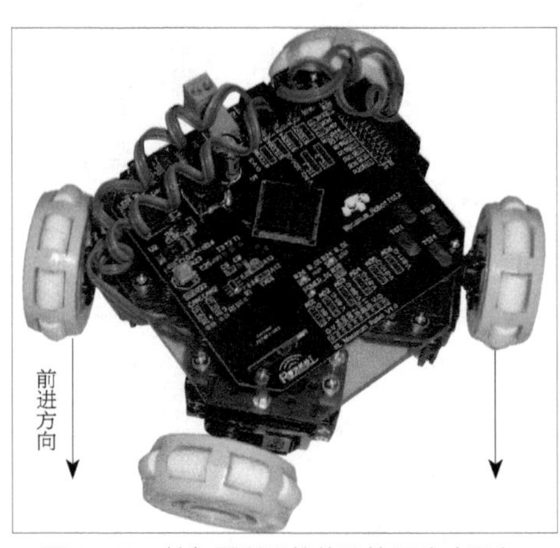

图 25.13 按如图所示的位置放置移动平台，修改 PWM 的占空比来调控相应轮的转速

表 25.2 运动规律

运动状态	HL	HR	LL	LR
前进	−	+	−	+
后退	+	−	+	−
横移（右）	−	−	+	+
斜行（右前）	−	/	/	+
旋转（顺时针）	−	−	−	−

注：“+”代表轮子绕轴心顺时针旋转，“−”代表轮子绕轴心逆时针旋转，“/”代表不旋转。要保持各个轮子转速相等。

25.4 前景展望

说到这里，大家应该明白这个全方位移动平台和传统的三轮或四轮智能小车的不同了吧？这个平台可以在二维平面上全向运动，能够沿着任意路径到达目的地，尤其在狭窄或拥挤的环境中，它仍然具有传统运动设备无法比拟的灵活性。同时，该技术还有效解决了长形物料在狭窄空间的转运问题。全向轮的应用前景是比较广阔的，据我了解，国外的一些轮椅、AGV（自动引导小车）以及叉车上已经开始应用这种技术了。

■ 相关程序请到《无线电》杂志网站 wwww.radio.com.cn 下载。

蓝牙遥控版智能全向移动平台

◇小强之工

在本节中，我对智能全向移动平台 1.0 版做了个升级。新版本的智能全向移动平台，将原来的圆孔注塑算盘珠式全向轮改成了内六角孔，便于联轴器盘安装同轴，更换了高性能、大扭矩、大功率的 360° 金属齿轮舵机，对原有的控制平台进行更换，设计了以 Freescale 自由设计平台系列 Kinetis KL25Z 为主控的第一款控制扩展板（兼容 Arduino UNO R3），对整个平台的硬件和软件算法也做了较大的改动，下面请听我慢慢道来。

26.1 躬行“硬”功夫

FRDM- KL25Z 平台是飞思卡尔公司最新推出的一款入门级的单片机开发板，以其低成本、高性能在单片机林立的今天显现其优势。在开始硬件设计之前还是先简单地介绍一下该平台，它基于业内首款采用 ARM Cortex- M0+ 处理器的 Kinetis L 系列 MCU，是一套体积小、功耗低、性价比高的评估和开发系统，适用于快速应用原型开发和演示。

扩展板结构总共分为 4 个版块，分别是电源模块、控制器、蓝牙通信模块以及电子罗盘传感器（由于电机等因素干扰，最终没有应用于设计）。电源模块作为整个供电的系统的核心，主要用来为舵机和传感器供电，由于在这个版本中将原有的塑胶齿舵机改为大扭矩的金属齿舵机，所以消耗电流也相应提高了。经过实际测试可知，在舵机轻载条件下，每个舵机在 5V 额定电压下，电流达 370mA，由于选择的电池为 7.4V 的锂电池，所以需要降压稳压电路来获得 5V 电源供给舵机和其他的传感器。这里需要选择电流在 1.5A 以上的稳压电源，传统的 LDO 显然无法满足此输出功率，在此选择了 DC- DC 的电源芯片 LM2596- 5.0，其电流输出能力达 3A，可满足我们的设计需求。电路参考其官方的 Datasheet，值得注意的是，选择滤波电感时必须选择功率型大电感（以前设计含单片机供电电源时，由于电感功率选取不当，烧掉过几个单片机）。控制器的，引脚及功能完全兼容 Arduino UNO R3（见图 26.1），蓝牙模块选用了透明传输的蓝牙模块 BC- 04B（见图 26.2）。

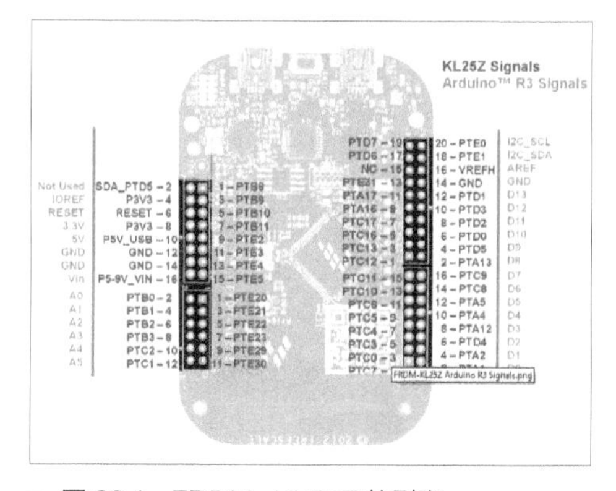

■ 图 26.1　FRDM- KL25Z 的引脚

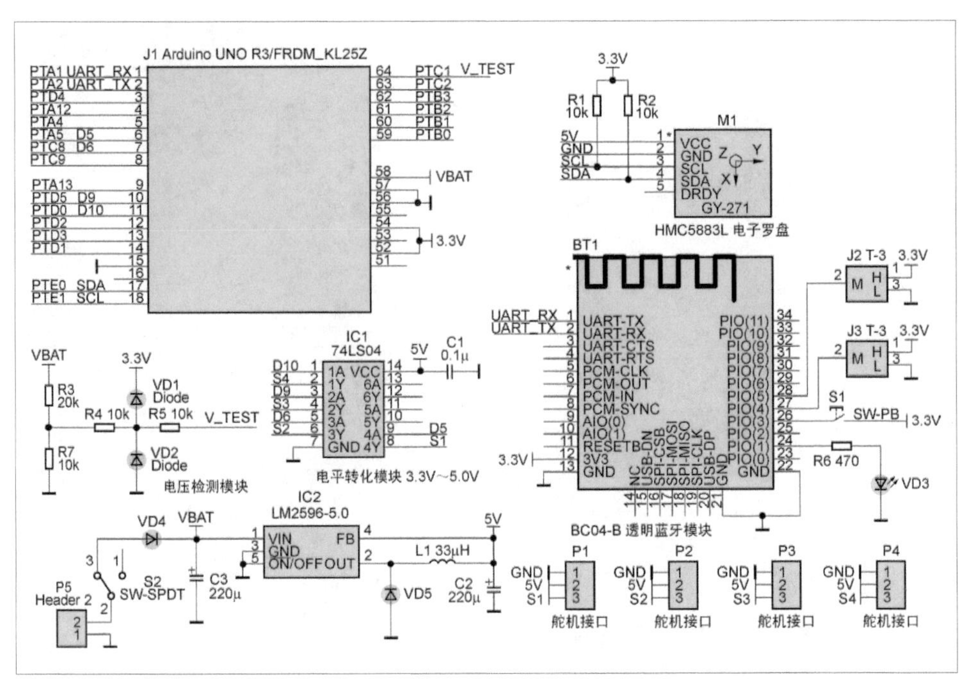

■ 图 26.2　电路原理图

26.2 躬行“软”功夫

在开始敲击代码前，首先来说说开发环境吧。开发选用的 IDE 可以是 IAR6.4、MDK4.54 亦或是 CW10.3，在这里还是沿用以前的老工具 IAR。其次是调试器，从一开始吸引我的眼球的是 OpenSDA，它有 MSD 和 DEBUG 两种模式，当然在这里选用的是调试模式。可以利用 SWD 接口下载调试程序，同时利用内置的 USB 转 UART 对单片机进行调试，其具体使用步骤可以上飞思卡尔的官网查看、学习，就不在本文里讨论了。本设计的程序框架主要包含 3 大块，分别是单片机模块初始化、蓝牙串口编程和运动控制，下面就从这 3 方面为你阐述。

26.2.1 单片机功能模块设置

在本设计中使用了单片机的 TPM（用于产生 PWM，控制舵机的转速以及转向）、UART（建立与透明蓝牙模块的通信，实现蓝牙遥控）、AD（采集电源电压，实现电池电量预警）、GPIO(利用 I/O 电平状态控制板载 LED，显示运动状态)、PIT（实现周期定时）等模块，其功能参数设置要求见表 26.1。由于涉及一款新型号的单片机，各位 DIY 一族可能会感到比较陌生，在此我将所有源代码公布在我的个人网站 ruilongmaker.cc 上，希望大家下载学习使用。

表 26.1　单片机模块参数设置要求

TPM		UART		ADC		GPIO		PIT	
PTA5/C8/D5/D0		PTA1/2		PTC1		PTD1/B18/B19		PIT0	
频率	50Hz	波特率	9600	精度	16bit	方向	输出	周期	20ms
对齐	左	位　数	8	—	—	—	—	模式	中断
极性	负	停止位	1	—	—	—	—	—	—
精度	1/30000	校验位	无	—	—	—	—	—	—

26.2.2　蓝牙模块以及手机端的使用

遥控平台需要在终端和下位机进行通信，这里选用了蓝牙 2.0 这种通信接口。对于透明蓝牙模块的使用，想必各位电子爱好者都已经很熟悉了，我选择了一个主从一体的蓝牙串口模块 BC04- B（以便于适应各种条件），在实际测试调试时使用的是从机模式。对于手机端的软件，在这里向大家介绍一款在“安智市场”搜索到的较为好用的《蓝牙串口助手 PRO》（见图 26.3）。它类似我们在 PC 端调试时使用的《串口小精灵》或《串口猎人》这样的工具，其默认参数是波特率 9600、无校验、8 位 UART。

■ 图 26.3　软件启动页面

下面就教大家使用该软件吧，打开软件后，通过“模式切换”按键选择模式 2，在模式 2 里拥有 12 个可以自定义的按键（见图 26.4），这里我定义其按键功能用于控制全向移动平台，按键的功能如图 26.5 所示，通过点击“设置”，选择“更多”，然后选择对“地面站”设置，进入如图 26.6 所示的界面，选择相应的按键定义按键的“功能名称”、“数据帧”。通过查阅软件帮助说明的数据帧定义，可以得出该按键动作的数据帧协议，如表 26.2 所示。

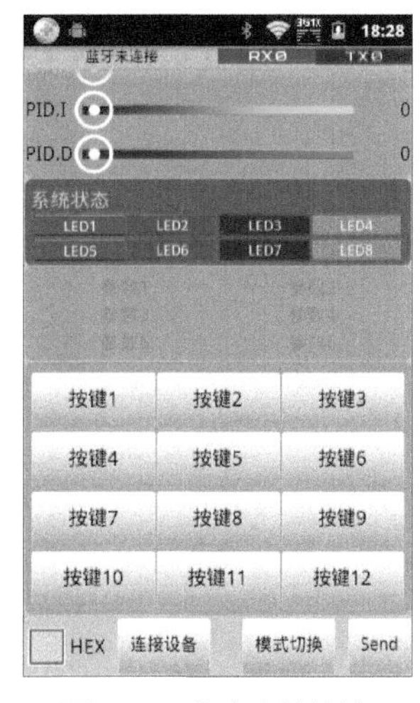

■ 图 26.4　自定义的按键

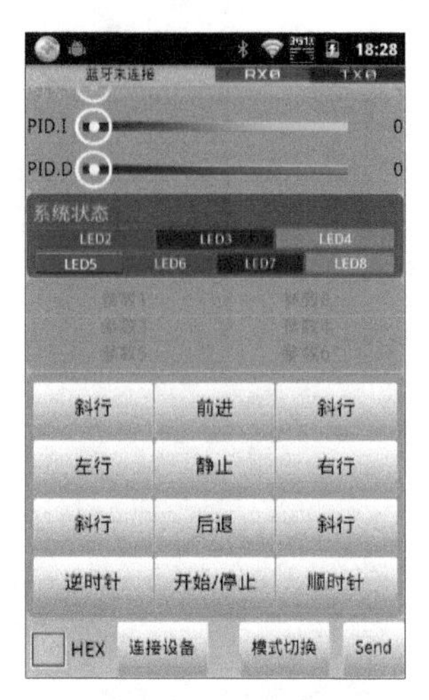

■ 图 26.5　按键定义划分

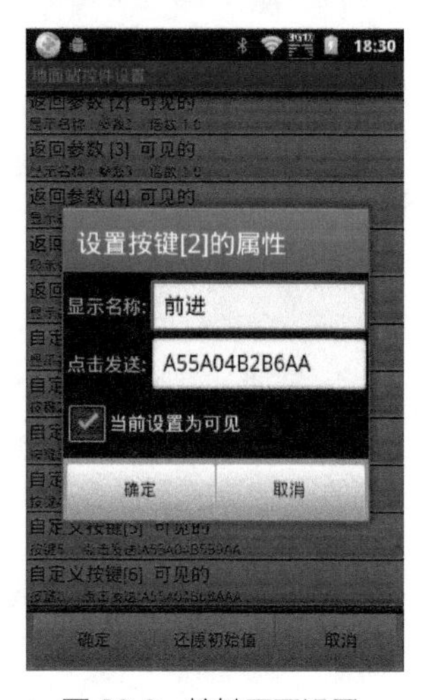

■ 图 26.6　按键页面设置

表 26.2　数据帧协议

帧头 1	A5H
帧头 2	5AH
字节数	04H
功能码	B1H~BCH，从左至右，从上至下
校验值	纵向求和校验值，即(字节数 + 功能码) ÷256
帧尾	AAH

手机端通过点击“连接设备”，选择对应的蓝牙模块进行连接，当在手机端触发按键后，随即会通过蓝牙发送一帧上述协议的数据，单片机通过中断去接收该帧数据，然后解析。为了高效无误地解析出数据的有用信息，在此引入了基于有限状态机的帧同步方法。先看看串口接收状态的转移图（见图 26.7），该方法是将数据帧的接收过程分为若干个状态，分别是帧头 1、帧头 2、帧长度、功能码、校验值、帧尾。假如接收到的数据串为“……0XAA,0XA5,0X5A,0X04,0XB1,0XB5,0XAA……”，系统的初始状态为帧头 1，则系统的接收状态依次为“……HEAD1,HEAD1,HEAD2,LEN,DATA,CHECK,END……”，由此可见整个数据接收的同步状态。要注意一点，在接收完一个数据帧或者其他异常帧时需要将状态机设置为 HEAD1，否则将会影响下一帧的数据接收。解析数据帧得到的功能码，校验成功后，会更新主程序中的控制码，作为遥控的依据，供下述运动控制使用。

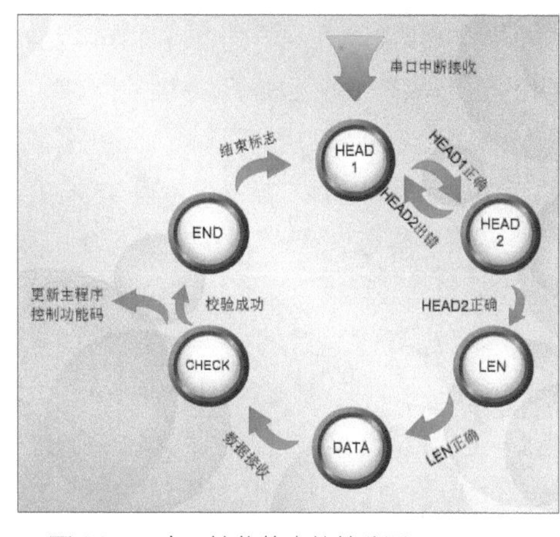

■ 图 26.7　串口接收状态的转移图

26.2.3 运动控制篇

当我们在手机控制端点击触控方向按键时，全向移动平台会通过蓝牙接收到控制的功能码。对于控制程序而言，需要对控制码所对应的动作进行响应，改变每个电机输出的速度。相应指令的速度当量值（暂设无量纲速度 500）见表 26.3。注意：50Hz PWM 波精度为 30000，在此参数条件下，停止（输入 1.5ms PWM 波）时的值为 1.5÷20×30000=2250，正转最大（输入 2ms PWM 波）时的值为 2÷20×30000=3000，反转最大（输入 1ms PWM 波）时的值为 1÷20×30000=1500，实际速度可调整的当量范围为 - 750~750。

下面说明一下遥控控制逻辑，当智能全向移动平台上电后，默认是处于“停止”状态（即关闭 PWM 输出），所以只有触控点击“开始 / 停止”按键，让其进入遥控受控状态后，那些运动操作才能起作用。在此需要设置一个操控的标志位 start_flag，上电默认状态为“start_flag=0”，当进入遥控受控状态后，更改状态为“start_flag=1”，随后可以根据对应的控制码，使 4 个电机输出如表 26.3 所示的速度当量值。具体控制代码如右侧所示。

表 26.3　对应动作的当量速度关系表

V D	左前斜行	前行	右前斜行	左行	右行	左后斜行	后行	右后斜行	顺时针旋转	逆时针旋转	静止	开始 / 停止
V1	2750	2750	2250	2750	1750	2250	1750	1750	1750	2750	2250	—
V2	2250	1750	1750	2750	1750	2750	2750	2250	1750	2750	2250	—
V3	1750	1750	2250	1750	2750	2250	2750	2750	1750	2750	2250	—
V4	2250	2750	2750	1750	2750	1750	1750	2250	1750	2750	2250	—
控制码	1H	B2H	B3H	B4H	B6H	B7H	B8H	B9H	BAH	BCH	B5H	BBH

在串口数据接收帧监测处：

```
if(dir_data_temp==0xbb){
  if(start_flag)
    start_flag=0;
  else
    start_flag=1;
}
else {
  if(start_flag)
    dir_data=dir_data_temp;
  else
    dir_data=0xb5;
}
dir_data_temp// 接收数据缓冲区变量
dir_data// 主程序中的控制码变量
```

主程序运动控制输出：

```
if(start_flag) {
  TPM0_SC= TPM_SC_CMOD(1)|TPM_SC_
PS(4);// 开 PWM
  switch(dir_data)
  { case 0xb1:SET_SPEED_S1(2750);
              SET_SPEED_S2(2250);
              SET_SPEED_S3(1750);
              SET_SPEED_S4(2250);
   break;
   case 0xb2:      ... ...    }
  }
  else
  TPM0_SC = TPM_SC_CMOD(0)|TPM_
SC_PS(4); // 关 PWM
```

26.3 结束语

通过努力，智能全向移动平台终于可以掌控在我手中，灵活自如地在地上运动了，请大家看看用它来驮书的靓照（见图26.8）吧。不过由于考虑不周，初期设计的电子罗盘由于电机的干扰，想用来实现姿态检测的愿望成为明日黄花。同时，由于360° 舵机的控制精度的原因，平台的控制精度也有待提高。这些缺憾将会推动我制作更加高性能的下一版智能全向移动平台。

■ 图 26.8　用智能全向移动平台搬书

27 开启树莓派机器人制作之旅

◇小强之工

前段时间，我接触了一款在开源硬件界被称为是“人气之王”的树莓派(Raspberry Pi）袖珍计算机，功能强大的它拥有一颗SOC，集CPU、GPU、DSP和SDRAM为一体，以SD卡为内存硬盘，拥有网卡、USB口（可以直接连接键盘、鼠标、U盘等外设），同时具备视频、音频模拟输出以及HDMI高清输出的能力，在外部接口上还具备了一般计算机设备不具有的GPIO、SPI、I2C、UART等硬件配置，为我们的创新机器人制作提供了丰富的硬件条件。这个制作的主题就是利用Raspberry Pi的硬件和Python语言来完成一个机器人制作，可以通过安卓手机端蓝牙遥控器来实现对机器人前进、后退、左转、右转的控制，那下面就听我娓娓道来吧！

27.1 硬件搭建篇

在这次制作中，我选择了一款铝合金的AS-4WD小车平台，以小车平台为基础，在上面添加了7英寸高清液晶显示屏、无线键盘、蓝牙模块以及电机驱动器等配件，图27.1所示是制作机器人所用的物料。

整个树莓派的小车系统分两步来搭建。首先是搭建树莓派的计算机系统，虽然是一个袖珍的计算机，但是“麻雀虽小，五脏俱全”，除去树莓派的主板外，还需准备一套标准通用的USB键盘、鼠标，一个显示屏（本制作采用的是一个用于车载监控设备的7英寸显示屏，通过RCA接口相连），一块电池（用于整个系统供电），最后也是最关键的，需要准备预装了Debian系统的SD卡（对于SD卡要求读写最好在4MB/s以上，容量大于2GB，当然容量越大、速度越快越好）。在完成计算机系统搭建后，接下来是完成机器人系统的搭建。在原理上，主要利用树莓派那两排外置针脚的GPIO功能，控制外置树莓派专用的驱动器（Raspi Driver）来实现电机的使能、正/反转控制，以及利用UART功能与蓝牙数传模块实现数据通信，这样就能通过手机端的蓝牙遥控器对小车进行控制。图27.2和图27.3所示是整体硬件搭建完后的作品“靓图”，图27.4所示为树莓派机器人的硬件连线图。

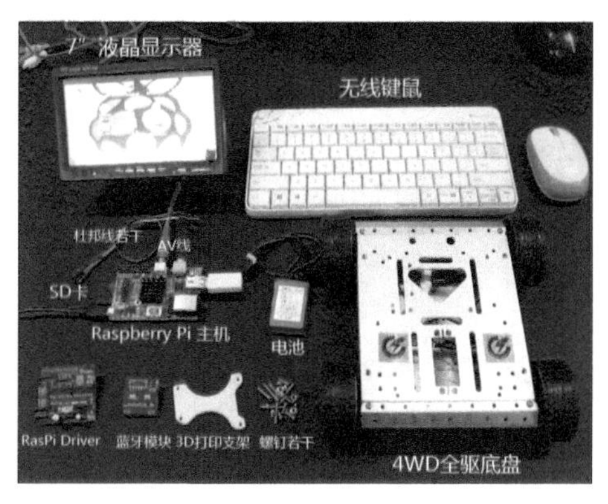

图27.1 制作机器人所用的物料

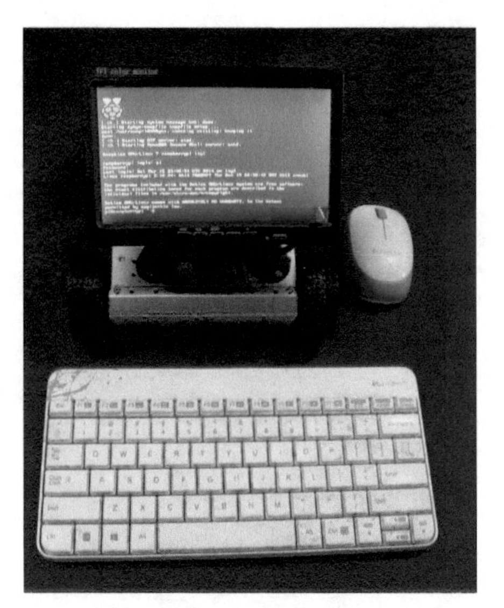

■ 图 27.2 会行走的树莓派电脑

■ 图 27.3 整体硬件搭建完后的靓图

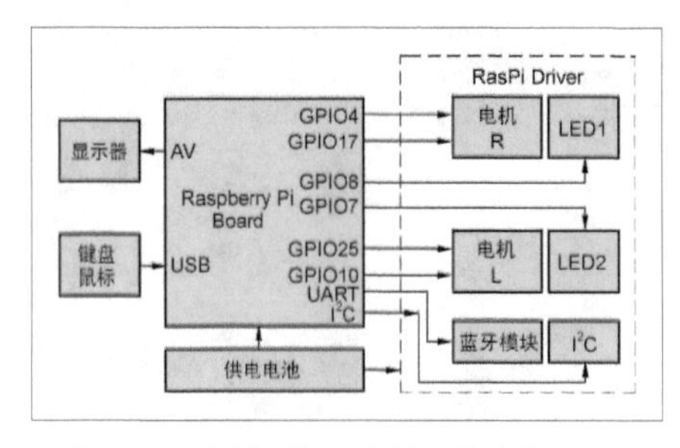

■ 图 27.4 树莓派机器人的硬件连线图

27.2 Python 库配置篇

在使用树莓派时，也是我第一次接触Python这门语言，通过对相关资料的学习，笔者发现Python是门简单易学的语言，如果有着C语言或者其他的计算机语言基础，基本半天就能上手编写程序，在开始编写小车控制程序前，需要对树莓派的相关Python库文件进行安装设置。

首先是GPIO，打开LX终端(LXTerminal)，更新apt-get软件安装包列表（注意，必须在网络连接正常情况下），然后执行安装命令来安装rasp-berry-gpio-python包，具体指令如下：

```
pi@raspberrypi ~ $ sudo apt-get
update
pi@raspberrypi ~ $ sudo apt-get
install python-rpi.gpio
```

在安装完成Python的GPIO库后，接下来是安装Python的UART库，和上述步骤相似，先更新apt-get软件安装包列表，后安装Python的串口通信模块，具体指令如下：

```
pi@raspberrypi ~ $ sudo apt-get
update
pi@raspberrypi ~ $ sudo apt-get
install python-serial
```

通过上述两个步骤，已经安装好了Python与树莓派外置硬件GPIO以及UART库文件，接下来的小车控制程序里就可以直接调用代码了，在开始编写控制程序前，需要对默认串口的一些参数进行更改，由于系统默认的串口功能用于输出内核日志，相关的参数与我们外界的串口设备有所不同，所以需要对其启动配置文件进行更改。在LXTerminal通过输入“sudo nano

/boot/cmdline.txt” 进入 /boot/cmdline.txt，用 vi 编辑器打开 cmdline.txt 文件，找到以下语句：

```
dwc_otg.lpm_enable=0
console=ttyAMA0,115200
kgdboc=ttyAMA0,115200
console=tty1 root=/dev/
mmcblk0p2 rootfstype=ext4
elevator=deadline rootwait
```

去掉以下语句：

```
console=ttyAMA0,115200
kgdboc=ttyAMA0,115200
```

退出 vi 编辑器时，注意要对文件进行保存，同时需要对系统初始化文件进行编辑，在 LXTerminal 中，输入“ sudo nano /etc/inittab”，然后找到以下内容：

```
#Spawn a getty on Raspberry Pi
serial line
T0:23:respawn:/sbin/getty -L
ttyAMA0 115200 vt100
```

注释掉对“ttyAMA0”端口的参数即可。退出 vi 编辑器时，同样需要注意对文件进行保存。

```
#Spawn a getty on Raspberry Pi
serial line
#T0:23:respawn:/sbin/getty -L
ttyAMA0 115200 vt100
```

重启树莓派，该配置就可以生效了，完成了上述步骤，就可以进入机器人调试环节了。

> Tips：在进行上述操作时，需要保证你的树莓派联网，可以尝试使用树莓派自带浏览器能否打开网页来验证网络通信是否正常，如果联网有问题的话，就不能从网上的树莓派库中下载文件，在对话框中会出现一堆的 ERROR。

27.3 Python GPIO 调试篇

第一次上手树莓派外置 I/O 时，可能有些疑惑，如何让你的计算机 I/O 出现跳动呢？其实并不复杂，只要打开系统桌面上的 IDLE3 编辑器，分 4 步走。

Step1： 导入 GPIO 库，在编辑行中输入“import RPi.GPIO as GPIO”，按“回车”键执行即可。

Step2： 设定 GPIO 引脚使用标号模式，若选择板子上的标号，在编辑器中输入“GPIO.setmode（GPIO.BOARD）”；若使用芯片本身的标号模式，只要输入“GPIO.setmode（GPIO.BCM）”。

Step3： 设定对应 GPIO 的模式，若使用其输出功能，输入“GPIO.setup（pin_number,GPIO.OUT）”；若使用输入功能，只要将其中的 GPIO.OUT 修改为 GPIO.IN 即可。

Step4： 在输出模式下，将对应引脚的电平置高或者置低，在输入模式下，只要读取相应引脚的电平即可。

如果你对上述 4 个步骤有了理解，那就尝试一下。我在此对 RasPi Driver 上熄灭 LED1 以及点亮 LED2 操作为例进行说明，给出实验代码以及实验的实际照片（见图 27.5），如果你也能按上述步骤来做，那就恭喜你，已经掌握了在树莓派上对 GPIO 的使用。

```
import RPi.GPIO as GPIO
#### gpio init
GPIO.setmode(GPIO.BCM)
GPIO.setup(7,GPIO.OUT)  #LED2
GPIO.setup(8,GPIO.OUT)  #LED1
GPIO.output(7,GPIO.LOW) #LED2 ON
GPIO.output(8,GPIO.HIGH)#LED1 OFF
```

■ 图 27.5　实验场景

27.4　Python UART 调试篇

对于树莓派的 UART 功能的实现方法与上面的 GPIO 的使用方法类似，也是分为 4 步走。

Step1：导入串口库，输入“import serial”。

Step2：初始化串口，在此设置于外部蓝牙配套的参数，波特率为 9600，timeout 为 0.5，输入“ser=serial.Serial('/dev/ttyAMA0', 9600, timeout = 0.5)”。

Step3：打开使能串口，“if ser.isOpen() == False:ser.open()”。

Step4：当读取数据时使用“ser.read() ”，当发送数据时使用“ser.write (数据)”。

我通过 IDLE3 编辑了一个 Python 的程序 Serial_test.py，然后直接在 LXTerminal 输入“sudo python Serial_test.py”(注意，由于默认状态下是利用“账户名：pi”进行操作，所以需要将文件放置在 /home/pi 目录下，才能直接执行)，然后将手机蓝牙遥控器 (见图 27.6) 与蓝牙数传模块相连接，成功通信后，即可通过手机遥控器的按键发送相应字符，通过串口将对应字符打印至屏幕。

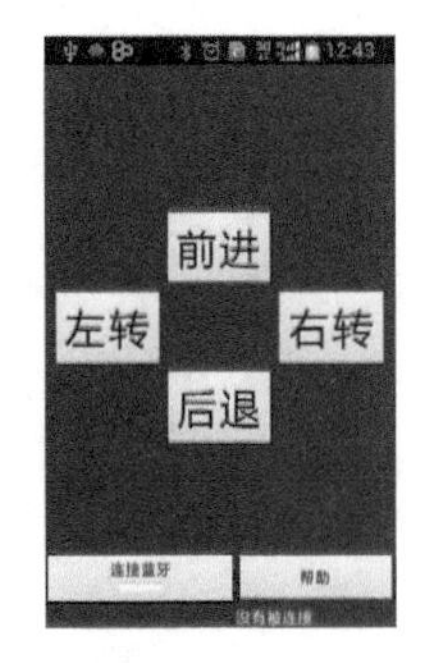

■ 图 27.6　手机蓝牙遥控器

在此，我给出了测试的源程序，通过电脑端的蓝牙虚拟出串口，与树莓派外接的蓝牙透明串口模块连接，进行数据传递。电脑端的串口助手发送字母“B”，同时收到树莓派发送来的字母“A”，并显示在调试的接收窗口中，树莓派端收到由电脑端发送来的字母“B”，并打印出来，通过此过程，即可证明树莓派的 UART 功能测试正常，如图 27.7 所示。

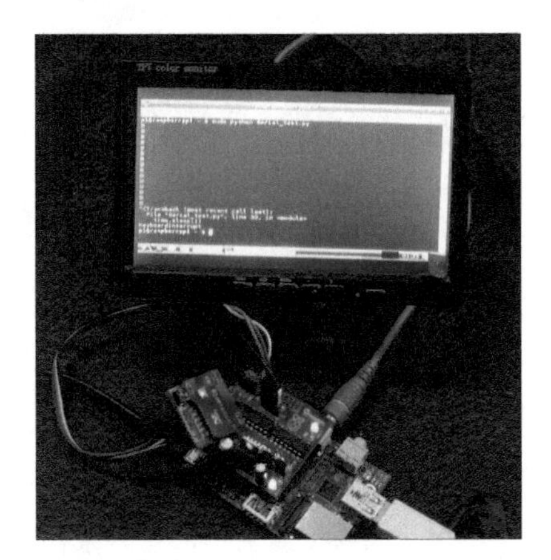

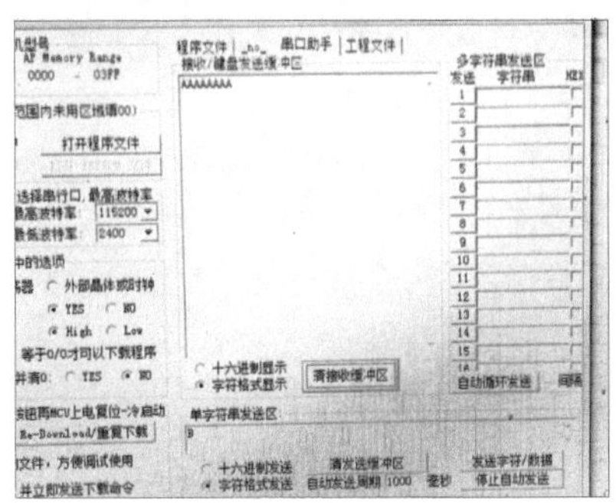

■ 图 27.7　测试照片

```
import serial
import time
ser = serial.Serial('/dev/
ttyAMA0', 9600, timeout = 0.5)
while True:
    if ser.isOpen() == False:
        ser.open()
    print ser.read()
    ser.write('A')
    time.sleep(1)
```

27.5 机器人控制

对 AS-4WD 小车的控制就比较简单了。在本制作中用到了树莓派专用的电机驱动板，板载以 L293D 为核心的电机驱动电路（电路原理图如图 27.8 所示），通过两组每组 2 个 I/O 来实现电机的正、反转以及使能。

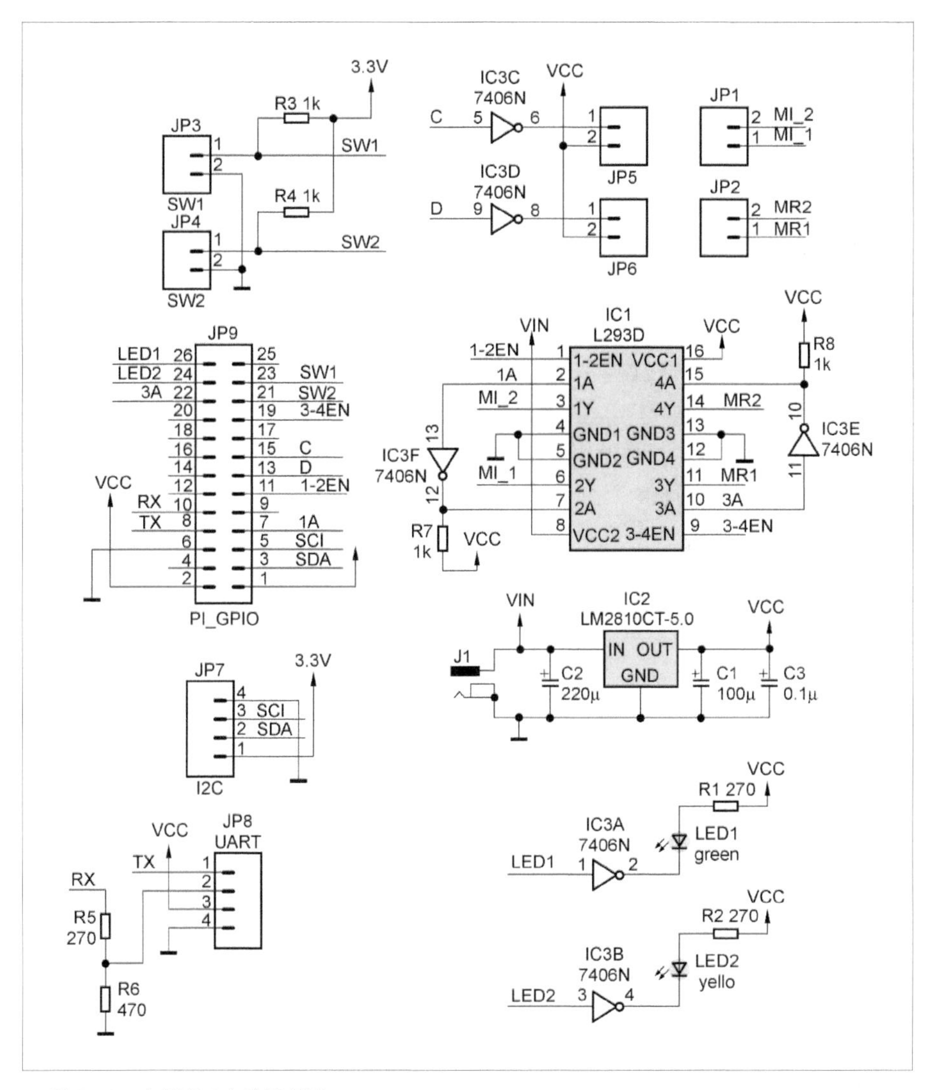

■ 图 27.8 电机驱动电路原理图

从图 27.8 所示的引脚布置可以清晰地看出，树莓派外置硬件与 RasPi Driver 的连接关系，通过 GPIO4 以及 GPIO17 控制其中一路电机的转向以及使能（高电平有效），利用 GPIO8 来对正、反转进行状态指示。同理，GPIO25 用于另一路的正 / 反转控制、GPIO10 为使能、GPIO7 为状态指示，同时利用板上外置的 UART 接口与蓝牙串口模块连接。整个程序框架相对以前的单片机版的遥控小车而言是比较简单的，主要分功能模块、初始化设置、循环判断遥控值以及输出对应功能运动值，详见图 27.9。导入库文件，对 GPIO 和串口配置，具体参数和上述一致，不再赘述；完成上述设置后，就是整个控制小车的程序了，读取串口缓冲区的值，随后完成循环判断，由手机蓝牙遥控器发送字符数据“A”“B”“C”“D”，对应相应的动作（注意：在对应相应的动作时，可能由于驱动板电机的接线原因，高、低电平不对应预设动作，可以灵活调整接线或者通过软件修改电平）。至此，用树莓派控制的小车制作过程告一段落，这也是笔者利用树莓派完成电子制作项目的“处女作”。

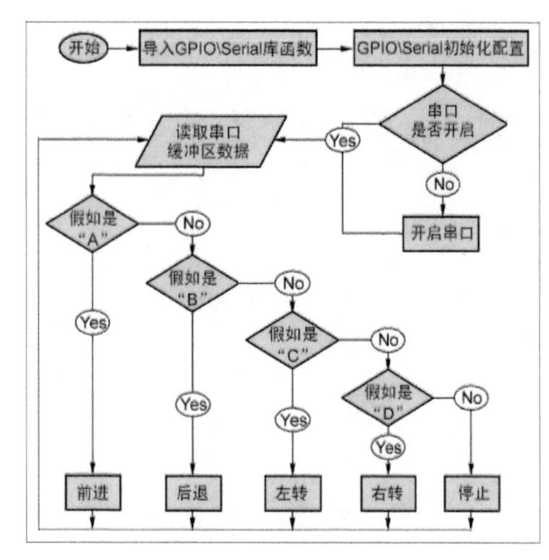

■ 图 27.9　系统控制原理框图

通过几天的学习，我发现树莓派资源以及各方面的性能允许我们开发出更多更好的电子制作项目。

28 目标跟随小车——让手机成为 Arduino 的眼睛

◇ 彭志辉

基于 Arduino 的小车，相信大家见过很多，也做过很多。一块主控、一个小车底座，加上一些传感器，你就可以让小车玩出各种花样。我们用超声波模块来实现小车避障，用红外收发模块来实现小车的简单循线，用蓝牙模块来实现遥控小车……除了这些入门级的项目外，还有没有其他玩法呢？这次我就为大家带来一个可以让小车跟随任何物体的 App，不但使用起来简便易懂，成本也很低。

28.1 App 篇

一般来说，要实现一些复杂的物体识别，比如循线中复杂赛道的判断和目标物体的跟踪等，都会用上摄像头，通过图像处理的方式获取目标信息。对于 Arduino 来说，单独驱动摄像头受限于 Arduino 的性能，实现起来比较困难，效果也不会理想，图像处理需要的实时性和大量运算对于基于 8 位 AVR 单片机系列的 Arduino 来说确实“小材大用”了。在一些专业的循线小车比赛中，我们使用 ARM 系列的高端处理器来实时处理摄像头获取的赛道图像，但即便如此，为了保证处理数据的效率，我们也会将图像做黑白二值化处理，并且图像分辨率限制得非常低（一般不超过 160 像素 ×160 像素），如此低的分辨率显然是无法分辨出物体细节的，更别说追踪目标了。

有没有更简单的方案呢？当然有，仔细想想，其实手机就完全可以胜任。手机不但搭载了非常强劲的处理器，而且还有前、后两颗高清摄像头，用它来做图像处理再合适不过了。

“迹”就是这样一个基于 OpenCV 的图像处理 App，它可以让手机通过摄像头实时跟踪设定的颜色目标，并且通过手机蓝牙将目标坐标位置和大小等信息输出，配合蓝牙串口模块和我写的配套 Arduino 数据接收库，就可以实现很多有趣的功能。这篇文章主要讲解“迹”的使用方法，以及如何通过目标追踪功能制作一个目标跟随小车。

先介绍一下 App 的下载和使用方法，大家去豌豆荚搜索“迹”，进行安装即可，由于市面上手机型号繁多，对于不同架构的 CPU 不一定都能支持，若有问题，可以在下载页面留言反馈，我有空会尽量适配。安装好之后，如果打开应用卡住或者闪退，可能是手机上的安全软件限制了 App 的权限，这时需要去手机设置里开启 App 使用摄像头和蓝牙的权限，以原生系统为例，操作步骤如下：设置→应用→已安装→迹→权限管理。

软件运行界面如图 28.1 所示。

需要说明的是，蓝牙模块需要首先在手机系统的蓝牙设置里搜索、配对好，然后在App 里就可以点击“连接蓝牙”，选择对应的模块进行连接了。点击 App 左上角的 3 条横线图标，就会开启摄像头预览画面，在画面中点击任何一个你需要跟踪的物体，此时状态栏即会显示你选中的颜色，同时被选中的物体被圈中，屏幕下方的数据就开始实时变化输出了（见图 28.2）。

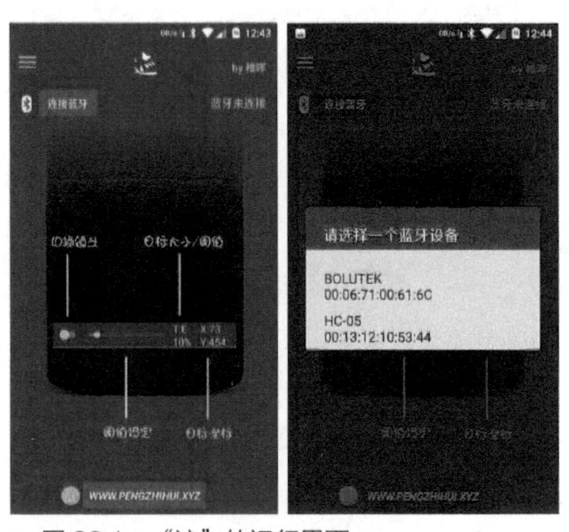

■ 图 28.1 “迹”的运行界面

■ 图 28.2 识别和跟踪物体

■ 图 28.3 蓝牙模块

说明一下显示的各个参数的含义：*X*、*Y* 代表目标的坐标，这个大家都知道，坐标的极限大小是跟手机摄像头分辨率相关的，大家可以把物体移到手机边缘，记录下坐标的最大值。*T* 表示物体在屏幕中的大小，如果检测到多个目标或者没有检测到任何目标，这里会显示 E（error）。*T* 可以用于粗略地判断物体的远近（近大远小），不过更推荐的方式是用 *Y* 轴判断远近（见后文）。剩下的一个百分数是滤波用的阈值，为了尽量消除屏幕中的细小杂点，让视野里只有一个目标，可以调整这个进度条。

识别的原理是基于颜色特征的，所以尽管可以对识别效果进行微调，但为了保证识别率，还是建议尽量跟踪颜色相对背景比较突出的物体，即视野中尽量不要出现颜色相同的物体。

如果此时连接了蓝牙模块（见图 28.3），蓝牙端的 TX 就开始不断输出目标的数据，我们需要做的，就是让 Arduino 读取、解析这些数据，然后用来控制小车。

28.2 Arduino 篇

Arduino 和 App 的通信通过蓝牙模块实现，模块的连接非常简单，如图 28.4 所示。

可以看到，我们留出了 Arduino 的 TX 没有连接，因为我们只需要接收蓝牙模块发

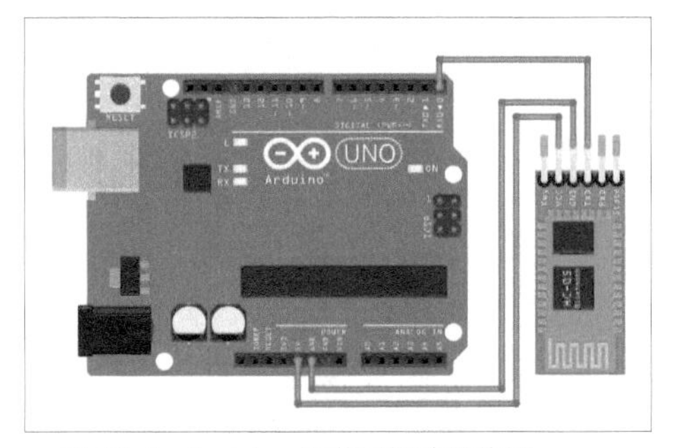

■ 图 28.4 Arduino 和蓝牙模块的连接

来的数据而不需要向蓝牙模块发送数据，这样就依然可以在 Arduino 程序里面用 Serial.print 往 IDE 的串口监视器打印调试信息了（见图 28.5）。另外需要说明的是，因为使用了 Arduino 的硬件串口来与蓝牙模块通信，所以下载程序时需要把连接蓝牙的那一根线拔掉，避免数据冲突导致下载失败。如果嫌麻烦，解决的办法是使用软件串口，或者换用 Arduino MEGA 等有多个硬件串口的板子。

连接好后下载 TraceAPP 库，放到 Arduino IDE 的 libraries 文件夹，打开例程，可以看到代码如下。

```
#include <TraceApp.h>
TraceApp obj(Serial,115200);
// 实例化检测对象
void setup()
{
  obj.begin();   // 初始化，注意后面
不需要再用 Serial.begin()
}
void loop()
{
  obj.routine();// 尽可能让这一句频繁运行
  if (obj.valid()) // 检测的物体是否
有效
  {
    Serial.print("Obj detected
at:");
    Serial.print(obj.getX()); //
x 坐标
    Serial.print(",");
    Serial.print(obj.getY());//y
坐标
    Serial.print("with size of:");
    Serial.println(obj.getT());//
物体大小
  }
  else
  Serial.println("No obj or too
many detected");
```

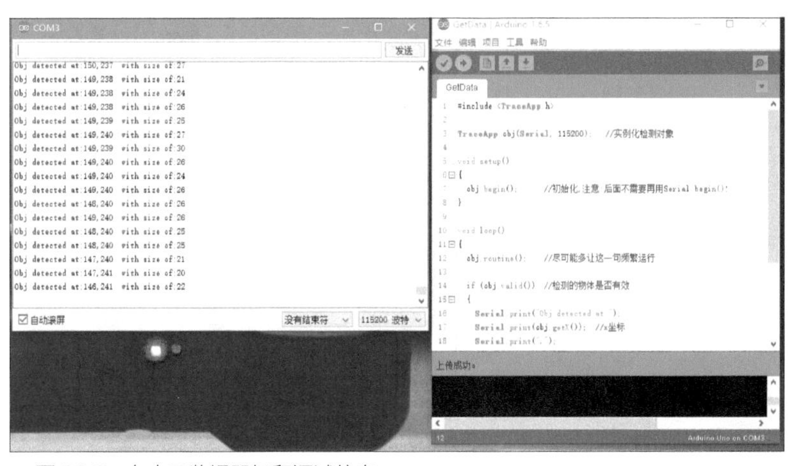

■ 图 28.5 在串口监视器打印调试信息

```
    delay(100);
  }
```

函数都非常简单，TraceApp obj(Serial,115200) 用来初始化，其中 115200 是蓝牙模块跟 Arduino 通信的波特率，如果你的蓝牙模块没有改过波特率，那么默认应该是 9600，需要把这里改成 TraceApp obj(Serial, 9600)。Routine() 函数是对数据进行轮询，这个函数运行的次数越多越好。剩下的 valid() 用于判断数据是否有效，getX()、getY()、getT() 就是直接返回解析之后的数据了。

怎么结合这些数据来让小车跟踪目标呢？原理其实非常简单，就是始终让目标位于屏幕中间。当我们得到屏幕中间的坐标值（$x0$，$y0$）（分别为 x、y 最大值的一半）后，就来判断如果当前物体的 x 坐标小于 $x0$，就让小车拥有一个向右转的转向速度 *v_turn*，否则就有一个向左的转向速度 -*v_turn*；当物体的 y 坐标大于 $y0$，就让小车有一个向前的前进速度 *v_run*, 否则有一个后退速度 -*v_run*。小车最后总共的速度为：左轮速度 *v_left=v_run+v_turn*，右轮速度 *v_right =v_run-v_turn*。

把 *v_left*、*v_right* 乘以一个系数之后当作 PWM 参数，用 analogWrite 赋值给两个电机就可以了，也就是所谓的差速驱动，其中的系数可以仔细调整，让跟踪效果最好。手机摆放时可以适当增加安装的倾角（见图 28.6），这样当物体前后移动时，y 轴的变化会比较明显。

■ 图 28.6 实际工作状态，手机摆放时可以适当增加安装的倾角

28.3 尾声

到此为止，整个目标跟随小车的制作就完成啦，应该说整个过程并没有任何复杂的编程，借助经过封装的数据接口，只需简单的几句函数就能完成读取。以这个项目作为启发，我发现其实手机和 Arduino 结合可以做的事情非常多，一台智能手机本身就包含了各种各样的传感器——光线传感器、距离传感器、加速度计、陀螺仪、扬声器、话筒……而现在智能手机更新换代的速度如此之快，闲置下来的废旧手机如果好好加以利用，完全可以实现很多以前在 Arduino 上意想不到的功能。Arduino 和 Android，同样是秉承开源精神的两大阵营，跨界的碰撞还能给我们带来什么有意思的项目呢？就让我们拭目以待吧。

利用树莓派搭建的远程监控系统

◇ 左牧

我是个业余电子爱好者，职业是 .NET 程序员，2012 年 12 月，我第一次了解到树莓派，2013 年 1 月我拥有了第一块树莓派。由树莓派开始接触硬件，随后我又接触了 Arduino，并开始彻底爱上软硬件结合的应用开发。现在为大家分享的这个应用是我在树莓派上做的第一个应用演变而来的。

29.1 缘起小车

刚刚接触树莓派时，我做了一辆遥控小车，当时购买了车底盘、电机之类的部件，之后又买了个 L298N 电机驱动板，还买了面包板、杜邦线以及一堆发光二极管。在连续多日的努力之下，我的小车终于制作完成了（见图 29.1）。

■ 图 29.1 基于树莓派的小车

制作那辆小车时，我采用了 Python 操作GPIO，并利用L298N驱动板去驱动电机，然后通过 Wi-Fi 联网，再利用 VNC 远程登录到树莓派来操作程序控制，实现起来比较简单。当然要完成这个以及接下来的应用，首先需要在树莓派上装好系统，配置好 Wi-Fi，安装 SSH、VNC 等程序，并且需要安装最关键的 Python 的 GPIO 库。

29.2 为小车升级

制作完成的小车操作起来很成功，不过后来我又为它进行了升级。首先为它更换了一个履带式底盘，并增加了摄像头和超声波模块，通过发射超声波来接收遇到物体返回超声波的时间差，再由于声音在空气中传播速度约等于 340m/s，就可以算出距离，从而实现了自动避障。

用在这辆小车上的摄像头是一个 USB 免驱摄像头，属于笔记本电脑配件中比较常见的一种。图像处理是通过 Python 的 pygame 库实现，但控制程序运行在树莓派本地，所以控制仍然是需要 VNC 远程完成。制作完成的小车如图 29.2 所示。

后来，由于未能解决在家里自动充电的问题，导致续航时间比较短，因此真正用于远程控制时，实用性很低。当时我想，如果这个小车一直连着电源，那么移动和避障就不需要了，只要加装一个云台就可以了。如果能够脱离 VNC 实现外网做 P2P 控制就更好了，这样就能够在异地观察家里的情况（主要是想观察家里的猫）。于是就有了现在要说的这个东西。

图 29.2 升级之后的小车

29.3 打造远程监控系统

这一步升级有相对较大的改动，平台不仅仅采用树莓派，还采用了 Arduino 作为下位机，用以驱动云台和灯；树莓派作上位机，也是该控制系统的服务端，用于实现视频的采集和传输以及驱动下位机（见表 29.1）。另外我还开发了一个 .NET Winform 客户端程序，并通过 Socket 连接，采用 TCP 协议进行控制指令传输，UDP 协议进行视频画面传输，从而实现了 NAT 穿透。这样就能在外网环境下控制家里的摄像头了。

该应用涉及 3 个平台（RPi、Arduino、.NET）、3 种开发语言（Python、C、C#），以及图像、多线程和通信技术。

表 29.1 制作所需的部件

组件名称	数量	组件名称	数量
树莓派	1	云台	1
Arduino Uno 板	1	USB 免驱动摄像头	1
逻辑电平转换器	1	USB Wi-Fi 网卡	1
面包板	1	LED 灯珠	2
亚克力支架	1	杜邦线和跳线	若干
舵机	2		

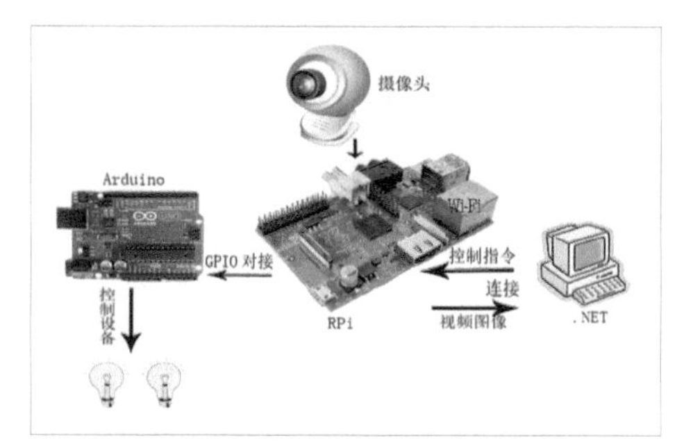

图 29.3 平台之间的连接关系

平台之间的连接关系如图 29.3 所示。

升级之后的远程监控系统用到的所有硬件如下。

要实现外网控制，还需要做一些准备工作，首先是一台连上外网的路由器，其次是配置路由器动态 DNS。路由器代理配置我采用的是花生壳，配置方法我就以花生壳为例，其他类似应用的配置也都很接近，但是路由器不同，对应的路由器网关配置界面也不一样。

关于动态 DNS 的配置可采取如下步骤。

注册花生壳（Oray）账号。

用浏览器进入你的路由器网关地址（如果之前没设置过，默认地址通常是 http://192.168.1.1，登录名和密码都是 admin）。

找到【动态 DNS】配置界面，用花生壳账号和密码登录。

找到端口转发配置界面，配置映射端口（例如，我树莓派的服务端程序监听的是 8888 端口，那么我就把 8888 端口转发到我树莓派的内网 IP 上）。

这样一来，树莓派上的端口就绑定到外网了。

29.3.1 在树莓派上进行的制作

树莓派中的程序主要包括监听端口，启动视频传输线程，并将视频画面发送到 Winform 控制端，接收控制端指令发送到下位机。

视频采集和传输

我目前采用 pygame 模块驱动摄像头，通过 UDP 协议将画面传输到 Winform 控制端。在传输的时候，由于 mtu 最小传输单元的限制，需要将提取到的帧拆包发送。然后在 Winform 端进行粘包，再将画面显示到窗体。由于单帧图像是进行拆包发送的，网络环境差时会出现丢包，可能导致画面局部缺失，所以目前这块还存在缺陷，有待后续优化。之前我也试过 TCP 协议，虽然能避免丢包问题，但是画面延迟比 UDP 协议高。

树莓派连接 Arduino 下位机

我采用的是 GPIO 对接的方式，由于树莓派和 Arduino 的端口电压不一致，这里需要用到逻辑电平转换模块和杜邦线、跳线若干。连接方式如图 29.4 所示。

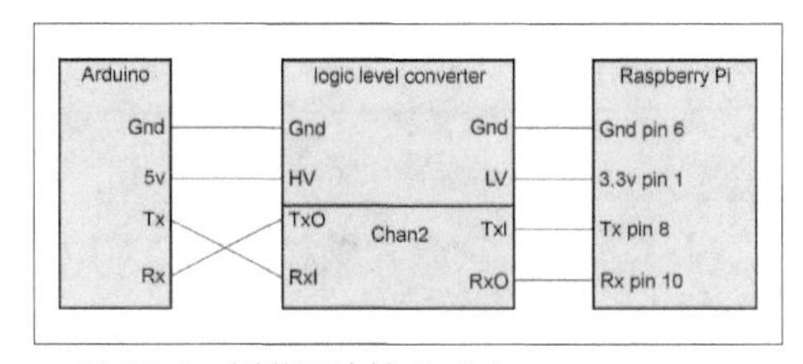

图 29.4 树莓派连接 Arduino

29.3.2 在 Arduino 上进行的制作

Arduino 是一个开源硬件平台，很多电子爱好者对此很熟悉，我采用的是 Arduino Uno 板。在这里主要是用来驱动硬件，包括两个舵机、两个 LED。它通过和树莓派 GPIO 的对接，接收参数，从而控制舵机的旋转位置和 LED 的亮灭。用 LED 是为了便于在夜晚监控时提供光线，毕竟我的摄像头仅仅是一个 20 块钱的免驱摄像头而已。

29.4 制作 .NET 控制端程序

在 .NET 平台实现的是控制端，相当于客户端。

我本身就是 .NET 程序员，而且程序用的是最简便的 Winform 程序，对我来说这一环节完成最快的。程序主要功能包括发送控制指令、接收图像数据、粘包、显示画面。树莓派部署在家里，而这个控制端需要能够在外网环境使用，比如公司。通过花生壳代理，解析到家里的路由器公网 IP 地址，.NET 连接到服务端后，在 NAT 上打洞，同时开启图像接收端口的监听。这里开启了两个通道，一个是从控制端到服务端的控制指令通道，另一个是从服务端到控制端的视频传输通道。为了适应不同网络环境，程序设有清晰和流畅两个模式，“清晰”模式的分辨率为 320 像素 ×240 像素，“流畅”模式的分辨率为 160 像素 × 120 像素。

制作完成的作品如图 29.5 所示，利用它拍摄到的效果如图 29.6 所示。

对此制作的树莓派 Python 程序下载、

■ 图 29.5　升级之后的小车

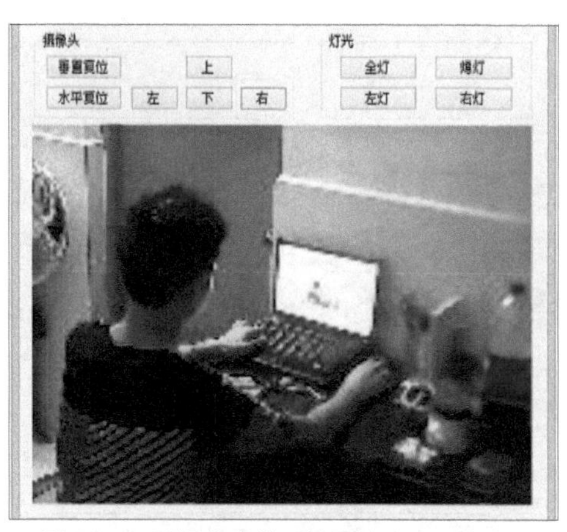

■ 图 29.6　用摄像头拍下的照片（160 像素 ×120 像素）

Arduino 程序下载和 .NET 程序下载感兴趣的读者可以到《无线电》杂志网站 www.radio.com.cn 上下载。

自主导航机器人的制作

◇ 张逸飞

我是一名高中学生，从初中开始就喜欢制作机器人。特别是在去年获得中国青少年机器人大赛FLL 高中组冠军和今年参加在美国举行的FIRST 国际机器人大赛后，更激起了我对机器人制作的兴趣。于是我就利用暑假制作了这个自主导航机器人。

制作自主导航机器人，需要运行速度快、I/O 口和串口等内部资源丰富的控制芯片，所以我选择了意法半导体公司生产的STM32F103 芯片，同时为了减少过多传感器请求中断对主控制器的干扰，我选择了 STC89C52 单片机来收集各传感器数据，并以串口通信的方式与 STM32 相连，用以传递各传感器数据（见图 30.1）。采用双处理器进行控制也在一定程度上减小了编程的难度。

图 30.1　整体电路连接

在传感器方面，我将光电开关、电子指南针、超声波传感器与 51 单片机连接，GPS 模块直接与 STM32 相连，以减少由于 51 单片机处理速度不足导致的 GPS 在接收数据过程中个别帧丢失的概率。综合了车重和该车主要在户外运行的因素，采用了 42 步进电机和相应的电机驱动模块（见图 30.2），并采用 11.1V 锂聚合物电池供能，满足了动力和控制精度方面的要求。

图 30.2　电机连接

30.1　车体设计

通过 CAD 软件设计车身，并进行铝合金 CNC 切割，用 M3 螺丝进行组装（见图 30.3）。在 CAD 图纸上精确标出开孔位置及大小，这样可以在后期节约很多开孔时间。由于此机器人主要设计在户外运行，所以使用履带驱动。

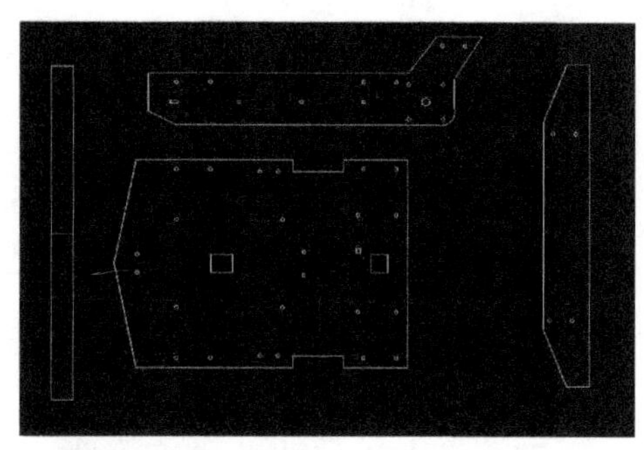

图 30.3　CAD 图纸

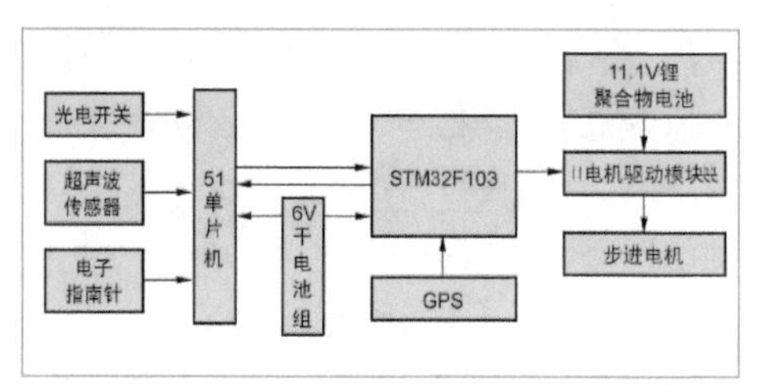

图 30.4　设计框图

30.2　硬件设计

硬件电路设计框图如图 30.4 所示。

30.2.1　控制器

电路采用基于 STM32F103 芯片的开发板和 51 单片机，这样充分利用了 51 单片机编程简单和 STM32 处理速度快的优势。由 51 单片机汇总传感器数据（见图 30.5），STM32 对数据进行处理，之后控制电机运动（见图 30.6）。这种方式使机器人控制更加方便、可靠，也减少了程序调试的难度。

图 30.5　51 单片机汇总传感器数据

30.2.2　传感器

电路采用了光电开关、超声波传感器、电子指南针和 GPS 模块，使用了 M18 光电开关，将检测距离调制为 40cm，将超声波传感器的数据精确到厘米。电子指南针通过总线与 51 单片机通信。

在调试过程中，我发现电子指南针受干扰严重。排查后发现电子指南针过于靠近电机连线，于是我将它安装在了远离大电流电线的位置，并将其架高，但仍有一定干扰。在查阅资料后发现装传感器的塑料袋可以减少电磁干扰，于是给电子指南针加上塑料袋（见图 30.7），电子指南针误差降到了 3°以下。

图 30.6　STM32 对数据进行处理

图 30.7　给电子指南针加上塑料袋防干扰

30.2.3 供电

电路使用了 11.1V 锂聚合物电池提供动力，使用 6V 干电池组为控制器和各传感器供电。用一个电源给两个控制器供电，可以通过两个控制器的串行连接实现串口通信。在制作过程中，由于传感器过多，单片机 VCC 和 GND 接口不足，我制作了一个“供电板”，解决了这一问题。

30.3 程序设计

总体编程思路如图 30.8 所示。

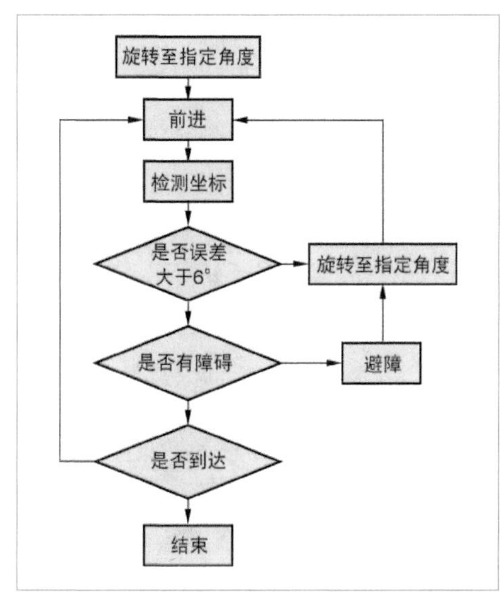

图 30.8 程序框图

30.3.1 主要思路

由 51 单片机采集各传感器数据，并按一定顺序编排（比如，两位 0 或 1 表示两个光电开关，3 个三位数表示超声波传感器数据，其他位数表示电子指南针数据）。由 STM32 读取 GPS 数据，计算并控制电机。

30.3.2 流程

机器人上电后，先进行一次 GPS 坐标采集，确定自身所在的位置。之后与输入的目的坐标作比较，并算出应转向的角度。然后将车头转向这一角度，开始向目的坐标前进。在行进中，如果前方没有障碍，则每 5 次 GPS 坐标采集后，将这 5 个坐标去除两个极值，剩下 3 个取平均值，记为当前坐标。将此坐标与目的坐标计算角度。如果此角度与电子指南针的角度相差 6° 以上，则开始修正至二者相等。

30.3.3 避障

在行进过程中，如果前方遇到障碍就要执行避障程序。当前方超声波传感器检测到障碍后继续前进，直到左右光电开关检测到障碍。之后车身向遇到障碍的传感器方向的反方向扭转，直至该传感器前方无障碍，再前进一定距离，向有障碍一侧扭转车身，前进，当有障碍一侧超声波传感器检测到障碍时，开始扭转车身，出现最小距离时停止扭转，前进至该超声波传感器检测无障碍，再转向目的角度前进。

30.3.4 旋转角的确定

记目标点经度为 *ea*，纬度为 *na*；起始点经度为 *e*，纬度为 *n*，用“arctan=（*ea*-*e*）× 经度 1° 的距离 /（*na*-*n*）× 纬度 1° 的距离”这个公式来确定方向（以正北为 0° 顺时针为正）。例如，我所在的唐山市的纬度大约为北纬 40°，纬度 1° 大约为 86km。

代码如下（jiao 变量即为旋转角）：

```
nc=(na-n)*111; // 经度 1° 都为 111km
ec=(ea-e)*85.82;
```

```
//纬度1° 为111×cosa (a为所在纬度)
count=atan(ec/nc);
//计算反正切角度
count=count/3.14159265*180;
//将弧度转换为角度
if(nc>0&&ec>0) jiao=count;
//把方向角转至第一象限再计算
if(nc>0&&ec<0) jiao=count;
if(nc<0&&ec>0) jiao=-180-count;
if(nc<0&&ec<0) jiao=count-180;
if(nc==0&&ec>0) jiao=90;
if(nc==0&&ec<0) jiao=-90;
if(nc>0&&ec==0) jiao=0;
if(nc>0&&ec==0) jiao=180;
//判断两坐标点之间的角度，以正北为0°
```

30.3.5 GPS数据接收

GPS在数据接收时速度太慢，等待的话会占用大量CPU时间，所以我用了串口中断接收的方式，而不是一直等待至一次数据接收完毕，这样做可以大大提高程序的运行效率。还有，在用数组接收GPS数据时一定要防止数组越位，我在编程时就因为一个数组越位的问题排查了两天。限于篇幅，具体的代码可以到《无线电》杂志网站www.radio.com.cn下载。

30.3.6 关于自动控制算法

在这方面，我原本想使用PID算法，但因为时间有限，调试过于繁琐，加之我对PID学习得还不够明白，使用PID没有取得很好的效果。所以我直接设定了一个误差阈值，超过这一值就进行一次性修正。这种方法虽然效果不如PID算法，但编程更容易，也方便入门爱好者学习。

30.4 后记

经过一个月的制作，经测试该机器人具有了最基本的自主导航能力。虽然对复杂的障碍避障我目前还无法解决，但这是一个良好的开始。我相信在进一步学习后，会制作出更智能的机器人。

第4章 智能小车机器人设计与制作完整方案

31 百元科普开源蓝牙遥控小车

◇席卫平

今天，我们正步入万众创新的时代。创新需要科学技术做支撑，因此，对大众的科技知识普及显得尤为重要。以往，在电子技术方面，已开展了不少科技课堂和各类竞赛活动，但大都处于一种小众范围，成本较高是主要原因。本文向业余电子爱好者介绍一款花费在百元以内、简单、易上手的蓝牙遥控小车制作方案，其成本低，科技含量高。

操作者使用 Android 手机里的 App 通过蓝牙技术通信，实施对麦克鼠蓝牙遥控小车的控制。完成的成品可以进行诸如足球、绕障碍等竞技活动，参与性强，互动性丰富，十分有趣。

31.1 概况介绍

31.1.1 技术要点

麦克鼠蓝牙遥控小车直接使用直流电机驱动，而无需变速齿轮箱和传统的轮子，大大降低了整机的成本。电机由 PWM 信号驱动，优点是小车运行平滑，特别是转弯的动作，避免了简单驱动方式的扭动。可以通过调节两个电机的 PWM 参数，使其具有不同的转速，从而向某一方向偏转。这种驱动方式的动力来自电机轴与地面的摩擦力，实践证明，在平整、坚实的一般地面上，小车可以跑得很快。

接收蓝牙遥控信号以及产生可动态调整的 PWM 信号，非单片机不可。但单片机的软件编程对初学者是个挑战。笔者考虑到这点，已将程序调试好，读者可以通过阅读源程序了解处理流程和算法。或者，你可以根本不用纠结软件细节，只要正确使用下载器，将程序下载至单片机就可以了，以后的操作和调试都可以通过 Android 手机的蓝牙进行，根本不用修改程序。

整套系统由 3 个程序构成，其关系如图 31.1 所示。

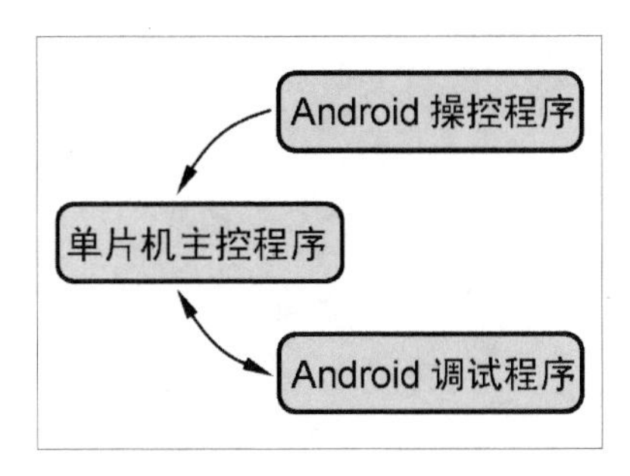

■ 图 31.1 程序关系

单片机主控程序是 ATmega48 单片机的代码，下载至单片机里，具有管控小车的运行、接收并解释蓝牙串口传送的命令、存储或调出运行参数等功能。

Android 操控程序是驻留在手机里的一个名为“BTControl”的 App，它的功能是联通小车上的蓝牙模块，显示一个操作界面，操作小车的前进、后退、左右转向以及停车等动作。

Android 调试程序是一个驻留在手机里的名为“Modify”的 App，其功能是联通小车蓝牙模块后，显示从小车传回的运行参数。这些参数可以修改，然后回传给小车，修改小车上的参数并保存。

31.1.2 PWM 调速

PWM 也叫脉冲宽度调制，是机器人运行部分重要的调速技术。本文不再赘述其工作原理，而是向读者介绍 PWM 波形的产生方法。

ATmega48 单片机本身内置了 3 个定时器，每个定时器都可以产生 PWM 波形，这为应用提供了方便。但其波形都是从固定的引脚输出，在实际应用中需配合专用驱动芯片，如 L298 等。从降低成本的角度考虑，这不是最佳选择。

L9110 是一款玩具车常用的廉价电机驱动芯片（见图 31.2），其控制方法非常简单。IA、IB为输入控制引脚，OA、OB为输出引脚，直接连接直流电机。VCC 接的是 2.5~12V 的驱动电压，可输出 800mA 电流，足够驱动像 130 这样的小电机。

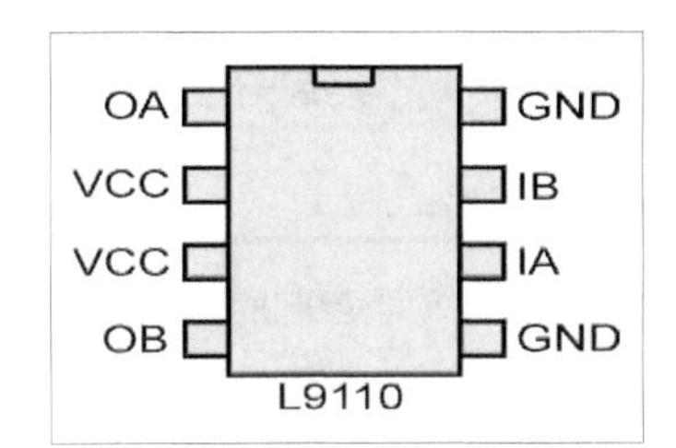

■ 图 31.2 L9110 引脚图

图 31.3 为单片机与 L9110 搭配控制直流电机的示意图。从图上可以看出，单片机在 L9110 的 IA 脚输出一个 PWM 脉冲，IB 脚保持一个直流电平，一般是低电位。此时，L9110 将从 OA 端输出 PWM 脉冲给直流电机，电机向一个方向旋转。要想改变电机的旋转方向，单片机只要向 IB 脚输出 PWM 脉冲即可（IA、IB 信号对调）。

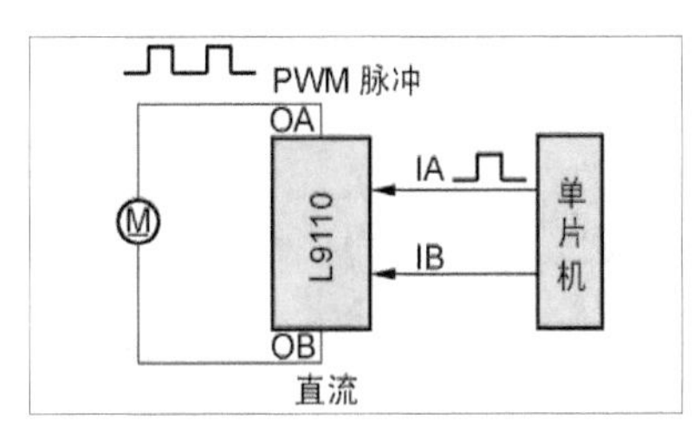

■ 图 31.3 单片机、L9110 与电机的配置示意图

前文提到，ATmega48 虽内置能产生 PWM 脉冲的定时器，但其输出引脚固定，如与 L9110 搭配，需要较复杂的前置逻辑电路。针对这一问题，笔者在 Maker C 上开发了软件 PWM 函数库，其主要特点是程序在运行过程中，可以任意改变 PWM 的输出引脚，从而达到改变电机转向的目的。

软件 PWM 的程序结构比较复杂，这里不做展开，感兴趣的读者可参看后面的深入探讨部分。

31.1.3 制作装配

制作装配的主要工作是焊接，主要元器件位置如图 31.4 所示。为了降低成本，小车的驱动部分和电路部分都安装在一块印制电路板上。电路部分全部采用分立元器件，便于新手操作。基本原则就是先焊低矮的元器件，比如电阻；然后焊接芯片座、电容；再焊接排针、牛角插座等。焊接排针需要一点技巧，建议先焊一个点，然后翻过来检查，如果发现不正，可以一只手以捏子扶排针，另一只手在背面用电烙铁融开先前焊过的焊点，然后扶正。等这个焊点冷却了，就可以放心地继续焊其他焊点了。电路焊接完成后如图 31.5 所示。

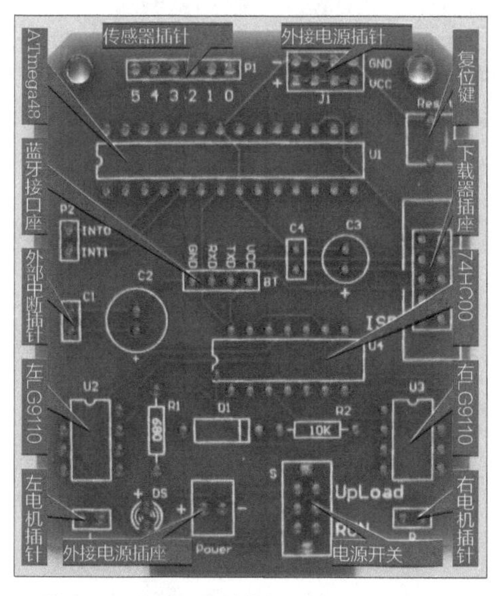

■ 图 31.4　主要元器件位置

■ 图 31.5　焊接完成

31.1.4　驱动结构

这款机器人小车采用了将 130 直流电机特殊安装，从而让电机轴直接担任驱动轮的特殊设计，其目的是去掉减速齿轮和大轮子来达到降低成本。只要用捆扎带将两只小电机固定在电机支架上（见图 31.6、图 31.7），然后用螺丝将支架固定于电路板上，再为电机焊接导线即可。

■ 图 31.6　电机支架

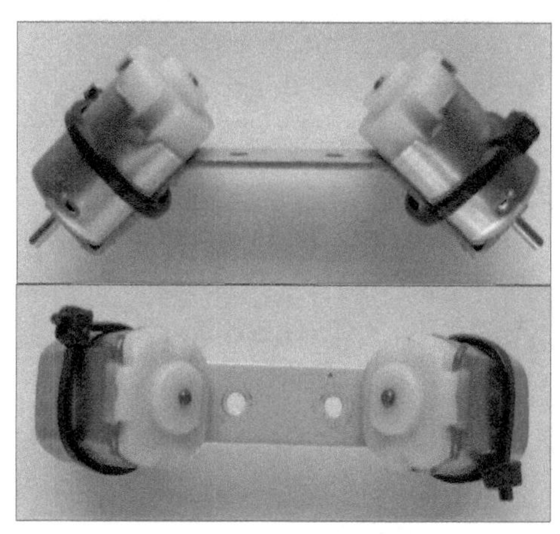

■ 图 31.7　安装上电机的电机支架

小车尾橇是一个需动手自制的部件，要使用尖嘴钳将曲别针弯成所需形状。尾橇的形状是一个可以发挥创造性的点，图 31.8 所示为几种可选样式。

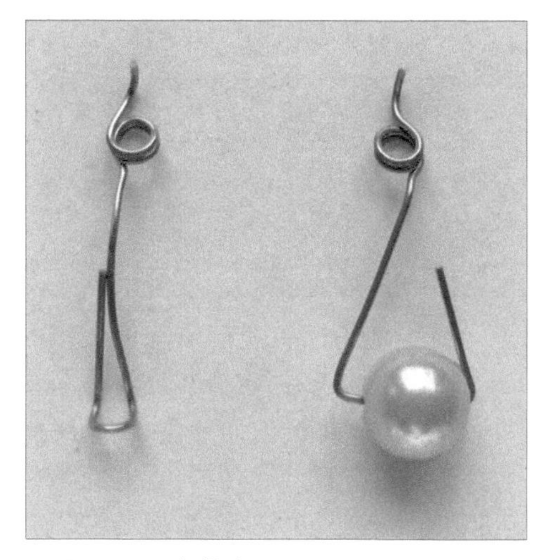

■ 图 31.8 尾橇样式

制作完成的整车如图 31.9 所示。

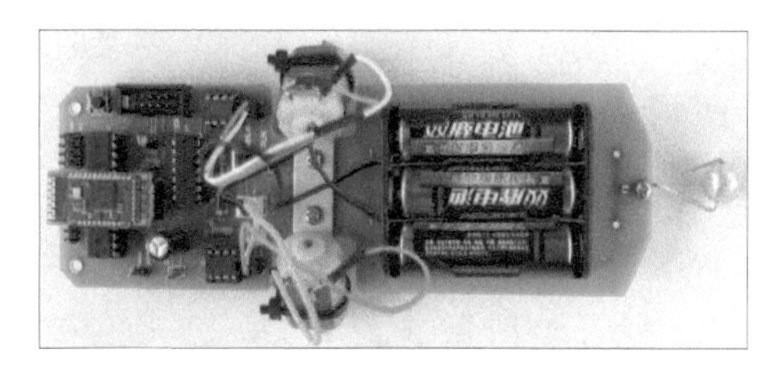

■ 图 31.9 麦克鼠蓝牙遥控机器人小车装配完成图

31.1.5 电源的选择

小车可以使用多种电源。基础配置是 3 节 5 号（AA）碱性电池，也可以使用 3 节镍氢充电电池，高级配置则使用两节锂电池（见图 31.10）。

■ 图 31.10 几种电池

使用碱性电池，完全可以驱动小车，但很快就需要调整 PWM 参数，因为碱性电池如果长时间大电流放电，其内阻会很快升高，而输出电压则会下降。而可充电的镍氢电池或锂电池的性能则好得多，但价格较高。这就是一个需要权衡的问题，如果打算参加竞赛，需较长时间的调试，并要求供电状况保持较长时间的稳定，则应选用镍氢电池或锂电池。碱性电池虽然便宜，但总是需要更换，使用多了，实际上是不划算的。

关于锂电池多说几句。锂电池分为多钟容量，一般选 2000mAh 以上的即可。再就是锂电池分带保护电路的与不带保护电路的两种（见图 31.11），价格不一样。保护电路的作用是防过充、防过放，因为锂电池被过充或过放后，会造成永久损坏。但是，小车在速度明显下降时，及时充电，并使用防过充充电器，也可以安全使用不带保护电路的电池。

■ 图 31.11 无保护锂电池（左）与有保护锂电池（右）

31.1.6 下载程序

因为采用了 AVR 体系的 ATmega48 系列单片机，理论上任何 AVR 单片机的开发环境都可以完成程序编写。笔者为读者提供了两个版本，一个是自主研发的简易C语言开发平台—Maker C（笔者在以前的文章中曾用过Robot C的名字，现在正式命名为Maker C）的版本，另一个是Arduino版本。两个版本的程序结构基本差不多，但最终的代码量有区别。Arduino版本的代码量大于4KB，所以使用Arduino的读者需换用ATmega88或ATmega168。

1. Maker C程序下载

首先，从网站www.machmouse.com下载Maker C程序包。Maker C为绿色软件，无需安装，只要将压缩包解压至一个目录，直接单击MakerC.exe图标即可启动程序。

接下来，下载源程序"BT_Control_Car.c"至你的硬盘。在Maker C程序里打开该程序。接插好USBasp下载器。单击"下载"按钮，程序开始下载，数秒钟后，下载完毕（见图31.12）。

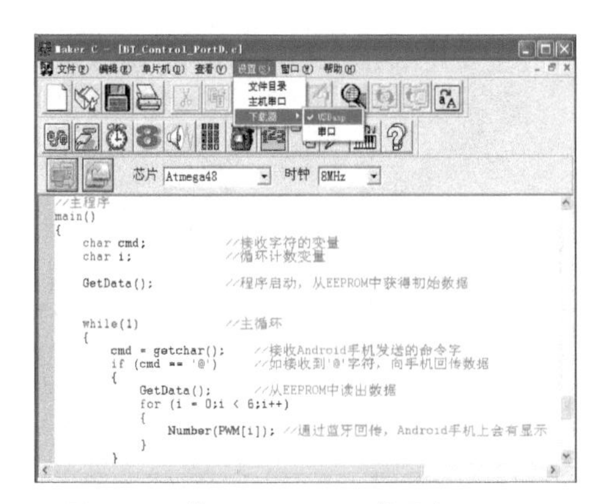

■ 图31.12 使用Maker C下载程序

2. Arduino程序下载

首先，添加主板选项。在"Arduino\hardware\arduino"目录里找到文件boards.txt，将以下文字粘贴至文件末尾。

```
##################################
atmega48.name=MiniBoard /
ATmega88
atmega48.build.mcu=atmega88
atmega48.build.f_cpu=8000000L
atmega48.build.core=arduino
atmega48.build.variant=standard
##################################
```

启动Arduino，单击"Tools"→"Board"菜单，选择"MiniBoard/ATmega88"。

上述配置文件与所选芯片有关。上例使用了ATmega88芯片，如果使用ATmega168，则配置文件里所有"ATmega88"均应替换成"ATmega168"。

接插好USBasp下载器。

从网站下载源程序"BTRobot.ino"文件至你的硬盘，并打开。选择"File"→"Upload Using Programer"下载程序。

需要说明的是，Arduino不具备下载代码同时下载EEPROM文件的功能，所以用Arduino下载的程序没有初始化PWM数据。不过问题不大，可以在下载完成后，连接Android手机，用Modify这个App去修改数据。

3. 直接下载HEX文件

有一定基础的读者，如果使用过AVR Fighter等下载软件，可从网站直接下载MakerC.hex文件和MakerC.eep文件，前者是Flash空间的HEX文件，后者为装入EEPROM的数据文件。

31.1.7 操作与调试

Android手机的蓝牙控制部分有两个App，BTControl.apk用于运行控制，Modify.apk用于小车的运行参数调试。

首先将上述两个模块下载至你的手机并安装。

然后进行对码。打开小车上的开关，蓝牙模块的指示灯开始闪烁；打开你的手机，点击“设置”→“蓝牙”→“搜索设备”；找到蓝牙模块后，要求输入 PIN（即配对码），一般是 1234。至此，手机与蓝牙模块的配对工作完成。

点击 BTControl 图标，会出现图 31.13 左侧所示界面。点击“连接蓝牙”，出现与你的手机配对的蓝牙模块地址代码，如图 31.13 中间所示界面。点击蓝牙模块地址代码，数秒钟后，蓝牙模块上的 LED 从闪烁变为常亮，表明已连接成功，出现如图 31.13 右侧所示的操作界面。你就可以操作小车了。上、下、左、右、中五个按键分别可发送前进、后退、左转、右转以及停车的命令。

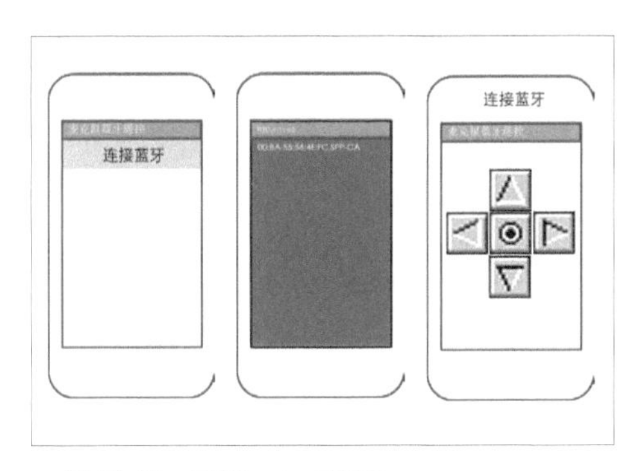

■ 图 31.13 BTControl 界面

一切顺利后，小车就能跑起来了，但你马上会发现，小车的运行轨迹并不理想，这就需要调试。调试分两个方面，一是车体，二是软件。

车体的调整对小车行驶的直线性能影响较大，需注意以下几个方面。首先是电机支架与车身的安装角度。因为电机架的安装孔总是有一定余量的，所以会导致机架车身不平行。由于电机性能有差别，可能一个稍快，另一个稍慢，稍微调整一下角度反而会收到很好的效果。

再就是调整尾橇。因为小车的整体结构是两个电机轴与尾橇触地的三点式结构，所以左右掰掰尾橇也能对小车性能有所改善。

车体部分调试满意后，我们开始进行软件调试。点击 Modify 图标，会出现图 31.14 左侧所示界面。

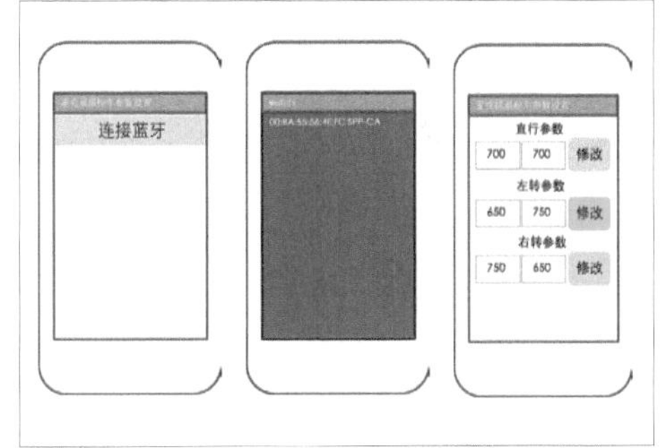

■ 图 31.14 Modify 界面

点击“连接蓝牙”，出现蓝牙模块地址代码，如图 31.14 中间所示。点击地址代码，数秒钟后，连接成功，蓝牙模块上的 LED 从闪烁变为常亮，出现图 31.14 右侧所示界面。图中共有 3 对数据、3 个修改按钮，分别是直行参数、左转参数和右转参数。这些数值就是驱动电机的PWM 值，是被预先（新程序下载时）写入单片机的 EEPROM 存储器里的。其值越大，施加于电机的电压越高，最大值为 1023。

一般直行的一对参数应该是一样的，但是由于电机本身性能的分散性，不可能保证两个电机的转速绝对一致。稍微调整直行参数对，可以对小车的直行性能有所改善。直行参数的另一作用就是速度。速度不是越快越好，太快会失控，特别是在竞赛时。

左转/右转的参数则决定小车转向的弧度。可以看出，这两个参数是不一样的，这就使得两个电机获得不同的转速，进而使小车偏向某个方向。转向动作过激、过缓都不合适，这就要求操作者根据自身的条件、操作的熟练程度调试出合适的参数。

调试好的参数，点击“修改”键，小车上单片机的参数就被修改。修改的数据被写入EEPROM，从而保留下来，即使重新上电，这些数据也会被读回，就如同电视节目的遥控器一样。

调试小车时，首先调试直行路线，即在直行时，尽可能走直线。但这只是理想的情况，现实中是不存在绝对直行的，只是相对比较直，两个电机的性能差别、地面情况等因素都会导致偏差。再就是调试速度与转向性能，这些都要根据个人对自己小车性能的要求和比赛规则做出综合考虑。部件都是一样的，但调试出的性能则因人而异，比的是技术，而不是运气。

31.1.8 竞技比赛

关于比赛，笔者只是推荐几个方案，供参考。

1. 机器人足球赛

小车的足球赛一般是推乒乓球或网球。用挡板围成一个矩形，两端画出门框。可以采用单人制（即一对一）或是双人制（即二对二）赛制。

比赛可以分为3局，5min一局，以进球多少分胜负。

推球杠可采用较坚硬的材料，如木片、PVC或包装盒等制成图31.15所示的形状，固定于小车头部。

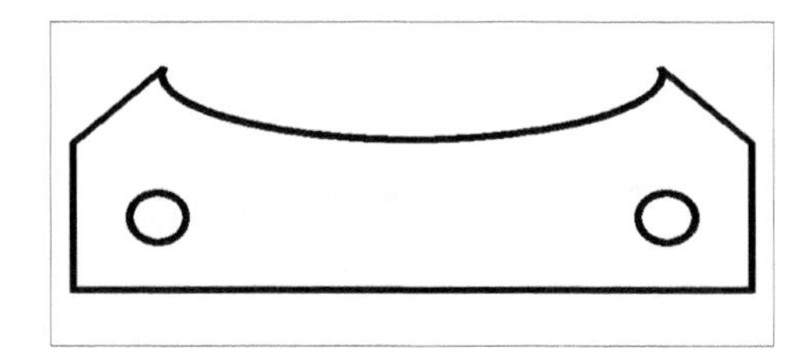

■ 图31.15 推球杆形状

2. 绕桩赛

以一定的间距，在地上放置若干障碍物，如可乐罐（见图31.16）。选手遥控小车从起点出发，绕行障碍物，以最短的时间到达目的地为胜。可设置一个总分，比如100，若小车在行进过程中碰倒障碍物，则减分，最后以总分值和总时间计算名次。

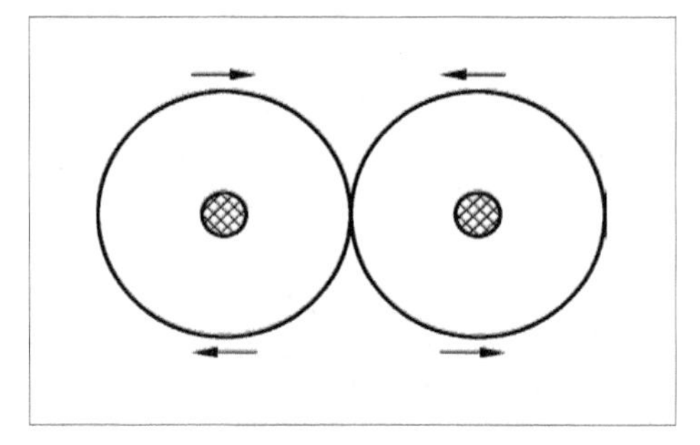

■ 图31.16 绕桩赛场地

31.2 深入研讨

初次接触单片机及信息技术的读者，读完本文的前半部分就可以玩机器人了。从元器件焊接到软件下载、蓝牙遥控，不需要很深奥的知识，但充满乐趣。如果你有深入了解的需求，请阅读下面的深入探讨部分。

31.2.1 电路介绍

1. 主控部分

小车采用 ATmega48 单片机作为控制芯片。从图 31.17 可以看出，整个电路是一个 ATmega 系列单片机的最小系统。单片机系统时钟采用内部 8MHz RC 振荡器，因而省去了晶体及辅助电容。因为不用 bootloader 引导程序，所以内存容量最小的 ATmega48 即可运行整个程序，而且还让出了串口，可以直接连接蓝牙模块。唯一的外围电路就是由电容、电阻和按键构成的复位电路。

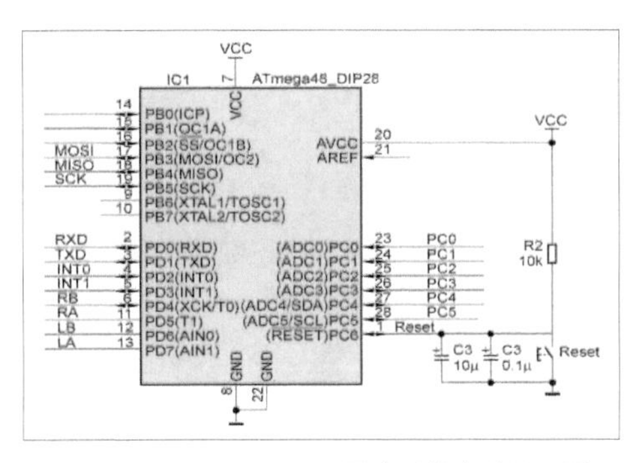

■ 图 31.17 ATmega48 最小系统电路原理图

2. 驱动部分

小车的电机驱动电路采用一对 LG9110 芯片完成。这是一款普遍用于玩具中的电机驱动芯片，只有 8 个引脚，无需外围电路，控制也很简单。详细技术资料读者可以从网上搜到，这里不赘述。重要的是，该芯片与程序中的软件 PWM 产生部分配合，就可以非常简单地实现电机的调速与正反转控制。从图 31.18 可以看出，芯片的输入是 IA 和 IB 两个引脚，输出则是 OA 和 OB 两引脚。而 OA、OB 直接接直流电机的两极，可想而知，当 OA、OB 两端存在电位差时，电机就会向某一个方向旋转，至于是正转还是反转都是相对的。所以，只要在 IA 或 IB 任意引脚施加 PWM 信号，另一引脚保持一个固定电位（可高可低），电机就会向一个方向旋转，而通过调节 PWM 信号的脉冲宽度，就达到了调速的目的。

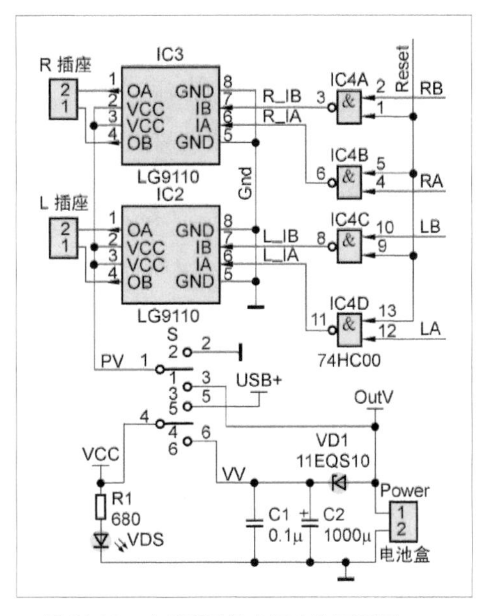

■ 图 31.18 电机驱动及电源电路原理图

LG9110 的输入引脚与单片机控制引脚之间接入一个 74HC00 四与非门电路，其作用是作为 PWM 信号的开关，每个与非门是否导通由复位信号控制。这样，在小车启动之前，操作者按住复位键，不但使程序复位，也阻止了电机盲目启动。

3. 电源部分

电源电路主要有由一只肖特基二极管与一个大容量电解电容构成的滤波电路和由一只双刀双掷开关控制的电源切换电路。

因为小车的供电系统采用单电源供电，

需要大电流的两个直流电机会造成较大的电源波动，从而导致小功耗的IC芯片供电波动，因此有必要加装滤波电路予以隔离。从图31.18可以看出，外部电源（电池）OutV经双刀双掷开关的一个接点成为PV，直接接LG9110的电源端。而经滤波后的VV经开关的另一路成为供IC芯片用的VCC。

双刀双掷开关虽然是一个非常简单的电子元件，但在本电路中却担负了多重任务。前面说过它起到将两路电源隔离的作用，它的另一个任务是在两种供电方式间切换。小车系统在下载程序时，接点1和接点2联通、接点4与接点5联通，使用的是由电脑主机的USB提供的500mA、5V电源，而通过LG9110供给电机的电源则被接地，因为电机比较耗电，这样设计是为了保护USB端口。小车运行时，接点1和接点3联通、接点4和接点6联通，电机部分由车载电池提供电力，而电路部分则通过滤波电路获得稳定电压。

除此之外，这个小开关还是整个系统的电源开关。下载程序时，将该开关拨到download端，就接通电源；拨到RUN端就断开电源；使用电池时，则正好相反。

4. 辅助电路

图31.19所示为辅助电路。其中，P1为6针插针排，接ATmega单片机的端口C，提供6个模拟口。P2接单片机的外部中断引脚，供需要外部中断时使用。ISP为10针牛角座，接插标准ISP下载器。BT为4孔母排，专供蓝牙模块使用。J1为双排4针插针排，供外接模块使用VCC和GND。

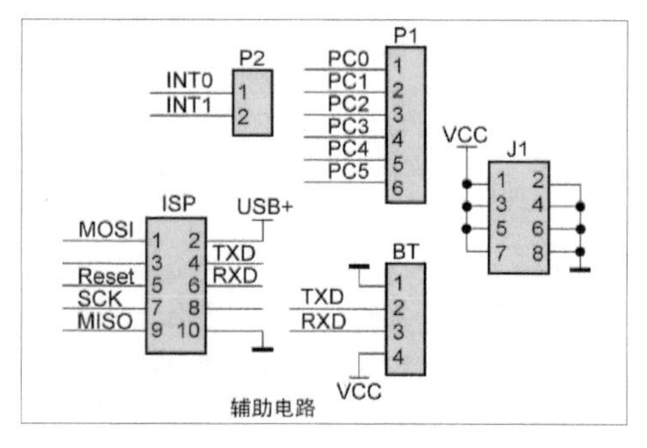

■ 图31.19 辅助电路

31.2.2 软件介绍

小车是由Android手机的蓝牙实施遥控的，所以软件就由两部分组成：小车的运行控制部分分别采用Maker C和Arduino编译生成两个程序；Android手机端则用App Inventor开发apk程序。

1. 小车控制程序流程图

什么是程序？程序就是数据加算法。这句话的意思就是，首先要有特定的数据，或是一件要做的任务；然后以计算机的语言描述一个解决方案，也就是算法。这就是程序。

我们这个小车的例子就可以分解成这样几个任务：要能够调整电机的转速，要有接收数据的功能，要有回传数据的功能，能够根据命令改变小车的运行状态等（见图31.20）。下面我们以Maker C源程序为例，来分析一下小车的几个程序。

笔者采用自行研发的AVR单片机开发平台Maker C编写了小车的主控程序。因为都是基于AVR单片机，所以在汇编代码级与Arduino是完全兼容的。

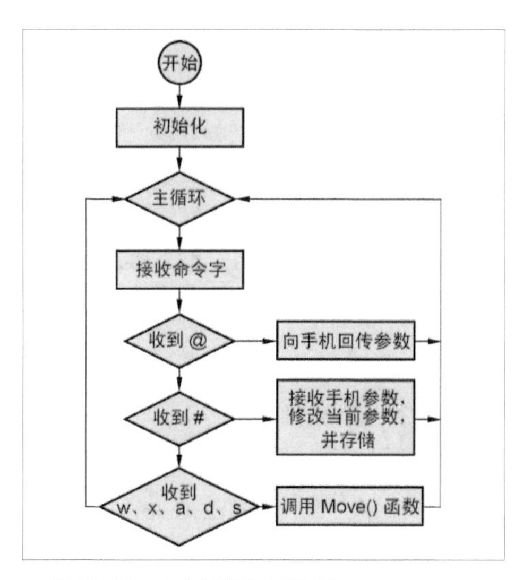

■ 图 31.20 小车控制程序流程图

程序的开始部分有几条以‘#’开头的语句，都是系统自动添加的初始化或定义语句。Maker C 是笔者专为初学者开发的计算机语言学习平台，重点在于学习计算机语言的思维方式，而像专业开发工具里的大量使初学者晕头转向的性能配置、环境设置、条件编译，还有兼容性等语句则尽量予以删减或隐藏，方法就是通过对话框自动设置。本例中，主要是对串口和软件 PWM 的设置。当你单击了相应的图标按钮，就会调出一个对话框，等你填完有关参数，单击“确定”按键后，系统会自动为你生成这一切，你无须关心细节。想深入了解技术内幕的读者可以参照后面对 Arduino 程序的说明，特别是软件生成 PWM 的方法，可以了解到汇编语言级。

程序由主函数和 3 个子函数构成。主函数，即 main() 非常简单，只有两个控制语句：一个 while 无限循环，另一个 if 分支。所有的初始化工作都由系统自动完成了。While 循环里的第一个可执行语句就是从蓝牙模块提供的串口读入一个字符的函数 getchar()。该函数的功能是如果读到一个字符，就存入变量 cmd，否则就等待。接收到的字符由分支语句 if 判断后调用其他函数作进一步处理。

程序只识别如下字符	
@	向手机回传当前 PWM 参数
#	准备接收手机发回的 PWM 参数
%	参数与参数索引的分割符
w	前进命令符
x	后退命令符
A	左转命令符
D	右转命令符
s	停止命令符

GetData () 函数：该函数的功能是从 EEPROM 里读出 6 个 PWM 参数，因为这些参数是以字节的形式存储的，读出后由函数 byte2int () 将其还原成整数，再存入参数数组 PWM[ ] 里。

SetData() 函数：该函数将蓝牙传过来的一串数据转换成一对 PWM 参数，并以字节形式存入 EEPROM 的对应地址中。数据格式为：#m@nnnn\rm@nnnn\r。“#”表示将要接收一组数据；“m”是地址值；“@”是地址与数据的分割符；“nnnn”为 1~4 个数字；“\r”为回车符，即 ASCII 码 0x0D，表示数据串的结束。字符“#”首先被主函数的分支语句截获，表示后面要接收并处理一组数据，然后程序跳转到子函数 SetData()。在子函数里，以字符 0x0D 为结束标志的 while 循环语句处理后续字符。

当读到字符“@”时，其前一个字符为地址索引，存入变量 index，后续字符减 0x30 后就是该字符所表示的数字，通过连乘 10 的算法转换成一个十进制整数。接着，将得到的整数存入有索引标示的 PWM[ ] 数组元素中，并通过函数 int2byte() 将整数拆分成两个字节，存入 EEPROM。

Number () 函数：该函数的功能是接收一个整数，将其转换成字符串发送。其算法就是将整数不断除和取模，进而得到各个位上的数值，然后存入数组 buf[ ]。在发送之前，再做一个处理，如果高位没有数字，就以空格填补。例如数字 760，处理后成为字符串“760”。

2. 软件 PWM

我们知道，单片机都有内置的定时器，像 ATmega48 这样的 AVR 单片机就内置了 3 个定时器。每个定时器可产生两路 PWM 波形，从固定的引脚输出，这就使电路设计受到约束。在机器人应用中，一般的设计是启用一个定时器，其两路 PWM 输出分别控制两个电机的调速。问题来了，一路 PWM 信号控制一个电机，在电路设计上只能固定接到电机的某一端，电机向一个方向旋转。想改变旋转方向怎么办？加入辅助电路是可以解决的，带来的问题是成本的上升。

笔者的解决方案是在程序运行过程中，动态改变 PWM 输出的引脚。这样就可以用单片机自身的引脚去控制电机的旋转方向，配以廉价的 L9110 驱动芯片达到降低成本的目的。

我们拿 Arduino 的源程序 BTRobot.ino 来详细讲解其原理。

启用一个定时器，本例是 Timer2。具体技术参数如下：系统时钟 8MHz、10μs 定时、8 分频，定时计数寄存器 TCNT2 的定时常数是 0xF6，启用定时中断。

全局变量 counter 为中断服务函数内用到的一个计数器，计数最大值为 1023，也就是 0x03FF。每 10μs 中断一次，counter 计数一次，计满 1023 约 10ms。

另外两个全局变量 pwm_LH 和 pwm_RH 是两路 PWM 脉冲波形的高、低电平分界值。以 pwm_LH 为例（见图 31.21），当 counter 为 0 时，引脚置高；当 counter 等于 pwm_LH 时，将该引脚置低。于是，在该引脚会输出一个脉冲，其占空比由变量 pwm_LH 调节。

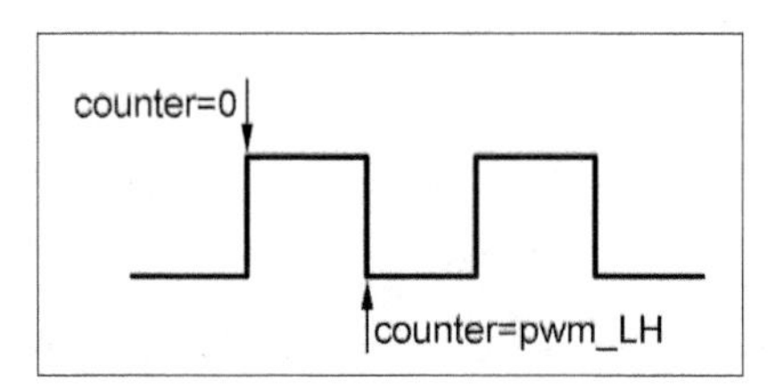

■ 图 31.21 PWM 波形的产生

另一个问题是，PWM 脉冲由哪个引脚输出。两个全局变量 lDirect、rDirect 担负此任务。譬如，我们指定单片机 D 端口的 6、7 引脚分别连接 L9110 的 IA、IB 端，L9110 的 OA、OB 接一个电机的两端。当 lDirect 为高电平时，我们对引脚 7 操作，引脚 6 保持低电平；当 lDirect 为低电平时，则相反。如此便实现了 PWM 脉冲输出引脚的切换。

我们在程序中通过函数 Move() 对上述 4 个变量赋值来实现对两个电机的速度与转向的控制，从而实现对小车的运行轨迹的控制。

在 Maker C 中，软件 PWM 为内嵌函数，用汇编代码写在函数库里。用户只要调用对话框即可完成设置（见图 31.22、图 31.23），无需对单片机内部有过多了解。

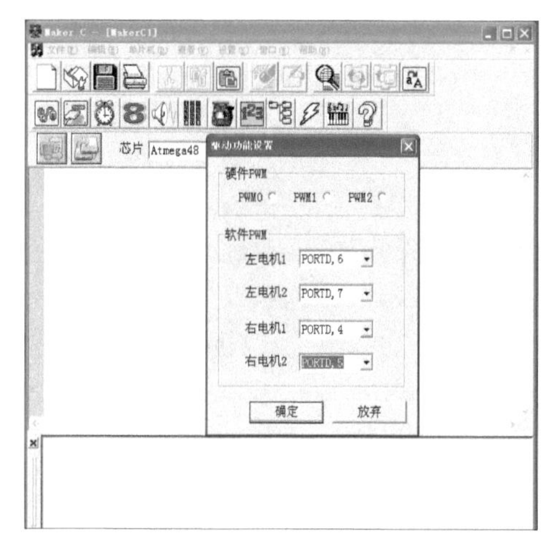

■ 图 31.22 PWM 设置对话框

■ 图 31.23 设置后的结果

Arduino 中的 Robot 函数是硬件 PWM，输出引脚固定，因此不适合本例。笔者为此开发了专门的函数，里面用到了很多 AVR 单片机的专有寄存器符号以及在线汇编语句等，阅读这部分内容需要一定的单片机知识。如果读者有疑问，欢迎通过笔者的电子邮箱 fullmous@hotmail.com 进行交流。

32 单片机智能小车 CarBot 开发详解

◇ 曹延焕

使用智能手机来操控机器人小车已不再是很奇特的事，现在的智能玩具不能连接手机来控制都不能说是“智能”玩具了。今天笔者为大家带来一款自主设计开发的手机遥控小车 CarBot。

32.1 小车的设计

经过一翻头脑风暴，笔者为这款小车设置了以下功能及特点。

★ 前底部位置安装红外传感器，可实现智能循线功能，主要区分黑白色，以行走黑线为主。

★ 前方左右位置安装红外反射传感器，可实现防撞、尾随、走迷宫等功能。

★ 板载蓝牙接口，可同时通过接口下载程序和手机蓝牙控制及重力感应操作。

★ 一位中断按键输入，可让小车切换完成不同的工作模式。

★ 可外扩蜂鸣器模块、温/湿度传感器模块，配合手机 App 让机器人采集环境中的气候条件。

CarBot 的控制电路图如图 32.1 所示。

电路图中的电机系统由两片 L9110S 贴片芯片（低压 2.5V 可工作）直接驱

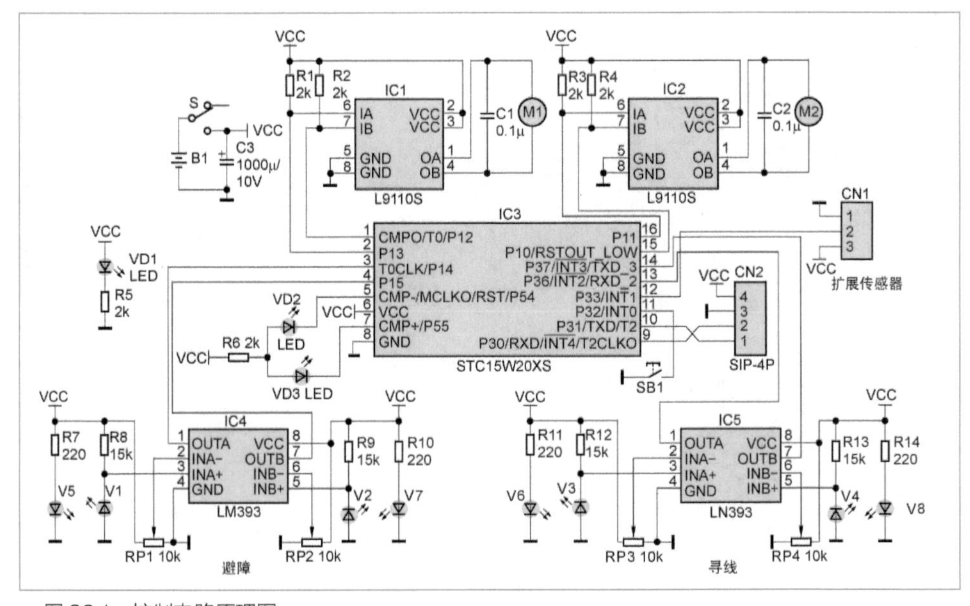

■ 图 32.1 控制电路原理图

动，可完成小车的运行及速度的调节。单片机采用的是STC15W204S，DIP-16 封装，包含有 14 个可使用的 I/O 接口，工作电压可低至 2.5V。其 I/O 端口资源分配为：外中断按键、左右指示灯、左右避障信号、左右循线信号、蓝牙通信与程序下载和外扩单总线接口。

小车的结构比较简单。直接由 PCB 承载整个小车的电气系统与机械结构，造型设计为半弧扇型的两轮三点式，见图 32.2。电机使用塑料减速箱，由两片 PCB 支持电机，再固定到小车平面上。电机供电电压为 2.5 ~ 6V，电压较低，可节省整个小车的电池资源，因此，只需要 3 节 5 号电池便可以让小车运行起来。

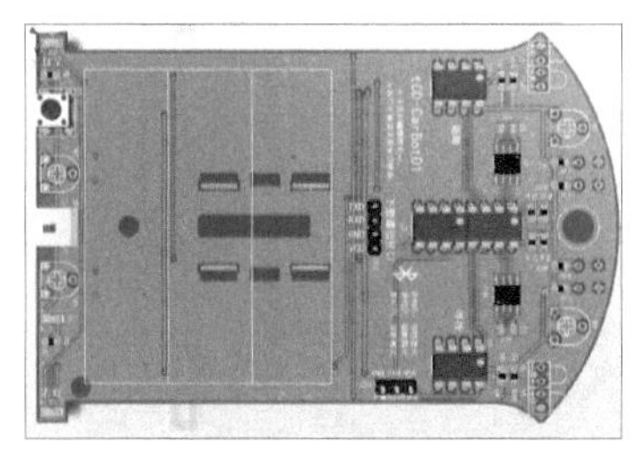

■ 图 32.2 主控电路 PCB

32.2 小车的制作

本制作需要购置的元器件如表 32.1 所示。零部件较多，焊接与组装的工作量也不算小。下面一起来进行焊接、组装。

表 32.1 制作 CarBot 智能小车机器人所需材料清单

序号	名称	规格	位号	用量
1	瓷片电容	0.01μF	C1、C2	2
2	电解电容	1000μF	C3	1
3	贴片 LED	红色	VD1、VD2、VD3	3
4	电机驱动芯片	L9110S	IC1、IC2	2
5	红外发射管	F3 白色	V5、V6、V7、V8	4
6	红外接收管	F3 黑色	V1、V2、V3、V4	4
7	单片机	STC15W204S	IC3	1
8	DIP-16 IC 座		配 IC3	1
9	集成电路	LM393	IC4、IC5	2
10	8Pin IC 座		配 IC4、IC5	2
11	3Pin 排母		CN1	1
12	4Pin 排母		CN2	1
13	可调电阻	10kΩ	RP1、RP2、RP3、RP4	4
14	贴片电阻	2kΩ	R1~ R6	6
15	贴片电阻	220Ω	R7、R10、R11、R14	4
16	贴片电阻	15kΩ	R8、R9、R12、R13	4
17	自锁开关	3.9mm ×4.5mm	S	1
18	按键	6mm×6mm ×5mm	SB1	1
19	万向轮	M5		1
20	万向轮螺丝	M5×30mm		1
21	万向轮螺母	M5		1
22	沉头螺丝	M3×8mm		3
23	螺帽	M3		7
24	沉头螺丝	M3×25		4
25	电机固定板			2
26	自攻螺丝	M2.5×10		2
27	电池盒	AA×3		1
28	导线	10cm		4
29	电路主板			1
30	硅胶轮胎			2
31	减速电机			2
32	蓝牙模块			1
33	其他传感器			1
34	其他遥控器			1

❶ 从最矮的贴片元器件开始焊接，最后再焊接需要预留长引脚的红外传感器，并安装好电池盒。

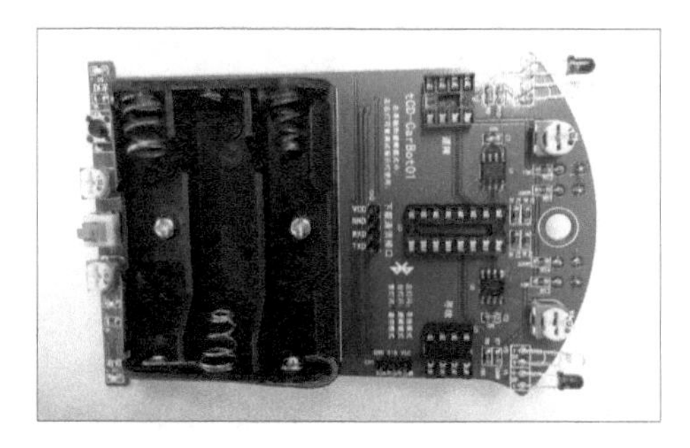

❷ 焊接小车底部的滤波电容。此滤波电容一定要设计在电源开关之前，否则会因电容容量较大，断电后，存储的电量充足，导致 STC 单片机冷启动下载程序时困难。

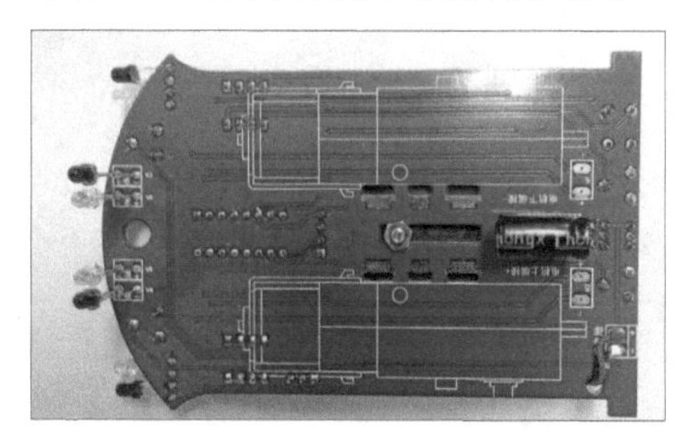

❸ 将电机与电机支持板固定好，将电机的引脚导线焊接好，准备安装到小车底盘上。

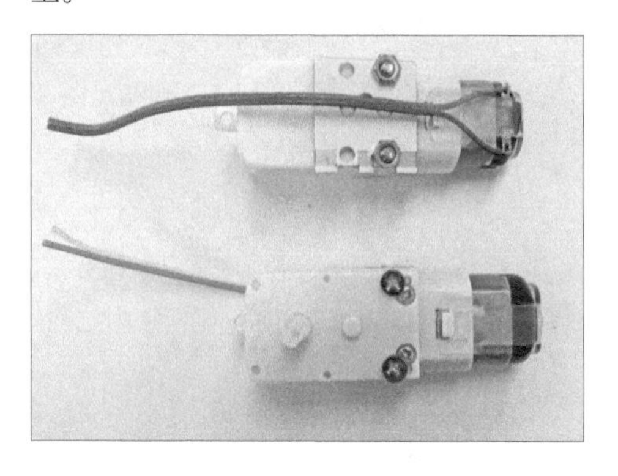

❹ 按下图所示，将底盘固定焊盘与电机支持线路板上的固定焊盘都粘上一些焊锡。然后对接上，并用电烙铁熔化焊锡固定起来，同时将电机引脚导线焊接在底盘上。

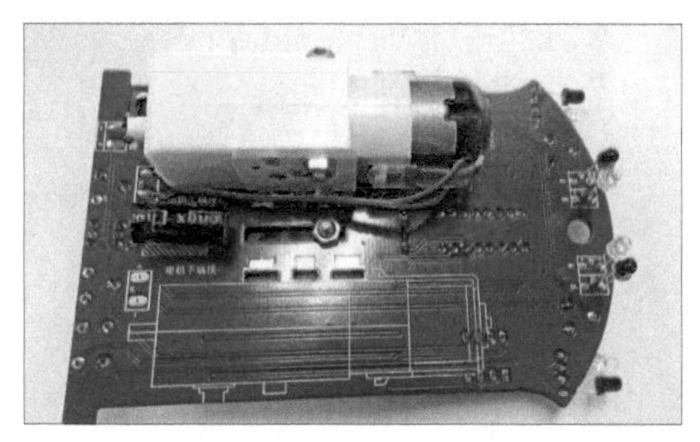

❺ 将轮子安装在电机轴上，并用螺丝钉住，同时安装前方的圆头螺丝支点。整体组装完成，将蓝牙模块安装在小车上。

32.3 典型案例库开发

32.3.1 手机遥控

1. 蓝牙模块

蓝牙模块有很多种。这里使用的是蓝牙转串口的模块，它是一种将蓝牙协议转换为串口协议的模块，型号主要有 SPP、BLE 等系列的，SPP 属于蓝牙 2.1 数传型，BLE 属于蓝牙 4.0 数传型，那么哪一种更适合我们呢?

从笔者的经验来看，SPP 相对成本更低，很适合制作低端产品，而 BLE 的协议版本太高，相对开发出的 App 兼容性不强，即 4.0 以上协议的 App 不向下兼容，所以从这个角度看，SPP 还是不错的。

然而，笔者的经验也不是白总结的，在以前做开发时，发现 SPP 工作在电机系统中偶尔会因为电源电压的抖动而发生掉电复位的情况，因此笔者特意做了测试。由于蓝牙模块工作的最低电压为 3.0V 左右。因此，当小车的电机在切换方向运转时，所消耗的电流较大，会使得电池的电量出现低陷时间段。而这个时间段会影响蓝牙模块的电源稳定性，可能导致蓝牙复位，使得手机与蓝牙模块间掉线。为了解决这个问题，笔者专门设计了一个 DC-DC 升压电路，专门为蓝牙模块提供一路稳定的电源电压。此 DC-DC 电路，可以在极低电压 0.8V 时启动并保持输出为 5.0V 的电压，再将 5.0V 的电压降至 3.6V 左右为蓝牙模块供电。即便电机运行使整个系统电压出现电源低陷时间段，也不影响蓝牙的工作。

基于这个问题，笔者特意为 SPP 模块增加了一个 DC-DC 升压底板，工作电压低至 0.8V 时，SPP 可安然工作，实物如图 32.3 所示。

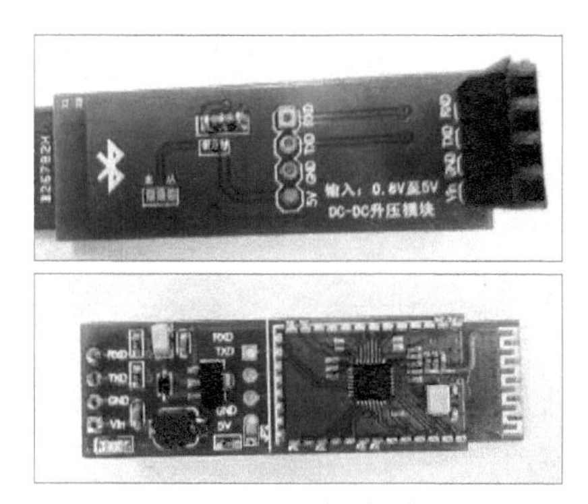

■ 图 32.3　DC-DC 升压模块

SPP 蓝牙模块有一些参数可以通过 AT 指令来修改，这里列举几个常用的指令。出厂默认参数为：从机模式，波特率 9600，N，8，1。配对密码：1234。

图 32.4 所示是在串口助手中对 SPP 蓝牙模块进行 AT 指令设置，必须使用文本模块，发命令也必须用“AT+ 命令”的形式，模块识别到正确指令后，会返回相应的数据，这些命令和数据下面都已例举出来。

■ 图 32.4　设置串口助手

改蓝牙串口通信波特率：发送“AT+BAUD2”，返回“OK2400”；发送“AT+BAUD3”，返回“OK4800”；发送“AT+BAUD4”，返回“OK9600”。

改蓝牙名称：发送“AT+NAMEKC_8023”，返回“OKname”。这时蓝牙名称已改为 KC_8023，参数可以掉电保存，只需修改一次。手机端刷新服务后可以看到更改后的蓝牙名称。

改蓝牙配对密码：发送“AT+PIN8888”，返回“OKsetpin”，这时蓝牙配对密码已改为 8888，参数可以掉电保存，只需修改一次。

2. 安卓手机端 App 软件

笔者为这款小车设计了两种不同的手机端 App。一种是属于精简单指令传输的，另一种是属于协议性多字节指令传输的。多字节指令版本的UI界面专门设计了图形按钮，界面会更有视觉感（见图 32.5），为了更好地理解开发代码，这里就拿精简单指令的 App 来作分析。

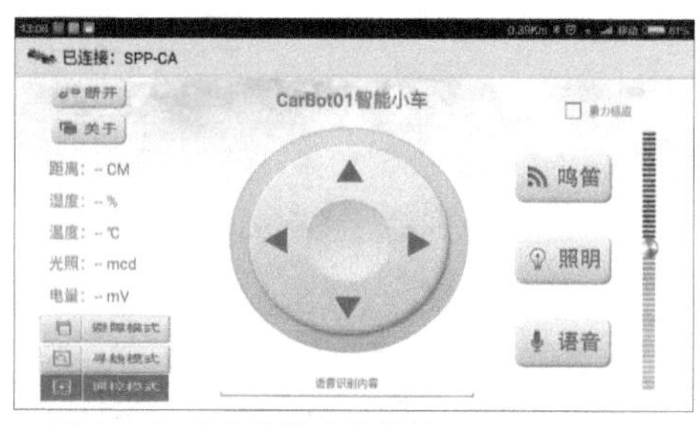

■ 图 32.5　多字节指令传输的 App 界面

从精简指令型的 UI 界面（见图 32.6）上看，有控制小车方向的按钮、附属功能有鸣笛、照明（车灯）、速度调节、手机重力感应控制小车运动方向等。以上功能均为手机端通过蓝牙协议将控制指令发送到 SPP 模块，SPP 模块再将蓝牙协议转换为串口协议，通过串口协议把指令送往单片机，再由单片机根据指令让小车做出不同的动作。

■ 图 32.6　精简单指令传输的 App 界面

再看看 App 界面中，有距离、电量、光强、温度等一系列可监控环境或小车自身电量的信息采集指示，这些信息全部是从智能小车上采集回来的。通信的过程是，小车上的单片机通过各种传感器把信息全部采集并存储，将这些存储的信息转换为数据指令，通过串口协议发送给 SPP 模块，SPP 模块将串口协议数据转换为蓝牙协议数据，再把这些数据发往配对的手机端，并通过 App 软件显示到相应的位置上。

工作过程分析起来很简单，但这里面包含的数据没那么简单，必须要有一定的协议或者说要有门牌号，否则回传或下发的指令不能显示在对应的位置或不能让小车做出相应的动作。

笔者在这里提供了手机端 App 软件中各控件下的通信数据格式，如表 32.2 所示。

其中，停车按钮的指令发生在“前进”“后退”“左转”“右转”松开后；“开鸣笛”和“关鸣笛”按钮的指令发生在按下“鸣笛”按钮为开鸣笛功能，松开“鸣笛”按钮为关鸣笛功能。

表 32.2　从 App 端发送出去的数据（格式为 Hex）

功能	指令	功能	指令	功能	指令	功能	指令
前进	40	后退	41	左转	42	右转	43
停车	FF	照明	47	开鸣笛	50	关鸣笛	FE
加速	45	减速	46	模式	48		

App 端需要接收的信息比较多，而这些信息必须要有可判断的门牌号，才能知道传上来的是距离值、电量值还是其他无用的数据。我们也将这些数据串指令组合为一个表格来描述，见表 32.3。

表 32.3　信息数据格式

功能	指令（Hex）				
距离	05	04	H	L	BB
露点	05	01	H	L	BB
温度	05	02	H	L	BB
湿度	05	03	H	L	BB
光照	05	06	H	L	BB
电量	05	00	H	L	BB

其中，H 和 L 表示为一个整型数据，占用两个字节长度，即 H 为数据高 8 位，L 为数据低 8 位。比如：距离数据为“05 04 01 89 BB”，其中 05 是数据帧头，04 是门牌号（这就告诉了小车传至手机端的是距离数据），BB 是数据帧尾，01、89 需要通过计算才能得到距离值。这个距离值的计算方法为：直接将这两个 char 型数据组合为 int 型数据，即 0x0189，转化为十进制的 393，这就表示小车传上来的距离是 393cm，见图 32.7。

你可以通过以上方法将其他的数据解释清楚，将智能小车打造得更智能化。当然，如果你想验证这些功能数据是否正确，可以用串口模块，一端连接 SPP 蓝牙模块，一端连接 PC 机的 USB 端口，通过串口助手来监控 App 端发送过来的指令，也能把数据串传送至手机端，如图 32.8、图 32.9 所示。

■ 图 32.7　App 端距离值显示 393cm

■ 图 32.8　带升压底板的 SPP 蓝牙模块连接 TTL 串口模块

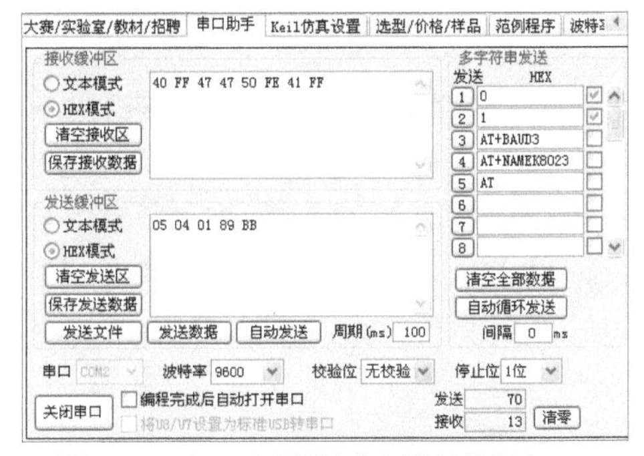

■ 图 32.9　串口助手端接收和发射的指令

3. 方向运动的原理

小车的运转和点亮几个 LED 对单片机而言是同样的原理，只是因为单片机 I/O 口无法直接驱动电机，所以需要用硬件芯片将电流放大，程序上让单片机直接给出相应信号即可。从图 32.10 所示的原理图分析，电机 M1 正转需要给 P12 高电平，给 P13 低电平；反转，给 P12 低电平，给 P13 高电平；停止，同时给 P12 和 P13 低电平。M2 道理一样。

我们看看一个具体的小车转向动作要求

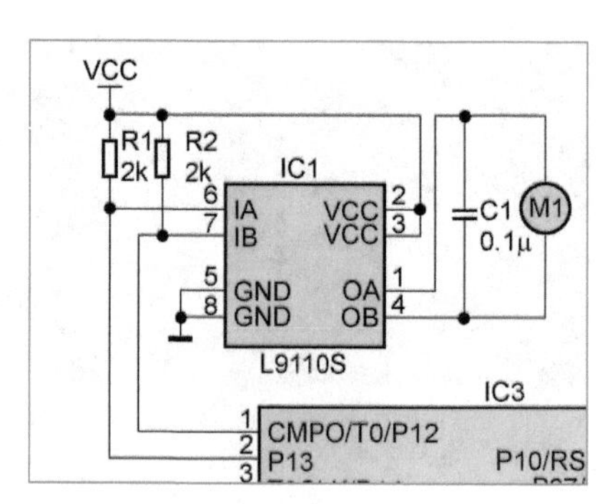

■ 图 32.10　电机驱动芯片

如何完成，比如要求小车前进一段时间，然后后退，然后左转，然后右转，然后停止。首先，从机器车实物出发，两部电机是镜像安装的，那么在编程时即可确定左轮正转、右轮反转，可达到小车前进的效果。反之，左轮反转、右轮正转即是后退。而左转方向与右转方向有两种方法，一种是以小车中心为圆点，左右轮均正转或反转，可实现小车左转与右转；另一种是以小车左轮或右轮为圆点，左轮停止，右轮正转或反转，可实现左转或右转，或右轮停止，左轮正转或反转，也可达到左转或右转的效果。

```
sbit dianji1_1=P1^3;
sbit dianji1_2=P1^2;
sbit dianji2_1=P1^0;
sbit dianji2_2=P1^1;
void delay(uint z)
{
    uint x,y;
    for(x=z;x>0;x--)
    for(y=1000;y>0;y--);
}
void qianjin() //前进
{
    dianji1_1=1;
    dianji1_2=0;
    dianji2_1=1;
    dianji2_2=0;
}
void houtui() //后退
{
    dianji1_1=0;
    dianji1_2=1;
    dianji2_1=0;
    dianji2_2=1;
}
void zuozhuan() //左转
{
    dianji1_1=0;
    dianji1_2=0;
    dianji2_1=1;
    dianji2_2=0;
}
void youzhuan() //右转
{
    dianji1_1=1;
    dianji1_2=0;
    dianji2_1=0;
    dianji2_2=0;
}
void tingzhi() //停止
{
    dianji1_1=0;
    dianji1_2=0;
    dianji2_1=0;
    dianji2_2=0;
}
/*限于篇幅，主函数调用就由读者朋友想一想*/
```

4. 单片机代码编写

有了以上的原理分析和简单测试，我们基本也了解了蓝牙模块是怎么一回事。那么接下来用单片机编程控制小车就非常简单了，只需要将串口通信的程序编写完善，再调用运动函数即可。演示代码如下。

```
/* 限于篇幅，省略了一些常规定义与机器车运动函数 */
void ckcsh()// 串口初始化
{
  T2L = (65536-(11059200L/4/9600));
  // 设置波特率重装值,11.0592MHz 晶体振荡器 9600 波特率
  T2H = (65536-(11059200L/4/9600))
>> 8;AUXR = 0x14;
  // T2 为 1T 模式，并启动定时器 2
  AUXR |= 0x01;
  // 选择定时器 2 为串口 1 波特率发生器
  AUXR1 &= ~0x40;
  // 串口 1 配置为 P3.0/RX,P3.1/TX
  REN=1;// 允许接受
  SM0=0;
  SM1=1;
  // 串口 1 工作方式 1, 即 SCOM=0X50;
  ES=1;// 开串口中断
  EA=1;// 开总中断
}
void main()
{
  ckcsh(); // 串口初始化
  while(1)
  {
    if(a==0x40)
    qianjin();
    if(a==0x41)
    houtui();
    if(a==0x43)
    youzhuan();
    if(a==0x42)
    zuozhuan();
    if(a==0xff)
    tingzhi();
  }
}
void ser() interrupt 4// 串口中断
{
  if (RI)
  {
    RI = 0 ;
    a=SBUF; // 接收数据
  }
}
```

5. 电机速度的调试

电机的速度通常是通过定时器或延时法改变某一个可调节速度的 I/O 端口的占空比来调节的，然而面对 L9110S 并没有一个可以调节速度的端口，该怎么办呢？

电机的驱动芯片 L9110S，从硬件上看并没有控制电机速度发引脚，但从 PWM 的方法上可以像下面这样理解。开启一个定时器，中断时间 1ms，周期可以定在 31ms。我们的眼光需要从一个 I/O 端口的点上转移到一个函数的面上来。这样就能从方向运转函数与停止函数中来改变每一段函数所占用的时间比，从而改变小车的运动速度。具体的演示代码如下所示。

```
char sdd = 15;
//PWM 调节值，上电后的初始速度为 50%
char sd = 0;//PWM 占空比较值
sbit M1A = P1^3;
sbit M1B = P1^2;
sbit M2A = P1^0;
sbit M2B = P1^1;
/******** 以下是小车运动函数
********/
void C_Stop()
{
    M1A=1; // 将 M1 电机 A 端初始化为 0
    M1B=1; // 将 M1 电机 B 端初始化为 0
    M2A=1; // 将 M2 电机 A 端初始化为 0
    M2B=1;
}
/* 限于篇幅，只提供后退、右转的占空比函数 */
void Back()
{
    if(sd <= sdd)// 占空比调节
    {
        M1A=0;
        M1B=1;
        M2A=0;
```

```
        M2B=1;
    }
    else
    C_Stop();
}
void Right()
{
    if(sd <= sdd)
    {
        M1A=1;
        M1B=0;
        M2A=0;
        M2B=1;
    }
    else
    C_Stop();
}
/* Timer0 interrupt routine */
void tm0_isr()
//interrupt 1 using 1ms
{
    if(++ sd >= 31) //周期计算
    sd = 0;
    switch(run_dat)
    {
        case 0x40:
        Forward();break;
        case 0x41:
        Back();break;
        case 0x42:
        Left();break;
        case 0x43:
        Right();break;
        case 0xFF:
        C_Stop();break;
    }
}
```

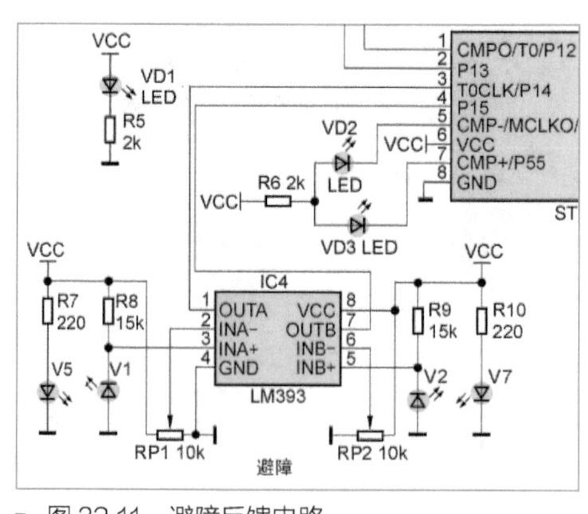

■ 图 32.11　避障反馈电路

以上代码不难理解，定时器 0 主要完成占空比的调节与运动方向的运行，而方向的运行函数才是改变速度的核心。比如右转时，先将 sd 调期变量与 sdd 占空比变量进行比较，周期小于占空时，发生右转，否则停止。假设，手机 App 端传下来的速度值调整到了 20，那么 20 这个数值会直接赋值给 sdd 变量，这 31ms 周期中，就得知有 20ms 的时间是在右转，剩余的时间小车是处于停止状态的。

32.3.2　小车避障

1. 避障传感器电路

首先了解一下避障反馈电路部分，如图 32.11 所示。使用双比较器芯片 LM393，其中电位器 RP1 连接 IC4 的 2 脚（反向端），电位器在这里起到的作用是调节反向端的参考电压值。

VD5 是一个红外发射二极管，当小车上电后，就能一直发射出 940nm 光波的红外线，根据小车车头的实物安装方式，VD5 和 VD1 组成一个红外反射对管，位于小车车头右边，主要检测小车车头右边前方是否有障碍物体。IC4 的第 3 脚（同向端），是采集 VD1 红外接收管的输出电压信号，这个电压信号是根据小车右前方是否存在物体而输出的，即 VD5 发射出来的红外光线，射出小车右前方后，若右前方的物体在红外光线能反射回来的距离内，这部分反射回来的红外光线会被 VD1 接收到，VD1 接收到这个光信号后，内部半导体会受到这股红外光线的影响而发生电子移动，使 IC4 的第 3

脚上产生的电压值发生改变。这个改变值是由大变小的（红外接收管的特性），且这个电信号的大小与接收到的红外光信号强弱有很大的关系，在物理变化上，随着被检测的物体距离越近，电信号就越小。

通常情况下，小车右前方没有物体时，IC4 的第 3 脚电压值在 4V 左右，若感应到前方有物体，电压值会下降到 3V 以下。此时，若调节电位器 RP1，将 IC4 的第 2 脚端电压值调节到 3V 左右，假设右前方没有物体，IC4 的第 3 脚电压值是 4V，根据比较器的原理可分析出，同向端的电压值高于反向端的电压值时，输出端为高电平，即 IC4 的第 1 脚输出为 5V 左右（ICU4 供电电压为 5V），这也就让单片机的 P14 口检测到一个高电压，那么在程序上我们就认为小车右前方没有障碍物体，可以直行或右转。

假设右前方有物体，IC4 第 3 脚电压值会下降到 3V 以下，比较器的同向端电压值低于反向端的电压值时，输出端为低电压，即 IC4 的第 1 脚输出为 0V，这也就让单片机 P14 口检测到一个低电压，那么在程序上我们就认为小车右前方有障碍物体，不可以再直行或右转。

通过上面的分析，我们也就很容易得出电位器 RP2、VD2 和 VD7 在电路中起到的各是什么作用了。同时，通过分析可得出以下逻辑关系。

P14 和 P15 都检测到低电平时，小车前方有障碍，必须停止或后退一小段时间再左转（右转也行）；P14 和 P15 都检测到高电平时，小车前方没有障碍，可安全直行；P14 检测为低电平，P15 检测为高电平，小车右前方有障碍，可让小车左转一小段时间后再直行（绕过右边区域的障碍物）；P14 检测为高电平，P15 检测为低电平，小车左前方有障碍，可让小车右转一小段时间后再直行（绕过左边区域的障碍物）。

2. 单片机代码编写

有了上面的完整分析，可以下面用一段演示代码完成小车的避障功能。要完成循线功能其实也是类似原理。

```
uchar bzzt;
/* 限于篇幅，一些常规定义与机器车运动
函数省略了 */
void bzzt1() //避障状态
{
  bzzt = P1;
  //取当前 P1 总线端口的所有状态
  bzzt = bzzt & 0x30;//只取出避障
传感器端口（P14、P15）的状态
}
void main()
{
  while(1)
  {
    bzzt1();//当前状态判断
    if(bzzt==0x30)//无障碍
    {
      qianjin();
    }
    if(bzzt==0x00) //正前方有障碍
    {
      houtui();
    }
    if(bzzt==0x10)//左前方有障碍
    {
      youzhuan();
    }
    if(bzzt==0x20)//右前方有障碍
    {
      zuozhuan();
    }
  }
}
```

32.4 多功能遥控手柄

很多时候，我们局限于无法开发有意思的 App，即使开发了，可能也没办法兼容安卓与 iOS 两个系统。这就让一些爱好者就丢弃了蓝牙遥控的玩法。事实上，除了使用 Pad 设备来连接蓝牙小车外，我们还可以使用蓝牙模块的主从模式进行对连，只需要将主模式的蓝牙模块，集成到一个有创意性的遥控手柄上玩转遥控小车，就不会逊于手机遥控了。

为此，笔者开发了一个有创意性的遥控手柄，手柄底部由亚克力材料做成。此蓝牙遥控手柄中集成了很多电路，包括：STC 自动下载电路、18650 锂电池充放电电路、DC-DC 升压电路、LDO 降压电路、Mini-12864 液晶显示屏、五向开关、汉字字库芯片、2.4GHz 的蓝牙与 433MHz 的 CC1101（HC-11 模块）通信电路及加速度重力感应电路。主芯片为 STC89C52RC。电路图如图 32.12 所示，PCB 图如图 32.13 所示，实物电路如图 32.14 所示。

32.4.1 电源部分

电源管理中，锂电池电压最高不过 4.2V，整个遥控手柄系统中需要 5V 和 3.3V 两种工作电压，因此必须使用 DC-DC 升压电路将 4.2V 升压至 5V，即便锂电池电量下降到 2V 左右，DC-DC 升压也能很好地稳定输出 5V，给整个系统持续提供能量。

32.4.2 接口部分

STC 单片机可以用串行接口下载程序进行固件更新，手柄上板载了 USB 转串口的自动冷启动电路，只需要一条 Micro-USB2.0 的数据线，就能将计算机端的固件程序下载到手柄单片机中。

32.4.3 加速度重力感应模块

MMA7455 是一款数字输出（I^2C/SPI）、低功耗、紧凑型电容式微机械加速度计，具有信号调理、低通滤波器、温度补偿、自测以及脉冲检测（用于快速运动检测）等功能。主要用于运动传感、故障记录以及自由下落等情况的检测，适用于手机娱乐功能、汽车电子、高档电子玩具和健身器械等领域。

在遥控手柄上，我们使用 I^2C 协议来与模块通信，I^2C 是一种简单、双向、二线制、同步串行总线，它是多向控制总线，也就是说多个芯片可以连接到同一总线结构下，同时每个芯片都可以作为实时数据传输的控制源，简化了信号传输总线接口。

32.4.4 蓝牙模块主从设置

这里使用的蓝牙模块必须支持主从设置，笔者选择了 HC-06 蓝牙模块。同 SPP 一样，也使用一样的 AT 指令就可修改名称、密码、波特率，还能设置主从模式。

当蓝牙模块为主模式时，模块会记忆上一次配对过的从机，下次开机，模块会自动搜索连接上次配对过的从机，直到连接成功为止。按下“清除蓝牙连接按钮”后可以清除记忆，重新搜索新的从机（清除记忆前，确保上次配对过的从机处于关机状态，以防主机再次连接上次配对过的从机）。注意，给单片机下载程序前，先将板子上串口切换接口的 P30 与 PTX 短接、P31 与 PRX 短接。蓝牙连接小车前，要将 P30 与 BTX 短接、P31 与 BRX 短接。

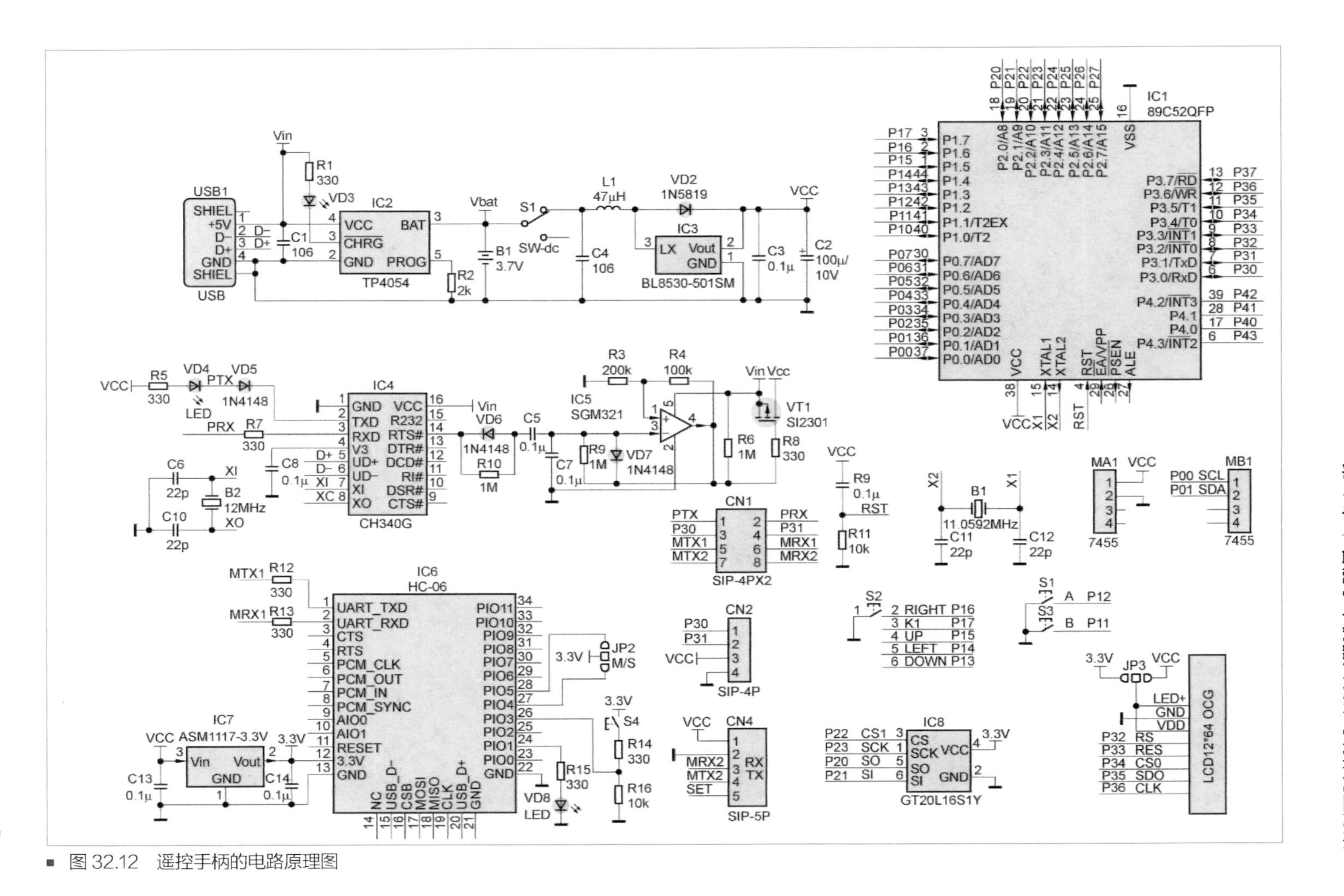

■ 图 32.12 遥控手柄的电路原理图

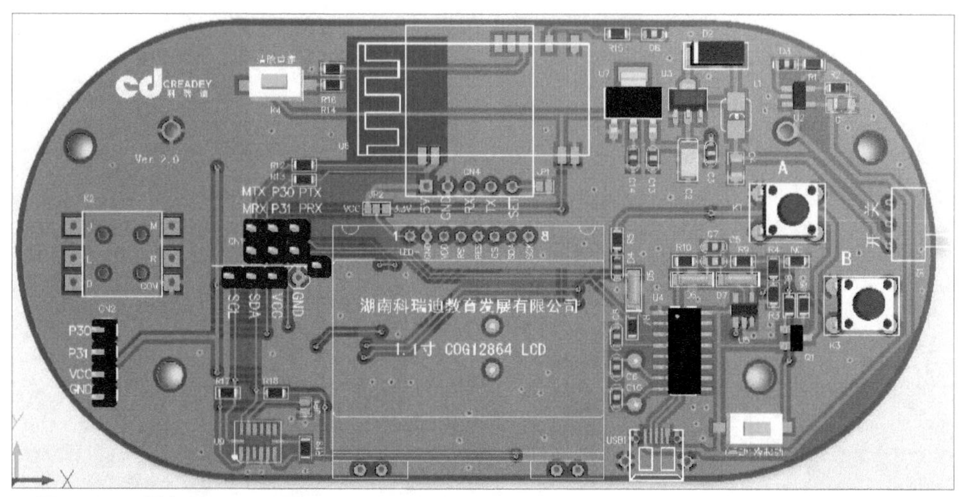

■ 图 32.13 遥控手柄 PCB 图

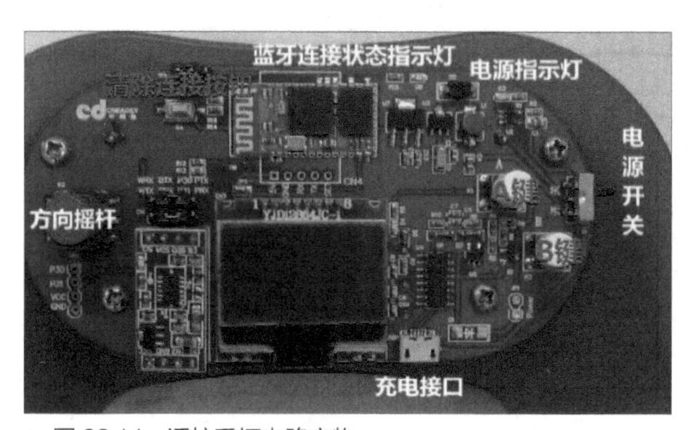

■ 图 32.14 遥控手柄电路实物

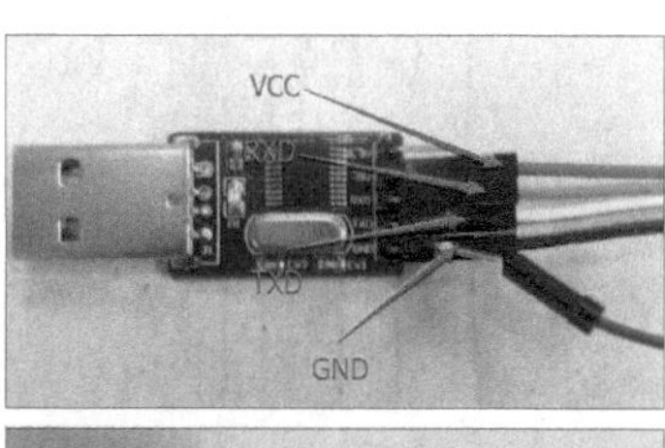

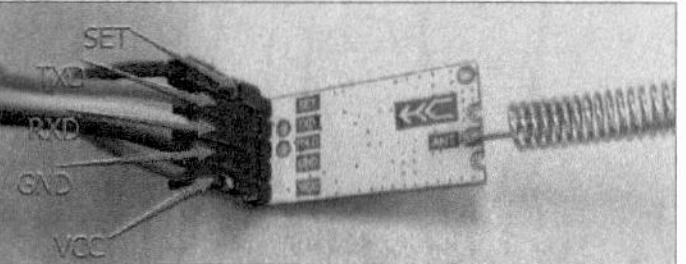

■ 图32.15 用USB转串口模块连接HC-11

32.4.5 无线模块 HC-11

遥控手柄只能在蓝牙与 HC-11 模块间选择一种来作为通信使用。蓝牙的通信距离一般不会超过 10m，而 HC-11 的通信距离则远得多，这可为不同的使用者提供了可控制距离的选择。

HC-11 是一款 433MHz 频率的远距离无线串口通信模块，空旷环境下的通信距离号称可达 200m。可使用此模块代替蓝牙串口模块，提高遥控器的控制范围。此模块也是通过 AT 指令修改配置信息的。下面详细介绍一下配置方法。

用 USB 转串口模块连接 HC-11，按表 32.4 所示方式连线进入 AT 模式，见图 32.15。

表 32.4 连接方法

HC-11 模块	USB 转串口模块
VCC	VCC
GND	GND
TXD	RXD
RXD	TXD
SET	GND

注意，若要退出 AT 模式，只需断开 SET 脚连接的 GND 即可。退出 AT 模式后才能正常通信。

打开 STC-ISP 烧录软件的串口助手，选择好正确的串口号之后，单击“打开串口”，同样将发送和接收都设置成文本模式。

两块 HC-11 使用前，先将两块模块设置相同的地址、通信频道和串口波特率才能正常通信。例如，两块模块的地址为 001，通信频道为 002，波特率是 9600。

配置好之后，把模块安装到遥控手柄上（如图 32.16 所示），并用杜邦线将串口切换接口的WRX和P31短接，WTX和P30短接，这样，模块就能和手柄上的单片机正常通信了！

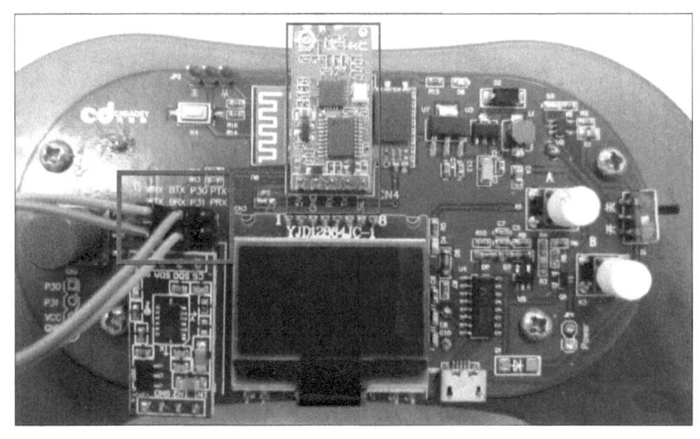

■ 图 32.16 在手柄控制电路上安装上 HC-11 模块

32.4.6 液晶显示屏

遥控手柄上搭载了一块串行通信接口的 12864 液晶显示屏，可选用 16×16 点阵或其他点阵的图片来自编汉字，屏幕每行可以显示 8 个 16×16 点阵的汉字，显示 4 行，一个画面可以显示 32 个汉字，或每行可以显示 16 个 8×8 点阵的英文、数字、符号，显示 8 行，一个画面可以显示 128 个数字或字符。支持 128 像素 ×64 像素黑白图片的任意显示。

本制作的部分开发资料可通过《无线电》杂志官网 www.radio.com.cn 获取。